U0188522

高端装备关键基础理论及技术丛书·传动与控制

液压柱塞泵热分析基础理论及应用

李 晶 著

上海科学技术出版社

内 容 提 要

液压泵是液压系统中将机械能转换为液体压力能的元件,是液压系统的心脏。液压柱塞泵由于其极限工作压力高、转速范围宽、可传输的功率大、效率高及寿命长等优点,广泛应用于各类机械装备中以及需要高压、大流量、大功率的系统中和流量需要调节的场合,如在机床、工程机械、矿山冶金机械、船舶、航空航天领域得到广泛的应用。本书以斜盘式轴向柱塞泵为例,介绍其热分析的基本理论和方法。

本书相关研究得到以下项目基金资助:
(1) 国家自然科学基金资助,项目编号 51275356。
(2) 同济大学研究生教育改革与创新项目基金资助(2014)。

图书在版编目(CIP)数据

液压柱塞泵热分析基础理论及应用 / 李晶著. —
上海:上海科学技术出版社,2017.1
(高端装备关键基础理论及技术丛书·传
动与控制)
ISBN 978 - 7 - 5478 - 3366 - 7

Ⅰ.①液… Ⅱ.①李… Ⅲ.①液压系统—
柱塞泵—热分析—研究 Ⅳ.①TH322

中国版本图书馆 CIP 数据核字(2016)第 281075 号

液压柱塞泵热分析基础理论及应用
李 晶 著

上海世纪出版股份有限公司
上海 科 学 技 术 出 版 社   出版
(上海钦州南路 71 号 邮政编码 200235)
上海世纪出版股份有限公司发行中心发行
200001 上海福建中路 193 号 www. ewen. co
苏州望电印刷有限公司印刷
开本 787×1092 1/16 印张 14.5
字数 260 千字
2017 年 1 月第 1 版 2017 年 1 月第 1 次印刷
ISBN 978 - 7 - 5478 - 3366 - 7/TH · 63
定价: 78.00 元

前　言

　　液压泵是液压系统的动力源,对液压系统的性能起着至关重要的作用。柱塞泵由于工作压力高、转速范围大、效率高、变量控制方便等优点,广泛应用于航空航天装备、舰船、冶金设备、机床、工程机械等液压系统中。世界上第一台以液压油作为介质的斜盘式轴向柱塞泵,由美国 Harvey Williams 教授和 Reynold Janney 工程师设计完成,于 20 世纪初成功应用于军舰炮塔液压传动装置。柱塞泵高压化、高速化的发展趋势,对其可靠性、振动噪声和寿命等方面带来诸多不利影响,许多分析方法和实践问题,急需进行理论和技术的及时归纳和总结。

　　柱塞泵设计的重点之一在于摩擦副的设计,也可以说是油膜设计。现代柱塞泵中摩擦副油膜的性能变化对摩擦副的工作性能影响显著,对柱塞泵性能(如效率、工作压力、可靠性和寿命)有重要影响,甚至起到决定性作用。本书结合作者多年来从事国家科研项目的研究成果,较为系统地总结了柱塞泵热分析方面的基础理论和应用技术,特别是油膜热特性分析方面的理论和方法,期望为未来更加苛刻环境条件下的柱塞泵设计和服役性能定性定量预测提供理论依据。全书分为 11 章:第 1 章着重描述柱塞泵工作原理、结构形式和关键摩擦副对泵性能的影响;第 2 章介绍流体润滑的分类、流体阻尼特性、一般流体润滑原理和分析方法;第 3 章介绍热力学系统中热传递和能量守恒的基本理论和分析方法;第 4、5 章阐述柱塞副的油膜形成机理和形态特征,以及油膜热特性分析方法和分析实例;第 6、7、8 章阐述滑靴副的油膜形成机理和形态特征,以及油膜热特性分析方法和分析实例;第 9 章阐述配流副的油膜形成机理和形态特征,以及油膜热特性分析方法和分析实例;第 10 章阐述柱塞泵整体热特性分析方法和分析实例;第 11 章介绍液压系统热分析中的液压泵热分析模型原理及应用实例。本书旨在为我国从事重大装备研究、设计、制造、试验和管理的专业技术人员提供有益的前沿性理论和实践材料,也希望为提高我国基础理论、关键技术的原始创新和集成创新能力,探索液压柱塞泵领域未知的基础理论、技术途径或解决方案,突破装备理论和关键技术起到一定的促进作用。

本书由同济大学李晶副教授根据课题组多年实践经验和研究成果系统归纳总结而成,部分参数和实验数据由中航工业集团公司南京机电液压工程研究中心陈金华高级工程师提供。全书由李晶副教授撰写完成,其中第4、5章的计算由硕士毕业生陈昊完成,第6、7、8章的计算由博士毕业生汤何胜完成,第9章的计算由硕士毕业生曹骏飞完成,第10章的计算由硕士毕业生汤贵春完成。本书在出版过程中得到了上海科学技术出版社的大力支持和帮助,同济大学硕士研究生李木、廖攀、洪辉、张净直协助进行资料整理工作。本书部分资料作为同济大学博士研究生教材、硕士研究生教材已在教学中连续多年使用。

　　限于作者水平,书中难免有不妥和错误之处,恳请读者批评、指正。

作　者

目　录

液压柱塞泵热分析基础理论及应用

第1章

绪 论

液压泵是液压系统中将机械能转换为液体压力能的元件,是液压系统的心脏。液压泵的形式有多种,如齿轮泵、叶片泵、柱塞泵等。柱塞泵由于其极限工作压力高、转速范围宽、可传输的功率大、效率高及寿命长等优点,广泛应用于各类机械装备中。

柱塞泵可按照多方面的特征进行分类,如根据缸体与泵轴的相对位置关系可分为径向柱塞泵和轴向柱塞泵,其中径向柱塞泵通常按配流方式进一步分为端面配流泵、轴向配流泵和座阀配流泵,而轴向柱塞泵一般又按驱动方式分为斜盘泵、斜轴泵。

随着液压技术朝高压、大流量的方向发展,采用端面配流的斜盘式轴向柱塞泵由于承压能力强、转速快、变量调节容易等优点应用广泛。但是高压高转速不可避免带来摩擦副发热加剧,温度上升,影响泵的寿命,实际上也就是对泵的容量产生影响。因此,解析轴向柱塞泵的热特性,解明泵内部的生热机理和传热途径,得到泵各部分温度特性及其与工作参数的关系,对于提高泵的设计寿命是有积极作用的。

本书以斜盘式轴向柱塞泵为例来介绍其热分析的基本理论和方法,故先简单介绍斜盘式轴向柱塞泵的工作原理、结构及关键摩擦副。

1.1 斜盘式轴向柱塞泵工作原理

斜盘式轴向柱塞泵基本结构形式如图1.1所示。柱塞安装在缸体内均匀分布的柱塞孔中,柱塞的头部安装有滑靴,由于回程机构(图中未画出)的作用,迫使滑靴底部始终贴着斜盘的表面运动。斜盘表面有一倾斜角,当缸体带动柱塞旋转时,柱塞在柱塞孔内做直线往复运动。为了使柱塞的运动和吸油路、压油路的切换实现准确的配合,在缸体的配流端面和泵的吸油通道、压油通道之间安放了一个固定不变的配流部件——配流盘。配流盘上开有两个弧形通道,即腰形配流窗口。配流盘的正面和缸体配流端面紧密贴合,并且相对滑动;而在配流盘的背面,应使两腰形配流窗口分别和泵的吸油路、

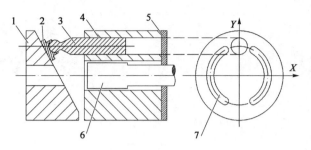

图 1.1　斜盘式轴向柱塞泵基本结构形式

1—斜盘；2—滑靴；3—柱塞；4—缸体；5—配流盘；
6—传动轴；7—配流窗口

压油路相通。

柱塞在缸体中长度最小处称为上死点，长度最大处称为下死点。柱塞由下死点向上死点转动过程中，其柱塞腔内部体积增加，形成局部低压，从腰形配流窗口中吸入油液，此过程是泵的吸油过程；柱塞由上死点向下死点转动时，柱塞腔内部体积减小，将油液排入工作系统中，此过程为泵的排油过程。因此，在缸体转动一周的过程中，柱塞泵各有半周吸油、半周排油，如果缸体持续旋转，泵便连续吸排油并建立起工作压力。改变主轴的旋转速度或斜盘倾角的大小，就可以改变柱塞泵的排量；改变主轴的旋转方向或者斜盘的倾斜方向，泵的吸排油方向就发生变化。

1.2　斜盘式轴向柱塞泵典型结构

斜盘式轴向柱塞泵是靠斜盘推动或反推动柱塞产生往复运动，改变缸体、柱塞腔内的容积，由配流装置控制泵的吸压油过程实现高压输出的液压泵。这类泵有多种结构形式，下面简单介绍几种广泛应用的斜盘式轴向柱塞泵的典型结构。

1.2.1　非通轴型轴向柱塞泵

图 1.2 所示为半轴型泵的典型结构之一 CY14‑1B 斜盘式轴向柱塞泵，它的额定压力为 32 MPa，最高压力为 40 MPa，是我国使用很广的斜盘式轴向柱塞泵。它的工作原理是：传动轴带动缸体转动，中心弹簧一方面把缸体压向配流盘，以保证它们之间的初始密封；另一方面通过回程盘将滑靴（连同柱塞）压向止推板，当缸体转动时，滑靴在止推板上滑动，柱塞在缸孔内往复运动，液流通过铸造流道 a 进入配流盘和缸体孔，然后通过配流盘另一通道排出。当转动手柄控制杆带动变量活塞往复运动，使销轴带动变量斜盘绕支点转动，改变斜盘倾角 γ 的大小，实现了泵的变量。

CY14‑1B 型泵的缸体、配流盘、柱塞组成的可周期性变化的密闭容积，靠配流盘控制泵的吸压油过程，并由变量活塞改变斜盘倾角以达到输出高压及变量之目的。

另外，还有一种半轴型的 ZB 系列斜盘式轴向柱塞泵，这种泵在国内使用较广。它与 CY14‑1B 型轴向柱塞泵的区别是泵体与泵壳连成一体，由传动轴上的内花键带动花键轴驱动缸体。进出油口为机械加工孔，带动斜盘转动的变量机构为拨叉机构。

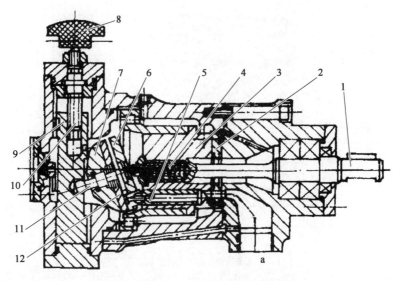

图 1.2   CY14－1B 斜盘式轴向柱塞泵

1—传动轴;2—配流盘;3—缸体;4—中心弹簧;5—柱塞;6—回程盘;7—斜盘;
8—手柄;9—变量活塞;10—控制杆;11—销轴;12—止推板

这种泵的原理为:由柱塞、缸体、配流盘组成控制腔室,由配油盘控制泵的吸压油过程,由变量活塞带动斜盘达到变量输出的目的。

以上两种泵均为半轴型,在我国应用很广,较受用户欢迎。

1.2.2   通轴式轴向柱塞泵

通轴式轴向柱塞泵的特点是:传动轴通过斜盘并支承在两端的轴承上,取消了缸体外大轴承,缸体所受径向力直接由传动轴承受,因而轴径必须大大加大。

在通轴式轴向柱塞泵中,为使缸体因受径向力作用而引起的微小倾斜能自动补偿,使之与配流盘均衡贴紧,因而采用浮动缸体调心、鼓形花键调心、浮动配流盘调心等多种结构。

图 1.3 所示为浮动缸体调心的通轴式轴向柱塞泵结构图。此时,缸体与传动轴之间摩擦很小,轴向浮动灵敏性很高,故与配流盘贴紧更好。

图 1.4 所示为鼓形花键调心的通轴式轴向柱塞泵结构图。鼓形花键虽然能允许缸体少许摆动,以实现配流盘的均衡贴紧,但由于缸体和鼓形花键的摩擦力很大,使缸体的浮动灵敏度差些。

目前国内多个厂家引进了美国、德国等生产的多种通轴式轴向柱塞泵。这些泵在受力、变量、集成化等方面均具有其特殊性,但配流原理仍可总结为:由柱塞、缸体、配流盘组成控制腔室;由配流盘控制泵的吸压油过程;由变量活塞带动斜盘变量,达到变量输出高压液体之目的。

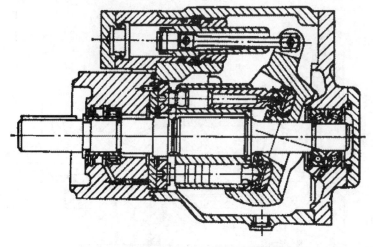

图 1.3　浮动缸体调心的通轴式轴向柱塞泵

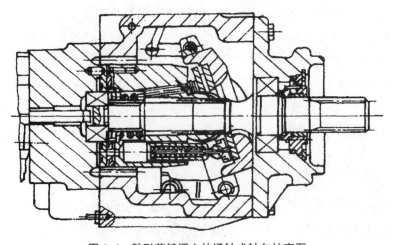

图 1.4　鼓形花键调心的通轴式轴向柱塞泵

1.2.3　点接触式轴向柱塞泵

点接触式轴向柱塞泵的特点是：柱塞与斜盘间没有滑靴，柱塞与斜盘接触处头部为球面，与装在斜盘上的推力轴承平面为点接触。有固定缸体型和固定斜盘型两种。因这种结构其轴承负荷重，接触应力大，故只适用于中低压小排量泵。它的配流原理为：由柱塞、缸体、配流盘(固定缸体型为配流阀)组成控制腔室；由配流盘(或配流阀)控制泵的吸压油过程，由活塞带动斜盘达到输出高压液体的目的。

1.3　关键摩擦副及其对泵性能的影响

图 1.5 给出了斜盘式轴向柱塞泵中的三大关键摩擦副，即滑靴副、柱塞副和配流

副。滑靴与斜盘构成的滑靴副体现在柱塞将力传给滑靴,滑靴紧贴斜盘旋转,以形成柱塞的往复运动;柱塞与缸体构成的柱塞副体现在柱塞在缸孔中往复运动,以形成吸油和压油的过程;缸体与配流盘构成的配流副体现在缸体紧贴配流盘回转,以形成周期性地向吸油侧和压油侧配流。

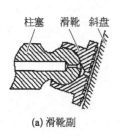
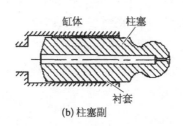
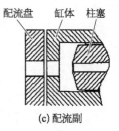

(a) 滑靴副　　　　　　　　　(b) 柱塞副　　　　　　　　　(c) 配流副

图 1.5　轴向柱塞泵三大关键摩擦副

在柱塞泵高压、高速转动过程中,三大摩擦副起着非常重要的作用。一是密封作用,相对运动的摩擦副两个配对元件间要构成一个密封面,以防止高压油大量泄漏,降低容积效率,甚至无法建立压力。二是润滑作用,相对运动的两个元件间要形成必要的润滑条件,防止摩擦副的磨损、烧坏。除了密封和润滑作用外,三大摩擦副部位在泵工作过程中均承受着较大的载荷,两相对运动元件间还存在力的相互传递。

三大关键摩擦副是影响柱塞泵性能和寿命的重要因素。柱塞副由于受到转矩的作用在衬套两端形成压力油膜挤压点,成为柱塞泵最高压力、最大斜盘转角和最高转速的关键因素。配流副是油膜静压支承并产生高低压切换的关键摩擦副,其设计好坏直接影响柱塞泵压力流量脉动、噪声和容积效率,并且此处容易产生气穴气蚀。滑靴副由于是柱塞腔压力的直接承担者,滑靴副油膜性能不佳直接制约轴向柱塞泵高压化、高速化。

因此,摩擦副的合理设计对于轴向柱塞泵的容积效率、机械效率、温升、磨损、工作可靠性与工作寿命有着重要的影响。

1.3.1　滑靴副

从泵的实际损坏情况看,滑靴的烧损、斜盘挂铜是泵的主要失效形式之一,一般认为是滑靴与斜盘之间的油膜被破坏而引起金属接触造成的。

如果滑靴底面支承力不足,滑靴被压向斜盘,变薄的油膜虽然会使热楔支承力增大,但当它受到急剧剪切后会使油温过高,油液黏度下降,油膜的形成条件更加恶劣。如果这时油膜厚度与滑动表面的粗糙度和平面度处于同一数量级,就会发生黏着磨损。在滑靴底面总支承力中,静压支承力占绝大部分,并且是唯一与滑靴底面压力直接相联系的力。正确设计滑靴的静压支承力就是既不能使其过小造成油膜失效,又不能使其过大造成油膜过厚,导致容积效率下降。通常的工作原理有静压支承和剩余压紧力支承,与之对应的滑靴是静压支承滑靴和剩余压紧力滑靴。

1) 静压支承滑靴工作原理和结构特点

静压支承的工作原理就是在摩擦副之间引入有压油液,使之在一定厚度下产生一个与负载相对抗的力。如果这个力与负载相等,则摩擦副就可以在完全不接触的情况下运动,从而提高效率,减少磨损,延长摩擦副的工作寿命。

要形成静压支承,至少要有一个容腔,使容腔内压力油液通过容腔四周缝隙流动,产生一定的压力分布。油腔和密封带内压强产生的力即为承载力,用以抵抗负载力 F_n,如图 1.6 所示。对于结构一定的支承,承载能力取决于油腔内的压力。

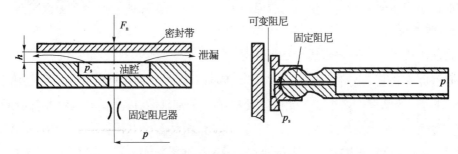

图 1.6　静压支承示意图

为了使静压支承在变负载下工作,必须采取措施使变负载和静压支承力这两者在允许的油膜厚度下相平衡。方法是在油腔进口前装置阻尼器,使支承具有双重阻尼,即进口固定阻尼和支承面密封带可变间隙阻尼的串联组合。后者主要控制支承面的泄漏量,前者则与后者协同调节油腔压力。当外负载增加,原有平衡被破坏,油膜厚度减小,使通过可变阻尼的泄漏量减小。根据流量连续性原理,因为通过固定阻尼器上的流量与通过可变阻尼的泄漏量是相等的,所以固定阻尼器上流量的减小导致压降的减小,油腔内的压强增大,承载力增大到与负载重新达到平衡。

具体到静压支承滑靴结构上,柱塞轴向上的细长小孔就相当于固定阻尼,滑靴和斜盘之间的间隙就相当于可变阻尼。当负载压力 p 增大时,原来的平衡状态被破坏,滑靴与斜盘间的间隙减小。与此同时,支承面间隙处的液阻增加,泄漏量减小,从而使油腔中的压力增大以平衡负载的变大,直至达到新的平衡点;同理,当负载压力 p 变小时会有相反的变化过程。

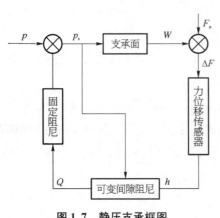

图 1.7　静压支承框图

由此可见,采取固定阻尼和可变阻尼串联结构,引起油腔压力的反馈作用,构成的是一个自动调节的闭环系统。该系统使支承能够适应负载的变化,如图 1.7 所示。

这里的支承面同时具有三个作用：① 支承外负载力的作用；② 力-位移传感器的作用；③ 可变间隙阻尼器的作用。

对框图可做如下说明：输入压力 p 在进口固定阻尼处产生压降 Δp 后，以 p_s 值进入中心油腔，根据一定的支承面形状产生了流体动反力（即承载能力）。当它与变化着的外负载力 F_n 不能保持平衡时，就出现一个不平衡力 ΔF，此力使支承面的油膜厚度改变（这时支承面起力-位移传感器的作用），改变后的油膜厚度使支承面的密封带构成了新的间隙阻尼（这时支承面起可变间隙阻尼器的作用），从而得到新的泄漏流量 Q，在这个流量下，固定阻尼便产生新的压差 Δp，此压力差与输入压力 p 相比较，便得到新的油腔压力 p_s，从而产生新的承载能力 W 以与变化了的外负载力 F_n 相平衡。

2）剩余压紧力滑靴工作原理和结构特点

目前国内外在大功率液压马达上普遍采用剩余压紧力滑靴。其设计的基本思想是柱塞腔内的高压油无阻尼地通到滑靴底面，使其产生静压力平衡掉绝大部分的柱塞对斜盘的压紧力，而剩余的压紧力则始终压向斜盘而不脱开。

图 1.8 所示为只考虑柱塞端部压力作用时剩余压紧力滑靴受力简图，设柱塞轴向推力 p 对斜盘产生一压紧力 N，有

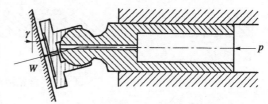

图 1.8 剩余压紧力滑靴受力简图

$$N = \frac{p}{\cos \gamma}$$

压紧力 N 与液压反推力 W 之比，定义为压紧系数，记作 m，即

$$m = \frac{N}{W}$$

压紧系数直接反映了剩余压紧力的大小，决定了滑靴对斜盘的压紧程度，进而也就决定了滑靴处的摩擦功率损失，因此压紧系数是剩余压紧力滑靴的主要设计参数。

它的选取原则是：当斜盘倾角 γ 为 0° 时，不要使滑靴与斜盘脱开，即 $\gamma = 0°$ 时，$N \geqslant W$，亦即压紧系数 $m \geqslant 1$。但为了尽量减小剩余压紧力，常常是当 $\gamma = 0°$ 时，取 $m = 1$，这种选取方法称为最小剩余压紧力法。新的设计考虑，可选取在 $\gamma = 0°$ 时，$m = 0.99 \sim 1.00$。这样，当泵在 $\gamma = 18° \sim 20°$ 下工作时，可达 $m = 1.04 \sim 1.05$，这样就大幅降低了剩余压紧力。

在剩余压紧力的作用下，滑靴和斜盘之间的表面间隙非常小，油液在微小的间隙内形成边界润滑膜。当油液的品质较高时，这层薄膜具有良好的润滑性能，它能降低摩擦系数，减少滑靴与斜盘的磨损，延长泵的使用寿命。

从原理上讲,图 1.9a 所示结构形式的滑靴就可以工作。它代表三个构成要素,即密封带、通油孔、内油室,这就是剩余压紧力滑靴的基本结构,也是早期的滑靴结构形式。理论分析和实践指出,这样的滑靴结构工作起来并不理想,必须附加一些其他要素(内外辅助支承带、通油槽等)才能很好地工作。如图 1.9b 和 1.9c 所示分别为国外和国内两种斜盘泵中所采用的滑靴结构。

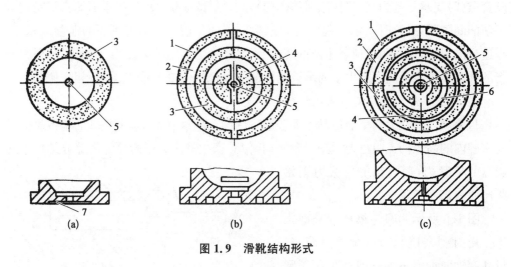

图 1.9 滑靴结构形式

1—外辅助支承;2—泄油槽;3—密封带;4—内辅助支承;5—通油孔;6—通油槽;7—油室

1.3.2　柱塞副

柱塞副作为柱塞泵三大关键摩擦副之一,与其他两个摩擦副相比,不仅运动状况复杂,受力情况也复杂。

图 1.10 给出了柱塞副的运动和受力图,由图中可以看出:

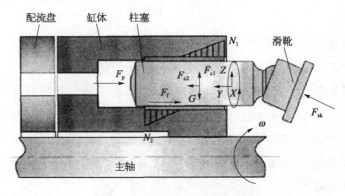

图 1.10 柱塞副运动和受力图

在运动学方面,柱塞在驱动机构的带动下在缸体中做进出移动,同时随着缸体绕缸体中心线做行星式旋转运动。由于摩擦的存在,柱塞在缸体中还会绕自身做随机转动,除此之外,由于油膜间隙的存在,柱塞在缸孔中可能还存在轻微摆动。

在动力学方面,在柱塞泵工作过程中,柱塞受到的力包括来自油腔油液的压力、斜盘通过滑靴作用到柱塞上的力、柱塞与缸体间的油膜压力、柱塞与缸体间的摩擦力、柱塞绕主轴转动产生的离心力以及自身的重力等。

作为柱塞副的两个配对元件,柱塞与缸体之间通过一层油膜相互起作用,油膜的厚度通常只有几微米至几十微米,油膜特性对柱塞泵性能有很大影响。

1) 油膜对柱塞泵效率的影响

柱塞泵的效率由机械效率和容积效率两部分组成。泵机械效率的降低主要是由各运动部件的摩擦损失引起的。柱塞与缸体间的相对运动也会产生摩擦损失,而且两者之间润滑状态的不同对于摩擦功率损失影响差别甚大。当两者之间为纯液体润滑时,摩擦系数非常小,因而产生的损失也小;当两者之间处在边界润滑甚至干摩擦状况下时,摩擦系数会急剧增大,产生的摩擦功率损失也会较大。因而为提高泵的机械效率,减少功率损失,必须保证柱塞与缸体间时刻有压力油膜存在,使得摩擦副处于完全液体润滑状态。

然而柱塞与缸体间油膜间隙的存在,必然会带来一定的油液泄漏,从而降低泵的容积效率。油膜厚度越大,泄漏量也就越大,相应泵的容积效率也就越低。

因此,只有通过合理设计油膜,才能在保证柱塞与缸体间为纯液体润滑的状态下尽量减少油液泄漏量,提高泵的容积效率。

2) 油膜对柱塞泵工作压力的影响

由于柱塞与缸体间存在油膜间隙,当其受载后,柱塞相对于缸体会发生倾斜,从而在两者之间形成楔形油膜。当柱塞在缸体中做进出运动和自身旋转运动时,在动压作用下柱塞与缸体间的油膜形成一定的压力分布,压力作用到柱塞上面与作用在其上面的其他力达到平衡。

随着柱塞泵工作压力的升高,作用到柱塞上的力也相应增大。柱塞与缸体间载荷较大的地方油膜厚度会比较小,当外界载荷超出了油膜所能承受的载荷时,压力油膜将会被破坏,失去承载能力,柱塞泵便会很快因磨损而发生损坏。不同的油膜形貌对应不同的压力场分布,通过合理设计油膜形貌,可以提高油膜带载能力,进而提高柱塞泵的工作压力。

3) 油膜对柱塞泵温升的影响

柱塞副两个配对元件柱塞与缸体之间的相对运动会产生摩擦功率损失,转换为热能,通过油液以及柱塞和缸体进行耗散。正常工况下,柱塞泵运行一段时间后,产生的热能和耗散的热能便会达到一个静态平衡。

热能一部分使得油液温度升高,油的黏度下降,润滑性降低,泄漏量增大。热能的另一部分将使摩擦副的金属壁面产生局部温升,当油膜形成不好时,这种局部温升可达数百摄氏度,从而使得摩擦副两金属壁面间局部地方出现"黏着",失去热平衡。

通常液压系统的工作温度要求不超过 55℃,过高的油温会使油发生裂化变质,因此必须控制泵的油液温升。合理的油膜形貌设计,可以使得柱塞泵工作过程中始终保持一定的油膜厚度,防止发生直接金属接触,同时利用油液的流动带走部分热量,将温升控制在一定范围内。

4) 油膜对柱塞泵摩擦磨损的影响

据统计,摩擦副的早期磨损往往是轴向柱塞泵报废的主要原因之一。磨损分为黏着磨损和磨料磨损,磨料磨损是由于液压系统受到污染,一些微小颗粒进入摩擦副引起的;而黏着磨损则是由于摩擦副两个金属壁面发生了直接的接触和摩擦造成的。

如果摩擦副油膜设计不合理,在泵高压、高速运转过程中,柱塞与缸体间的油膜将不能形成完全液体润滑,两金属壁面间就有可能出现混合摩擦甚至干摩擦,进而发生磨损。

合理地设计摩擦副,使之形成适当的油膜,不仅可以减轻黏着磨损,而且利用油膜间隙油液流动带走因油液污染而进入摩擦副的颗粒,也可以有效地减轻磨料磨损。

1.3.3 配流副

在斜盘式轴向柱塞泵中,旋转的缸体与配流盘所构成的配流机构是一对极为关键的摩擦副。配流盘既要起配流作用,又要支承缸体,维持缸体的受力平衡。如果设计不良,不仅影响柱塞泵的使用性能和工作寿命,而且可能引起过早磨损,甚至烧盘(图 1.11)。

内密封圈磨损

外密封圈磨损

图 1.11 配流副磨损实物图

随着泵向高速、高压、大流量方向发展,泵中的摩擦副黏着磨损和烧伤现象日渐严重,尤以配流副为甚。为解决此问题,除进一步研究改进配流副材质、介质外,在设计方法上也开展了广泛的研究。如针对配流副先后提出了"剩余压紧力设计法""连续供油的静压支承设计法"和"间歇供油的静压支承和油膜挤压效应设计法"。其中,采用"剩余压紧力设计法"设计的配流副常常处于边界润滑状态,仅在中小型泵中应用较成功。其他的部分静压支承和完全静压支承设计方法,有的因为泄漏量大、易堵塞而应用较少,有的则因为设计方法复杂而未建立完整的理论和相应的试验方法。此外,对于采用新型介质的液压传动方式,由于介质的润滑性能改变,以上诸如"连续供油的静压支承设计法""间歇供油的静压支承和油膜挤压效应设计法"和"压力反馈静压支承设计法"等是否仍适用,或者其支承结构加工性如何都是新的问题,需要试验研究。

轴向柱塞泵配流副的滑动面应保证必要的润滑条件,要求在滑动面间形成适当的润滑膜,让这层润滑膜起润滑剂的作用。润滑膜太薄或无法形成,配流副就会磨损或烧坏;润滑膜太厚,则起不到密封作用,造成大量泄漏,降低容积效率,甚至不能建立与负载相适应的压力。因此,轴向柱塞泵的配流副的设计,无论重要性、设计工作量或问题的困难和复杂程度来说,在柱塞泵设计中都占有重要地位,是设计的主要内容。轴向柱塞泵配流副的合理设计,对轴向柱塞泵的容积效率、机械效率、温升、磨损、工作可靠性与工作寿命都有着重要的影响。

柱塞泵柱塞孔中的液体压力,一方面把柱塞和滑靴压向斜盘,另一方面又将缸体压向配流盘;而缸体和配流盘之间的液压支承力又试图把缸体推开。由于缸体与配流盘之间的泄漏边界比滑靴大得多,受力情况比滑靴复杂且恶劣得多,为了使柱塞泵具有较高的效率和较长的使用寿命,要求缸体和配流盘之间具有良好的密封性能和润滑性能,为此,必须正确地进行缸体与配流盘之间的平衡设计。

为了改善缸体和配流盘之间的受力平衡状况,在常规配流盘的基础上,有一些设计对配流盘的受力方式和润滑条件进行了改进。

1) 具有静压支承的配流盘

采用剩余压紧力方法设计的配流盘,与缸体端面之间始终处于边界润滑状态。为了使缸体端面和配流盘之间形成流体动力油膜,实现流体润滑,自 20 世纪 60 年代以来,人们一直在探索新的配流机构。

最早出现的是图 1.12 所示的所谓全周槽多油腔间歇供油配流盘。其工作原理是:缸体在转动过程中,不通孔周期性地将通油孔与阻尼槽接通,从压油腔引入通油孔的压

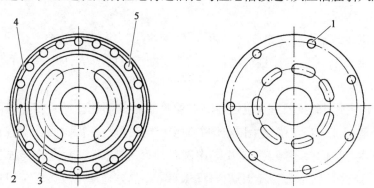

图 1.12　全周槽多油腔间歇供油配流盘

1—开关不通孔;2—通油孔;3—压油腔;4—阻尼槽;5—压力平衡油腔

力油,经阻尼槽进入一系列的圆形压力平衡油腔中,从而在摩擦副间建立起大于压紧力的支承力,使缸体浮起。当不通孔离开通油孔时,则依靠挤压效应保持一定油膜厚度。

图1.13所示为半周槽双油腔间歇供油配流盘,其工作原理与全周槽结构类似。

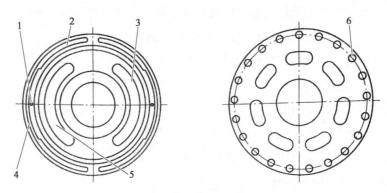

图1.13 半周槽双油腔间歇供油配流盘

1—通油孔;2—压力平衡油腔;3—吸油腔;4—阻尼槽;5—压油腔;6—开关不通孔

除上述间歇供油的结构外,还有可连续供油的结构。实际上,只要将间歇供油结构中的通油孔与阻尼槽接通,即为连续供油的静压支承形式。

静压支承配流盘和静压滑靴一样,目前在实际柱塞泵中仍然较少使用,其主要原因是:

(1)它没有考虑载荷剧烈变化所引起的冲击负荷的影响,也没有考虑启动和停车的情况。

(2)不可能产生附加力矩去消除缸体所受力矩的不平衡问题。

(3)由于柱塞泵制造精度的提高和对偶摩擦副材料的不断改进,使采用剩余压紧力方法设计的配流盘同样能保证柱塞泵具有较高的效率和较长的使用寿命。

但采用静压平衡的配流盘能使摩擦副处于较理想的流体润滑状态,值得进行进一步的研究和探讨。

2)浮动配流盘

在一般斜盘式轴向柱塞泵中,缸体是浮动的,存在力和力矩的不平衡问题。在有些轴向柱塞泵结构中,将缸体刚性地固定在轴上使配流盘处于浮动状态,故称为浮动配流盘,其结构原理如图1.14所示。

图1.14中的配流盘通过一组连通套与泵体端盖的油孔相通。配流盘和泵体端盖间保持一浮动间隙。当缸体发生微小倾斜时,由于连通套的作用,使配流盘在贴紧缸体的同时也产生相应的微小倾斜。1.14a中的连通套为球面结构,允许连通套产生微小摆动;图1.14b中的连通套为薄刃结构;图1.14c中的连通套用较大配合间隙和O形密封圈相结合的方法来保证配流盘"浮动"。

通常,在配流盘的吸油、压油侧各均匀设置2～3只连通套,以产生足够的压紧力,

液压柱塞泵热分析基础理论及应用

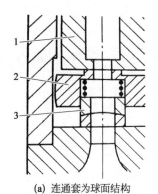 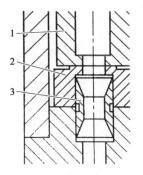 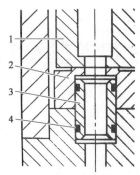

(a) 连通套为球面结构   (b) 连通套为薄刃结构   (c) 连通套为配有O形密封圈的结构

图 1.14 几种浮动配流盘的结构原理图

1—缸体;2—配流盘;3—连通套;4—O形密封圈

使配流盘紧贴缸体端面。连通套室中的油压对配流盘的轴向作用力略大于缸体对配流盘的推力。这个不大的剩余推力通过缸体和主轴轴肩,由主轴上的轴承承受。

在这种结构中,虽然解决了缸体受力和力矩的不平衡问题,但出现了配流盘本身的不平衡问题。通过对连通套位置和大小的适当调整,配流盘的平衡问题还是比较容易解决的。另外,由于配流盘质量小,即使在个别工况下失去平衡也容易恢复。

第 2 章

流体润滑基础理论

润滑是指将一种具有润滑性能的物质加入摩擦副表面之间,以达到抗磨减摩的作用。当摩擦表面完全被黏性流体(气体或液体)分隔开时,称这种润滑为流体润滑。学术研究中通常采用的流体润滑的定义是:在适当条件下,摩擦副的摩擦表面由一层具有一定厚度的黏性流体完全分开,由流体的压力来平衡外载荷,流体层中的分子大部分不受金属表面离子、电子场的作用而可以自由地移动的一种状态。流体润滑效果能降低摩擦、减少磨损,且流体吸热促进摩擦副降温,摩擦副表面的流体膜有助于减缓腐蚀,流体的冲洗作用清洁摩擦副表面,流体膜还具有密封和减振效果。因此,流体润滑自发现以来就得到了工程师的广泛关注。

1883 年,英国工程师塔瓦(Beauchamp Tower)在货车轮轴滑动轴承实验中发现滑动轴承内部存在能够承载很大负荷的油膜层,随后有学者证实了流体动压现象的存在;1886 年,雷诺(Osborne Reynolds)提出了润滑理论的微分方程,揭示了流体膜产生动压的机理,奠定了流体润滑理论的基础;19 世纪末到 20 世纪初,流体润滑理论经历了大量的工程实践,并在德国和美国实现了合成润滑油的商业化;20 世纪中叶,斯特里贝克(Richard Stribeck)曲线和弹性流体动力润滑计算公式被提出,拓展了对滚动轴承的研究与应用,道森(Dowson)、郑绪云(Cheng)、温诗铸等的研究使得弹性流体动力润滑理论日趋成熟。

随着科学技术的发展,流体润滑理论经历了流体润滑、弹性流体润滑与薄膜润滑的发展阶段。流体润滑中的紊流、惯性以及热效应等问题也成为流体润滑研究的切入点。

2.1　流体润滑的分类

润滑状态按摩擦面之间的润滑形态,分为流体润滑、边界润滑与固体润滑三类。其中本章介绍的流体润滑又分为流体静压润滑、流体动压润滑和弹性流体动力润滑三类。

2.1.1 流体静压润滑

流体静压润滑又称外供压润滑,采用外部供油装置,将具有一定压力的润滑剂输送到支承中,在支承油腔内形成具有足够压力的润滑油膜,将所支承的轴或滑动导轨面等运动件浮起,从而承受外载荷。流体静压润滑的主要特点是:运动件从静止状态直至很大的速度范围内都能承受外力作用。

2.1.2 流体动压润滑

流体动压润滑是指在两个做相对运动物体的摩擦表面上,借助摩擦表面的几何形状和相对运动而产生具有一定压力的黏性流体膜,将两摩擦表面完全隔开,从而由流体膜产生的压力来平衡外载荷。

2.1.3 弹性流体动力润滑

弹性流体动力润滑是发生在相对运动表面的弹性变形与流体动压作用同时对润滑油的润滑性能起到重要作用的一种润滑状态。

2.2 流体阻尼特性

阻尼(damping)是指振动系统在振动过程中由于外界作用或系统本身的原因引起的振动幅度逐步减小的作用效果。而流体阻尼的产生是由于流体在流动过程中遇到阻力导致流体发生能量损失。大多数情况下这种能量损失应尽可能地减小,但有时因为在液压元件和液压系统中,可以利用这种流动阻力的性质构成阻尼器,起到节流、调压、缓冲和防振的作用;此外,阻尼器还应用于流体静压支承领域,通过阻尼器的串联和并联可以形成摩擦副之间所要求的静压支承油膜,这又拓展到了流体静压技术学科。

流体阻尼器在工程应用中表现出优越的性能,下面通过分析各种结构阻尼器的流量-压力特性来描述其阻尼特性。常见的流体阻尼器结构包括小孔式、缝隙式。

2.2.1 小孔阻尼特性

小孔阻尼器如图 2.1 所示,根据小孔结构尺寸特点可参照表 2.1 分为薄壁小孔、短孔、细长小孔三类。

1) 薄壁小孔

将孔长 l 小于孔径 d 的二分之一(即 $l < d/2$)时的小孔称为薄壁小孔。令 1-1、2-2

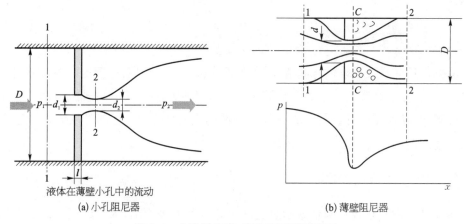

液体在薄壁小孔中的流动

(a) 小孔阻尼器   (b) 薄壁阻尼器

图 2.1 小孔阻尼器、薄壁阻尼器示意图

表 2.1 小孔阻尼器的分类

小 孔 类 型	孔长 l 与孔径 d 的关系
薄壁小孔	$l/d \leqslant 0.5$
短 孔	$0.5 < l/d \leqslant 4$
细长小孔	$l/d > 4$

断面的压力分别为 p_1、p_2，则断面之间的压差 $\Delta p = p_1 - p_2$，小孔面积为 $A_0 = \pi d^2 / 4$，流体密度为 ρ，则薄壁小孔阻尼器的流量-压力特性可描述为

$$q = C_d A_0 \sqrt{\frac{2 \Delta p}{\rho}} \tag{2.1}$$

式中，C_d 为流量系数，与雷诺数 Re 有关。许多学者对此进行过研究，约翰森(F. C. Johansen)的实验结果如图 2.2 所示，在 $Re < 30$ 时，流量系数 C_d 与 $\sqrt{Re}$ 成正比，即流量与压力呈线性关系，符合层流运动规律；当 $Re > 1000$，C_d 趋于常值而与 Re 无关，说明流体进入紊流区，此时 q 与 $\sqrt{\Delta p}$ 成正比，即流量与压力呈非线性关系。图中反映的是 $d/D = 0.2$ 和 0.4 的不同 C_d 值，说明前者的液流收缩更加完善，流量系数更接近于完善收缩时的理论值 $C_d = 0.61$。

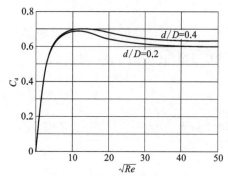

图 2.2 薄壁小孔的流量系数与雷诺数的关系

液压系统中的薄壁小孔阻尼器一般均在 $Re > 1000$ 的范围内工作，因而它的流量-压力特性是非线性的。流体通过薄壁小孔时，在 C-C 断面处液流收缩、压力下降，若压降

较大而背压又低,则 C-C 断面处的压力可能过低而导致气穴产生。这种情况下,无论压差如何增大,流量都不再增加,而且会产生强烈的噪声,因此须尽量避免这种工况。通过气穴系数衡量产生气穴的可能性。

$$\sigma = \frac{p_2}{p_1 - p_2} = \frac{1}{p_1/p_2 - 1} \tag{2.2}$$

薄壁小孔的临界气穴系数 $\sigma_e \approx 0.4$,代入上式可知临界气穴压力比 $p_1/p_2 \approx 3.5$,即为保证薄壁小孔收缩断面处不产生气穴,就要求 $p_1/p_2 \leqslant 3.5$。在压差很大的小孔节流中,避免气穴的唯一方法是提高背压 p_2 以满足上述条件。

2)短孔

短孔的孔长 l 与孔径 d 之比满足 $0.5 < l/d \leqslant 4$,阻尼特性的流量-压力表达式与薄壁小孔相同。

由于短孔结构参数的关系,使得雷诺数 $Re > 1\,000$,因此取 $C_d = 0.82$。

3)细长小孔

细长小孔的孔长 l 足够长,可当作管道考虑,其流量-压力关系满足泊肃叶(Poiseuille)方程,即

$$q = \frac{\pi d^4}{128\mu l} \Delta p = \frac{d^2}{32\mu l} A \Delta p = C_q A \Delta p \tag{2.3}$$

式中,μ 为流体动力黏度;A 为细长孔截面积。

2.2.2 缝隙阻尼特性

1)固定平行平板缝隙

固定平行平板的缝隙如图 2.3 所示,上下两平板均固定不动,液体在缝隙两端的压差作用下沿缝隙流动,缝隙高度为 h,长度为 l,宽度为 b(垂直纸面方向,图中未示出)。则平板缝隙的流量-压力关系有

$$q = \frac{bh^3}{12\mu l} \Delta p \tag{2.4}$$

平行平板缝隙流动的层流起始段效应已有许多理论研究。层流起始段长度

$$l_e = 0.02hRe \tag{2.5}$$

其中

$$Re = \frac{\rho d_H v}{\mu} = \frac{2\rho h v}{\mu} \tag{2.6}$$

式中,v 为流体沿缝隙长度方向的流速。

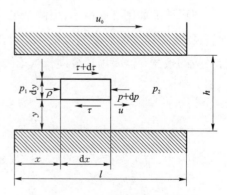

图 2.3 平行平板缝隙示意图

由于层流起始段具有的附加损失,造成总的压力损失增加量为

$$\Delta p_e = \left(\frac{96}{Re} \frac{l}{2h} + \xi \right) \frac{\rho v^2}{2} \qquad (2.7)$$

式中,第一项是完全发展了的层流运动造成的压力损失;第二项是层流起始段的附加损失,ξ 是附加损失的阻力系数。层流损失的存在使总压力损失增加,导致在缝隙进出口压差相同的情况下通过的流量减小,因此对流量-压力关系做如下修正

$$q = \frac{1}{C_e} \frac{bh^3}{12\mu l} \Delta p \qquad (2.8)$$

层流起始段效应的阻力系数 ξ 和流量修正系数 C_e 之间的相互关系为

$$C_e = 1 + \frac{\xi}{48} Re \frac{h}{l} \qquad (2.9)$$

一般来说,形成平板缝隙阻尼的缝隙高度(即油膜厚度)$h < 0.03\,\text{mm}$,即使雷诺数较大,长度 l 较短,修正值也不太大。根据图 2.4 即可查出修正系数 C_e 的值。

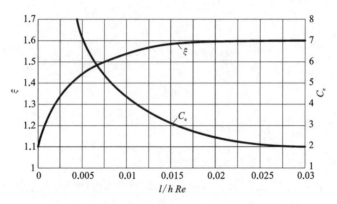

图 2.4　平行平板间隙层流起始段效应修正系数

2) 环形缝隙

环形缝隙如图 2.5 所示,由两个平行圆柱面组成。当缝隙间隙高度 h 远小于圆柱面直径时,流体层流运动的流量-压力特性实质上和平行平板的间隙流动相同,只是平行平板的板宽 b 需要用环缝周长 πd 代替。因此同心环形缝隙的流量-压力特性表达式为

$$q = \frac{1}{C_e} \frac{\pi d h^3}{12\mu l} \Delta p \qquad (2.10)$$

式(2.10)中,流量修正系数 C_e 与式(2.8)中的系数是有差异的,本式中的 C_e 如图 2.6 所示。

工程实践中,环形缝隙的完全同心是很难实现的,例如柱塞由于受力不均匀,往往

液压柱塞泵热分析基础理论及应用

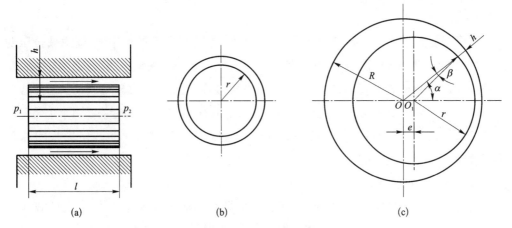

图 2.5　环形缝隙示意图

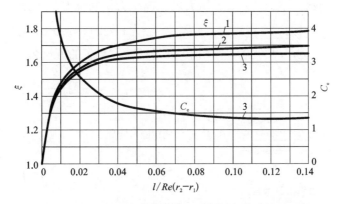

图 2.6　同心环形缝隙流动的层流起始段效应修正系数

$1-r_2/r_1=0.1; 2-r_2/r_1=0.4; 3-r_2/r_1=0.8$

存在偏心,如图 2.5c 所示。当偏心距为 e 时,偏心环形缝隙的流量-压力关系为

$$q = (1 + 1.5\varepsilon^2) \frac{\pi d h^3}{12\mu l} \Delta p \qquad (2.11)$$

式中,ε 为偏心量,$\varepsilon = e/h$;h 为不偏心时两圆柱面的间隙高度,即 $h = R - r$。

当完全偏心时,$e = h$,即 $\varepsilon = 1$,此时上式成为

$$q = 2.5 \frac{\pi d h^3}{12\mu l} \Delta p \qquad (2.12)$$

偏心环形缝隙流动考虑层流起始段效应的修正时,参考同心环形缝隙流动的情况进行。

2.2.3 挤压油膜理论

如果摩擦副之间已经形成一定的初始油膜厚度,在外载荷的作用下,油膜被挤压变薄。与此同时,摩擦副间形成压力场,此压力场的合力可以平衡外载荷力。这种油膜受挤压而产生平衡外载荷力的效果被称为挤压效应。挤压油膜理论,就是解决已知摩擦副几何尺寸下,油膜厚度变化与所承受的外载荷力之间的理论关系;同时研究在外载荷力作用下,油膜挤薄量与所需时间的相互关系。现讨论典型几何形状的油膜挤压效应。

1) 圆盘的油膜挤压效应

如图 2.7 所示,圆盘半径为 R,与壁面之间开始形成的油膜厚度为 h,在外载荷力 W 的作用下,圆盘的油膜受挤压而变薄,即有一定的流量要从圆盘下向外侧排出,同时在圆盘底面产生了压力场。此压力场的合力与外载荷力相平衡。

考察半径为 r 处的 $2\pi r \mathrm{d}r$ 的微元环带,在压差的作用下,通过此微元环带的流量为

$$q = -\frac{2\pi r h^3}{12\mu}\frac{\mathrm{d}p}{\mathrm{d}r} \tag{2.13}$$

由于挤压效应通过此微元环带的流量为

$$q' = \pi r^2\left(-\frac{\mathrm{d}h}{\mathrm{d}t}\right) \tag{2.14}$$

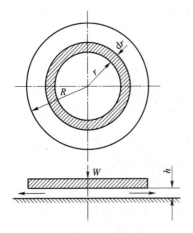

图 2.7　圆盘的油膜挤压效应

式中,$-\mathrm{d}h/\mathrm{d}t = v$,代表圆盘下压的速度。

由于压力场是受挤压产生,因此此时的压差流量就是挤压流量,即 $q = q'$。所以

$$\mathrm{d}p = \frac{6\mu}{h^3}\frac{\mathrm{d}h}{\mathrm{d}t}r\,\mathrm{d}r \tag{2.15}$$

设边界条件 $r = R$ 时,$p = 0$,对上式左右同时积分得到沿圆盘的压力分布为

$$p = -\frac{3\mu}{h^3}\frac{\mathrm{d}h}{\mathrm{d}t}(R^2 - r^2) \tag{2.16}$$

再对圆盘的面积积分,即可求出形成此压力场所承受的外载荷 W,即

$$W = \int_0^R p 2\pi r\,\mathrm{d}r = -\frac{3\pi\mu R^4}{2h^3}\frac{\mathrm{d}h}{\mathrm{d}t} = \frac{3\pi\mu R^4 v}{2h^3} \tag{2.17}$$

由式(2.17)可知,圆盘下油膜的承载能力,与压下的速度成正比,与油膜厚度的三次方成反比,与油液黏度和圆盘半径有关。油膜厚度减小,其承载能力大幅增加,对利

用油膜的挤压效应是十分有利的。

对式(2.17)积分可得

$$t = \frac{3\pi\mu R^4}{4W}\left(\frac{1}{h^2} - \frac{1}{h_1^2}\right)$$ (2.18)

式(2.18)中,初始油膜厚度为 h_1,则油膜被挤压到厚度 h_2 时所需的时间为

$$\Delta t = \frac{3\pi\mu R^4}{4W}\left(\frac{1}{h_2^2} - \frac{1}{h_1^2}\right)$$ (2.19)

可见载荷越大、作用时间越长, h_2 越小,甚至圆盘与壁面直接接触,这时油膜的挤压效应就没有作用了。实际中,当 h_2 小于一定值(如小于 $1\,\mu m$)时,由于壁面对油液黏度的影响,或由于两平面局部的接触和油液中杂质的影响,挤压时间要比上述公式计算所得的大,所以上式是偏于安全的。

2) 径向轴承的油膜挤压效应

设如图2.8所示的轴,长度为 L,半径为 R,偏心置于轴承中,初始油膜厚度为 h_1,挤压后的油膜厚度为 h_2,轴与轴承的偏心距为 e,轴与轴承之间的半径间隙为 C,偏心率 $\varepsilon = e/C$。

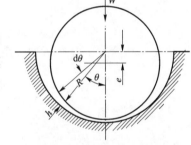

任意位置的油膜厚度 h 与偏心率的关系为

$$h = C - e\cos\theta = C(1 - \varepsilon\cos\theta)$$ (2.20)

图2.8 径向轴承的挤压效应

在外载荷作用线处, $\theta = 0, h = C(1-\varepsilon)$,因此对应于初始油膜厚度 h_1 和最终油膜厚度 h_2 为

$$h_1 = C(1 - \varepsilon_1)$$ (2.21)

$$h_2 = C(1 - \varepsilon_2)$$ (2.22)

在 θ 角处一微小段 $R\,d\theta$ 的流动情况,压差流动所产生的流量为

$$q = -\frac{Lh^3}{12\mu R}\frac{dp}{d\theta}$$ (2.23)

挤压流动通过此微小段的流量为

$$q' = vLR\sin\theta$$ (2.24)

两者流量相等,因此

$$dp = -\frac{12\mu v R^2}{h^3}\sin\theta\,d\theta$$ (2.25)

将式(2.24)中 q' 代入式(2.25)并积分,得

$$p = \frac{12\mu v}{(C/R)^3 R}\left[\frac{1}{2\varepsilon(1-\varepsilon\cos\theta)^2} + C_1\right] \tag{2.26}$$

当把此 p 对一般圆周轴承的情况积分,即边界条件为 $\theta = \pm\frac{\pi}{2}$ 时,$p = 0$,代入得

$$p = \frac{6\mu v}{(C/R)^3 R\varepsilon}\left[\frac{1}{(1-\varepsilon\cos\theta)^2} - 1\right] \tag{2.27}$$

将压力在 $\left[-\frac{\pi}{2}, \frac{\pi}{2}\right]$ 积分,即可求出压力场合力,即承载力

$$W = LR\int_{-\frac{\pi}{2}}^{\frac{\pi}{2}} p\cos\theta\,\mathrm{d}\theta = \frac{12\mu v L}{(C/R)^3 R\varepsilon}\left[\frac{\varepsilon}{1-\varepsilon^2} + \frac{2}{(1-\varepsilon^2)^{\frac{8}{3}}}\arctan\left(\frac{1+\varepsilon}{1-\varepsilon}\right)^{\frac{1}{2}}\right] \tag{2.28}$$

由于下压速度 v 存在下列关系

$$v = -\,\mathrm{d}h/\mathrm{d}t = C\mathrm{d}e/\mathrm{d}t \tag{2.29}$$

代入式(2.28)分离变量后积分,得

$$\Delta t = \frac{24\mu LR}{(C/R)^2 W}\left[\frac{\varepsilon_2}{(1-\varepsilon_2^2)^{\frac{1}{2}}}\arctan\left(\frac{1+\varepsilon_2}{1-\varepsilon_2}\right)^{\frac{1}{2}} - \frac{\varepsilon_1}{(1-\varepsilon_1^2)^{\frac{1}{2}}}\arctan\left(\frac{1+\varepsilon_1}{1-\varepsilon_1}\right)^{\frac{1}{2}}\right] \tag{2.30}$$

2.2.4　热楔油膜理论

由于摩擦表面做相对高速的滑动,摩擦副间的滑动摩擦力所消耗的机械功转换成热量,将使油膜温度升高从而产生热膨胀,导致油膜上出现一个附加的压力场,该压力场构成的流体动反力具有支承一定的外载荷的能力,称为油膜的热楔效应。热楔油膜理论用来描述当已知摩擦副尺寸、滑动速度和油的物理性质等条件时的油膜厚度、温升和承受外载荷力之间的相互关系。

造成热楔效应中温升的流体流动分为压差流动和剪切流动,下面分别说明这两种形式的温升效果。

1) 压差流动所产生的温升

如图 2.9 所示,液流通过间隙时产生压降 Δp,压力损失导致液流温升。由于能量守恒,液流的压力势能损失所转换成的热量,大部分被液体本身所吸收,从而提高了液流温度;但也有另一部分热量通过壁面散入周围环境(例如大气)中。一般情况下,与流

体自身所吸收的热量相比,散入周围环境的热量很少。尤其在间隙压差流发生的局部地方,在热量还来不及向壁面传导之前,将首先使液流发生温升,因此可近似地把它看成一个绝热过程。

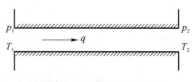

图 2.9　压差流动与温升

设间隙入口处的压力 p_1,温度 T_1;出口处的压力 p_2,温度 T_2;通过间隙的流量为 q。根据能量守恒原理,机械能损失与热能增加量平衡,因此

$$(p_1 - p_2)q = \rho c q(T_2 - T_1) \tag{2.31}$$

记 $p_1 - p_2 = \Delta p$, $T_2 - T_1 = \Delta T$,则有

$$\Delta T = \Delta p / \rho c$$

式中,c 为液压油比热;ρ 为液压油密度。

50℃下液压油的 $c = 1.979\,\mathrm{kJ/(kg \cdot K)}$,平均密度 $\rho = 880\,\mathrm{kg/m^3}$,因此有

$$\frac{\Delta T}{\Delta p} = \frac{5.7℃}{10\,\mathrm{MPa}}$$

即每 10 MPa 压差将使油温升高 5.7℃,此处的温升 ΔT 是指间隙出口温度与进口温度的差值,间隙的平均油温应取为 ΔT 的一半。

2) 剪切流动所产生的温升

纯剪切流动产生的温升与压差流动过程相似,假设忽略散热的影响,认为由摩擦引起的机械能损失转换的热量全部造成液流的温升。则剪切流动如图 2.10 所示,设平板宽度为 b,长度为 L,两板间的相对滑动速度为 U,两板之间的油膜厚度为 h。假设忽略热传导的影响,剪切流的摩擦功率损失全部转换为热功率;同时,近似地假设油膜温升不改变流体黏度,即摩擦副内油膜的黏度与摩擦副外油膜的黏度相同。

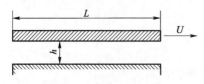

图 2.10　剪切流动与温升

于是,剪切流的摩擦功率损失为

$$\Delta E_1 = \frac{Lb\mu U^2}{h} \tag{2.32}$$

油膜的热功率增量为

$$\Delta E_2 = \rho c q \Delta T \tag{2.33}$$

根据能量守恒,设过程近似绝热,则 $\Delta E_1 = \Delta E_2$,由于剪切流量 $q = \dfrac{hbU}{2}$,所以得

$$\Delta T = \frac{2\mu UL}{\rho c h^2} \qquad (2.34)$$

这是一个近似计算公式,因为其中未考虑黏度变化的影响。

由于剪切流动造成的温升引起了热楔流动,因此具有热效应情况下的剪切流动,实际上是剪切流与热楔流的综合。如图 2.11 所示为剪切流与热楔流的压力分布,研究距离 x 处长度为 $\mathrm{d}x$ 的微元,其剪切流与热楔流综合的流量为

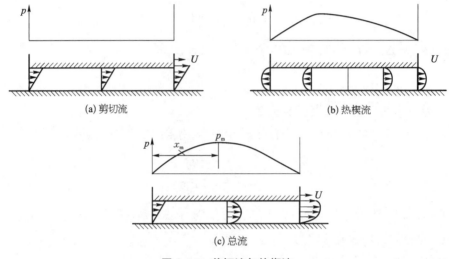

(a) 剪切流 (b) 热楔流

(c) 总流

图 2.11 剪切流与热楔流

$$q = \frac{hbU}{2} - \frac{h^3 b}{12\mu} \frac{\mathrm{d}p}{\mathrm{d}x} \qquad (2.35)$$

当 $x = x_{\mathrm{m}}$ 时,压力达最大值 p_{m},且 $\mathrm{d}p/\mathrm{d}x = 0$。

当 $x < x_{\mathrm{m}}$ 时,$\mathrm{d}p/\mathrm{d}x > 0$,流量为剪切流量与热楔流量之差。

当 $x > x_{\mathrm{m}}$ 时,$\mathrm{d}p/\mathrm{d}x < 0$,流量为剪切流量与热楔流量之和。

摩擦切应力 τ 也同时由剪切摩擦和热楔流形成的压差摩擦组成,即

$$\tau = \frac{\mu U}{h} + \frac{h}{2} \frac{\mathrm{d}p}{\mathrm{d}x} \qquad (2.36)$$

同理,τ 的值也与 $\mathrm{d}p/\mathrm{d}x$ 的正负有关,描述为剪切摩擦与热楔摩擦之和,也可以是两者之差。

设微元时间 $\mathrm{d}t$ 内输入 $\mathrm{d}x$ 段的机械能为 $\mathrm{d}E$,则输入功率为

$$\frac{\mathrm{d}E}{\mathrm{d}t} = \tau Ub\,\mathrm{d}x - q\,\mathrm{d}x\,\frac{\mathrm{d}p}{\mathrm{d}x} \qquad (2.37)$$

将式(2.35)代入,有

$$\frac{\mathrm{d}E}{\mathrm{d}t} = \frac{\mu U^2 b\,\mathrm{d}x}{h} - \frac{h^3 b\,\mathrm{d}x}{12\mu}\left(\frac{\mathrm{d}p}{\mathrm{d}x}\right)^2 \tag{2.38}$$

近似取 x 处的平均流速 $\mathrm{d}x/\mathrm{d}t = U/2$，则式(2.38)可写为

$$\frac{\mathrm{d}E}{\mathrm{d}x} = \frac{\mathrm{d}E}{\mathrm{d}t}\frac{\mathrm{d}t}{\mathrm{d}x} = \frac{2\mu b\,\mathrm{d}x}{hU}\left[U^2 + \frac{h^4}{12}\left(\frac{1}{\mu}\frac{\mathrm{d}p}{\mathrm{d}x}\right)^2\right] \tag{2.39}$$

式(2.39)描述了微元 $\mathrm{d}x$ 处的机械能增量，可见机械能变化与 $\mathrm{d}p/\mathrm{d}x$ 有关，因此将式(2.35)乘以 $12\rho/h^3\mu b$，再对 x 求导得

$$\frac{12}{h^3\mu b}\frac{\mathrm{d}(\rho q)}{\mathrm{d}x} = \frac{6U}{\mu h^2}\frac{\mathrm{d}\rho}{\mathrm{d}x} - \frac{\mathrm{d}}{\mathrm{d}x}\left(\frac{\rho}{\mu^2}\frac{\mathrm{d}p}{\mathrm{d}x}\right) \tag{2.40}$$

根据质量守恒，有 $\rho q = $ 常值，所以 $\dfrac{\mathrm{d}(\rho q)}{\mathrm{d}x} = 0$，简化式(2.40)得

$$\frac{6U}{h^2}\frac{\mathrm{d}\rho}{\mathrm{d}x} - \frac{\mathrm{d}}{\mathrm{d}x}\left(\frac{\rho}{\mu}\frac{\mathrm{d}p}{\mathrm{d}x}\right) = 0 \tag{2.41}$$

按边界条件 $x = x_{\mathrm{m}}$ 时，$\mathrm{d}p/\mathrm{d}x = 0$，对式(2.41)积分，得

$$\frac{\mathrm{d}p}{\mathrm{d}x} = \frac{6\mu U}{h^2}\left(1 - \frac{\rho_{\mathrm{m}}}{\rho}\right) \tag{2.42}$$

式中，ρ_{m} 为 $x = x_{\mathrm{m}}$ 处(即压力最大处)的流体密度。式(2.42)描述了 $\mathrm{d}p/\mathrm{d}x$ 与流体黏度、密度以及滑动速度、油膜厚度之间的定量关系，将其代入式(2.39)并整理，得

$$\frac{\mathrm{d}E}{\mathrm{d}x} = \frac{2\mu b U\,\mathrm{d}x}{h}\left[1 + 3\left(1 - \frac{\rho_{\mathrm{m}}}{\rho}\right)^2\right] \tag{2.43}$$

按照机械能转换为热能的能量平衡，有

$$\frac{\mathrm{d}E}{\mathrm{d}x} = \rho c h b\,\mathrm{d}x\frac{\mathrm{d}T}{\mathrm{d}x} \tag{2.44}$$

式中，c 为比热；$\mathrm{d}T$ 为微元长度 $\mathrm{d}x$ 段的温升。整理式(2.43)、式(2.44)，得

$$\frac{\mathrm{d}T}{\mathrm{d}x} = \frac{2\mu U}{h^2\rho c}\left[1 + 3\left(1 - \frac{\rho_{\mathrm{m}}}{\rho}\right)^2\right] \tag{2.45}$$

式中含有黏度 μ 和密度 ρ_{m}/ρ 两个变量，对其分析如下：由于热膨胀导致流体密度减小，密度变化规律 $\rho = \rho_0(1 - \beta_{\mathrm{T}}\Delta T)$，则

$$\frac{\rho_{\mathrm{m}}}{\rho} = \frac{1 - \beta_{\mathrm{T}}\Delta T_{\mathrm{m}}}{1 - \beta_{\mathrm{T}}\Delta T} = 1 + \beta_{\mathrm{T}}\Delta T - \beta_{\mathrm{T}}\Delta T_{\mathrm{m}} - \beta_{\mathrm{T}}^2\Delta T\Delta T_{\mathrm{m}} + \cdots \tag{2.46}$$

由于温升导致流体黏度减小,黏度变化规律 $\mu=\mu_0\mathrm{e}^{-\lambda\Delta T}$,同时由于 β_T 很小,ΔT 也不大,因此近似取 $\rho_\mathrm{m}/\rho\approx1$,整理式(2.45),得

$$\frac{\mathrm{d}T}{\mathrm{d}x}=\frac{2\mu_0\mathrm{e}^{-\lambda\Delta T}U}{h^2\rho_0 c} \tag{2.47}$$

按边界条件,当 $x=0$ 时,$T=T_0$,$\Delta T=0$,得

$$\mathrm{e}^{\lambda\Delta T}=1+\frac{2U\mu_0\lambda}{h^2\rho_0 c}x \tag{2.48}$$

即

$$\Delta T=\frac{1}{\lambda}\ln\left(1+\frac{2U\mu_0\lambda}{h^2\rho_0 c}x\right) \tag{2.49}$$

令

$$K_1=\frac{2U\mu_0\lambda}{h^2\rho_0 c} \tag{2.50}$$

则

$$\Delta T=\frac{1}{\lambda}\ln(1+K_1 x) \tag{2.51}$$

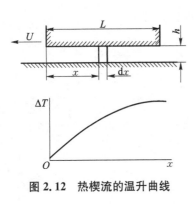

图 2.12 热楔流的温升曲线

式(2.48)~式(2.51)中,滑动速度 U,油膜厚度 h,边界处油的密度 ρ_0、黏度 μ_0,油的黏温系数 λ 以及比热 c 都是已知量,这样就得到了热楔剪切油膜的温升 ΔT 在间隙位置 x 处的定量关系(图 2.12)。ΔT 与 x 呈对数变化,且当 $x=L$ 时,ΔT 有最大值。这说明摩擦副表面的温度是不均匀的,平均温升应小于 $x=L$ 处的温升

$$\Delta T_\mathrm{L}=\frac{1}{\lambda}\ln(1+K_1 L) \tag{2.52}$$

2.3 一般流体润滑

一般流体润滑主要是指流体动压润滑,如前所述,流体动压润滑是借助两个摩擦表面的相对运动产生动压油膜,靠油膜的压力将两摩擦表面完全隔开。本节主要介绍一些与液压泵、液压马达中摩擦副设计有关的平面滑块动压支承原理和设计理论,并简要介绍径向动压支承轴承的计算公式。

2.3.1 斜面滑块的动压支承

如图 2.13 所示,设摩擦副两滑动面之间有倾斜角度,并以相对速度 U 做滑动,则

在滑动面之间将产生流体动力压力场，此压力场的积分就构成了承载力 W。滑动面之间的压力分布、压力中心、承载能力、摩擦力、泄漏流量以及温升是动压支承研究的重点。

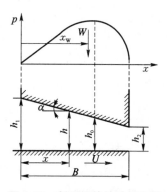

图 2.13 斜面滑块的动压支承

根据动力润滑的基本方程——雷诺方程的简单形式有

$$\frac{\mathrm{d}}{\mathrm{d}x}\left(h^2\frac{\mathrm{d}p}{\mathrm{d}x}\right)=6\mu U\frac{\mathrm{d}h}{\mathrm{d}x} \tag{2.53}$$

按边界条件，当 $h=h_0$ 时，p 有最大值（即 $\frac{\mathrm{d}p}{\mathrm{d}x}=0$），对上式积分，得

$$\frac{\mathrm{d}p}{\mathrm{d}x}=6\mu U\frac{h-h_0}{h^3} \tag{2.54}$$

1）压力分布

要解出压力场分布情况，则以当 $x=0$ 和 $x=B$ 时，$p=0$ 的边界条件对式(2.54)积分，取左右油厚 h 之比 $h_1/h_2=a$，则可解出压力分布的表达式

$$p=\frac{6\mu UB}{h_2^2}\frac{\dfrac{(a-1)x}{B}\left(1-\dfrac{x}{B}\right)}{(a+1)\left[a+(1-a)\dfrac{x}{B}\right]^2} \tag{2.55}$$

解出最大压力发生处的油膜厚度为

$$h_0=\frac{2a}{1+a}h_2 \tag{2.56}$$

根据 x 与 h 的几何关系，解出最大压力处

$$x_0=\frac{a}{a+1}B \tag{2.57}$$

代入上式可得最大压力

$$p_{\max}=\frac{3}{2}\frac{\mu UB}{h_2^2}\frac{(a-1)}{a(a+1)} \tag{2.58}$$

2）承载能力

对压力分布公式(2.54)在每段微元长度 $\mathrm{d}x$ 上积分，考虑滑块垂直于纸面的长度为 L，则承载能力为

$$W=L\int_0^B p\,\mathrm{d}x=\mu\frac{ULB^2}{h_3^2}C_\mathrm{W} \tag{2.59}$$

其中
$$C_W = \frac{6}{(a-1)^2}\left[\ln a - \frac{2(a-1)}{a+1}\right] \tag{2.60}$$

因此,只要已知油膜厚度比 a,即可求出承载能力系数 C_W;根据已知滑块宽度 B 和长度 L,滑块速度 U,最小油膜厚度 h_2,润滑剂黏度 μ,即可求出此滑块的承载能力 W。

在式(2.59)、式(2.60)中,令 $\dfrac{dW}{da} = 0$,则可求得承载能力最大时的 $a = 2.2$, $C_W = 0.16$。

当已知负载力 F_1、滑块的几何尺寸 B、L 和 a 时,可以求出特定滑动速度 U 下的最小油膜厚度

$$h_2 = B\left(\frac{\mu UL}{F}\right)^{\frac{1}{2}} C_W^{\frac{1}{2}} \tag{2.61}$$

最小油膜厚度 h_2 一般根据滑块表面光洁度和润滑剂滤清的程度来决定,通常 h_2 可取为 $0.02\ \mathrm{mm}$ 左右。对极佳的滤清和良好的散热条件时,可取到 $0.005\ \mathrm{mm}$。

3) 摩擦力和摩擦系数

运动平板处的液体摩擦切应力为

$$\tau_0 = \mu U\left(\frac{3h_0}{h^2} + \frac{4}{h}\right) \tag{2.62}$$

将式(2.56)代入并积分,可得运动平板上的摩擦力为

$$F = L\int_0^B \tau_0 dx = \mu UL\left(\frac{B}{h_2}\right) C_f \tag{2.63}$$

其中
$$C_f = \frac{4\ln a}{a-1} - \frac{6}{a+1} \tag{2.64}$$

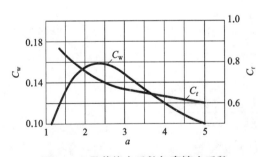

图 2.14 承载能力系数与摩擦力系数

式中,C_f 为摩擦力系数。作出 C_W、C_f 与 a 的关系曲线,如图 2.14 所示。可见在承载能力系数 C_W 有极大值 $C_W = 0.16$ 时,对应的摩擦力系数 $C_f \approx 0.75$。需引起注意的是,此处的摩擦力系数 C_f 与摩擦系数 f 不是同一概念。

对于摩擦系数 f,按定义是摩擦力 F 与负载力 W 之比,因此根据式(2.59)和式(2.63)可得

$$f = \frac{F}{W} = \frac{h_2 C_f}{BC_W} = \left(\frac{\mu UL}{W}\right)^{\frac{1}{2}} \frac{C_f}{C_W^{\frac{1}{2}}} \tag{2.65}$$

液压柱塞泵热分析基础理论及应用

4）温升

摩擦功率损失会产生热量，如假设在工作时与外界无热量交换，则有

$$FU = q\rho c \Delta T \tag{2.66}$$

式中，c 为润滑流体的比热；ρ 为密度；q 为润滑流体流量。略去侧向泄漏时

$$q = Uh_2 \frac{a}{1+a} \tag{2.67}$$

于是

$$\Delta T = \frac{FU}{q\rho c} = \frac{\mu UBL}{\rho c h_2^2} \frac{4(a+1)\ln a - 6(a-1)}{a(a-1)} = \frac{\mu UBL}{\rho c h_2^2} C_{\mathrm{T}} \tag{2.68}$$

其中

$$C_{\mathrm{T}} = \frac{4(a+1)\ln a - 6(a-1)}{a(a-1)} \tag{2.69}$$

式中，C_{T} 为温升系数，也是参数 a 的函数。

2.3.2 平面与斜面组合滑块的动压支承

斜面与平面滑块组合在一起，也可以在滑动面间形成如图 2.15 所示的压力场，从而产生承载能力。现重点分析此时的压力分布和承载能力。

首先针对 B_2 区域，应用边界条件 $x = 0$ 处，$p = 0$；$x = B_2$ 处，$p = p_0$，求平面与斜面交界处的压力

$$p_0 = 6\mu U \frac{h_0 - h_2}{h_2^3} B_2 \tag{2.70}$$

对 B_1 区域，取

$$h = h_2 + \frac{h_1 - h_2}{B}(x - B_2) \tag{2.71}$$

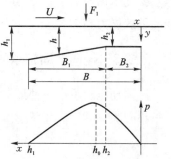

**图 2.15 斜面与平面组合
滑块的动压支承**

据此将表达式 $p = f(x)$ 改写为 $p = f(h)$，即

$$\frac{\mathrm{d}p}{\mathrm{d}x} = \frac{\mathrm{d}p}{\mathrm{d}h} \frac{\mathrm{d}h}{\mathrm{d}x} = \frac{h_1 - h_2}{B_1} \frac{\mathrm{d}p}{\mathrm{d}h} \tag{2.72}$$

则有

$$\frac{\mathrm{d}p}{\mathrm{d}h} = \frac{6\mu UB_1}{h_1 - h_2}\left(\frac{h_0}{h^3} - \frac{1}{h^2}\right) \tag{2.73}$$

按斜面区域 B_1 的边界条件，在 $h = h_1$ 处，$p = 0$；在 $h = h_2$ 处，$p = p_0$，积分上式得

$$p = 6\mu U \left\{ B_2 \left(\frac{h_0 - h_2}{h_2^3} \right) + B_1 \frac{1}{h_1 - h_2} \left[\left(\frac{1}{h} - \frac{1}{h_2} \right) - \left(\frac{h_0}{2h^2} - \frac{h_0}{2h_2^2} \right) \right] \right\}$$

(2.74)

其中
$$h_0 = \frac{2h_1 h_2 (B_1 h_2 + B_2 h_1)}{(h_1 + h_2)[B_1 h_2 + 2B_2 h_1^2/(h_1 + h_2)]}$$
(2.75)

总的承载能力

$$
\begin{aligned}
W &= W_1 + W_2 \\
&= \int_0^{B_2} L p \, \mathrm{d}x - \int_{h_2}^{h_1} L p \, \frac{B_1}{h_1 - h_2} \mathrm{d}h \\
&= \frac{6\mu U L B_1^2}{h_1^2} \left\{ \frac{B_2}{B_1} \left(\frac{B_2}{B_1} + 2 \right) \left(\frac{k+1}{k+2} - \frac{1}{2} - \gamma \frac{k+1}{k+2} \right) \right. \\
&\quad \left. - \frac{\gamma}{k+2} + \frac{1}{k} \left[\frac{\ln(k+1)}{k} - \frac{2}{k+2} \right] \right\}
\end{aligned}
$$
(2.76)

其中
$$k = \frac{h_1 - h_2}{h_0}, \quad \gamma = \frac{(B_2/B_1)k(k+1)}{2(B_2/B_1)(k+1)^2 + (k+2)}$$
(2.77)

据此求出最大承载能力时的 $B_2/B_1 = 4$，这最大承载能力 $W_{\max}$ 比以相当的斜面滑块的承载能力高 25%。

2.3.3 径向滑动轴承的动压支承

流体动压支承中一种最常用的形式是径向流体动压滑动轴承。转动轴在轴瓦内有一很小间隙，如图 2.16 所示。当载荷施加在轴颈上，轴在轴承内产生偏心，轴转动时形成一层油膜以支承载荷。

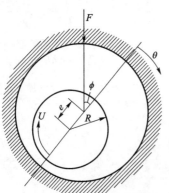

图中轴颈和轴瓦的中心连线与载荷作用线并不重合，偏移角度 ϕ，偏心距 e，轴承半径间隙 C，偏心率 $\varepsilon = e/C$，轴的半径 R。

由于轴承的径向间隙很小，$C/e \ll 1$（一般在 $0.0004 \sim 0.004$），任意点的油膜厚度为

$$h = C(1 + \varepsilon \cos \theta)$$

应用雷诺方程压力关系式 $\mathrm{d}p/\mathrm{d}x$，又由 $x = R\theta$，

图 2.16　径向滑动轴承　整理得

$$\frac{\mathrm{d}p}{\mathrm{d}x} = \frac{6\mu U}{C^2} \left[\frac{1}{(1 + \varepsilon \cos \theta)^2} - \frac{h_0}{C(1 + \varepsilon \cos \theta)^3} \right]$$
(2.78)

式中，h_0 是压力最大点的油膜厚度。

1）压力分布与边界条件

径向滑动轴承与斜面滑块动压支承的最大不同在于油膜腔的形状。斜面动压支承的油膜腔呈收缩形，没有扩散段，边界条件十分明确，进口和出口处的压力均为环境压力。而径向滑动轴承油膜腔的径向厚度 h 是 θ 的连续函数，既有收缩段也有扩散段，并且首尾相连。在收缩段中形成动压力场，其分布规律类似于斜面滑动支撑；但扩散段的流动情况复杂，给确定边界条件带来一定困难。现有三种处理边界条件的假设：

（1）索莫菲尔德边界条件——认为油膜是连续的，油膜的压力场也是连续的，在扩散段存在负压区，如图 2.17 阴影部分所示。在 $\theta = 0$ 和 $\theta = 2\pi$ 时，$p = p_0$。这一假设与实际情况差别较大，因为在扩散段产生负压出现气穴，必然有空气混入，油膜和压力场不可能保持连续。按这种设计所计算出的承载能力偏大。

（2）雷诺边界条件——认为除 $\theta = 0$ 和 $\theta = 2\pi$ 处，$p = p_0$ 外，在扩散段不存在

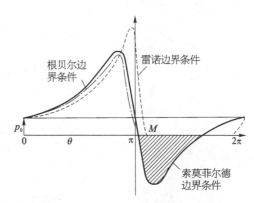

图 2.17　不同边界条件的压力分布

负压力场，而是环境压力，并且转折点不在 $\theta = \pi$ 处，而在扩散段开始后的 M 点。这个边界条件与实际比较接近，但 M 点的确定要用逐步逼近法，计算比较复杂。

（3）根贝尔边界条件——认为 $\theta = 0$ 和 $\theta = \pi$ 处，$p = p_0$，而在 $\pi < \theta < 2\pi$ 的整个扩散段范围内，压力场为环境压力。这一边界条件假设与雷诺假设差别不大，所得到的结果和实际相比是令人满意的，也使理论计算便于处理。

按索莫菲尔德边界求得的压力分布为

$$p - p_0 = \frac{6\mu U R \varepsilon \sin\theta (2 + \varepsilon \cos\theta)}{C^2 (2 + \varepsilon^2)(1 + \varepsilon \cos\theta)^2} \tag{2.79}$$

根据根贝尔边界条件求得的压力分布为

$$p - p_0 = \frac{12\mu U R \varepsilon}{C^2 (2 + \varepsilon^2)} \frac{\sin\theta + \varepsilon/4 \sin(2\theta)}{(1 + \varepsilon \cos\theta)^2} \tag{2.80}$$

2）承载能力

按索莫菲尔德边界条件对压力分布进行积分，承载能力为

$$W = \frac{\mu U L R^4}{C^2} \frac{6\varepsilon \left[\pi^2 - (\pi^2 - 4)\varepsilon^2\right]^{\frac{1}{2}}}{(2 + \varepsilon^2)(1 - \varepsilon^2)} = \frac{\mu U L R^4}{C^2} \zeta_W \tag{2.81}$$

其中
$$\zeta_w = \frac{6\varepsilon\left[\pi^2 - (\pi^2 - 4)\varepsilon^2\right]^{\frac{1}{2}}}{(2 + \varepsilon^2)(1 - \varepsilon^2)}$$

按根贝尔边界条件,偏位角 φ 有

$$\tan\varphi = \frac{\pi(1 - \varepsilon^2)^{\frac{1}{2}}}{2e} \tag{2.82}$$

进而摩擦力矩可按下式计算

$$M_f = \frac{\pi\mu ULR^2}{C}\zeta_f \tag{2.83}$$

其中
$$\zeta_f = \frac{4(1 + \varepsilon^2) + \varepsilon(2 + 5\varepsilon)}{(1 + \varepsilon)(2 + \varepsilon^2)(1 - \varepsilon^2)^{\frac{1}{2}}}$$

2.4 弹性流体润滑

2.4.1 概述

弹性流体动力润滑,是研究相互滚动或滚动伴有滑动的两个弹性物体之间的流体动力润滑问题。

大部分的机械运动副,载荷是通过较大的支承面来传递的,如滑轨、滑动轴承等,这种情况下单位面积受的压力比较小,一般低于 10 MPa。但另一些运动副通过名义上的线接触或点接触来传递载荷,如齿轮、滚动轴承等,此时因接触面积很小,平均单位面积压力很大,接触处的压力可达 10^3 MPa。在这种苛刻的条件下,以古典润滑理论计算的油膜厚度与实际情况不符。其原因在于:

(1) 高压导致油液黏度增大,不能满足雷诺方程假定的"黏度在两间隙中保持不变"。

(2) 重载导致弹性体发生显著的局部变形,不符合雷诺方程假定的"两个固体表面是刚性的"。

因此,油膜的几何形状受到了显著改变,而油膜形状又反过来影响了接触区的压力分布。

如图 2.18 所示,弹性流体动力润滑的机理是:当相互滚动的圆柱体之间或圆柱体与平面之间接触时,圆柱体在赫兹压力区中被压平,而由于油液的黏性,运动表面各自带着吸附在其上的润滑油互相接近并使油充满表面间的空隙,此时油液将产生一个流体动压力场,支承两个表面,从而产生润滑效果。

实际上,接触体表面不是绝对光滑的,设两表面粗糙度的方均根值分别为 σ_1 和 σ_2,用 $\sigma = \sqrt{\sigma_1^2 + \sigma_2^2}$ 表示两表面合成的粗糙度;用 h 表示两表面间形成的平均油膜厚度。称

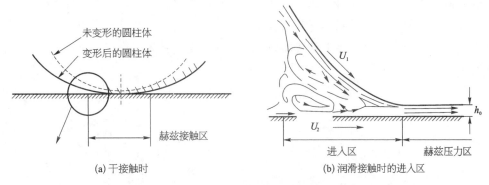

(a) 干接触时　　　　　　　　(b) 润滑接触时的进入区

图 2.18　弹性流体润滑接触

h 与 σ 之比为弹性流体润滑油膜比厚 $\Lambda = h/\sigma$，它反映了弹流润滑的性能。当 $\Lambda > 3$ 时，如图 2.19a 所示，油膜间隙较大，粗糙度影响很小，润滑良好，可按光滑表面分析，称为全膜弹流润滑；当 $\Lambda < 3$ 时，如图 2.19b 所示，油膜较薄，甚至表面上某些微凸体会产生接触，这时必须考虑表面粗糙度的影响，这种润滑称为部分膜弹流润滑。

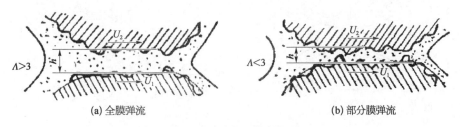

(a) 全膜弹流　　　　　　　　(b) 部分膜弹流

图 2.19　弹流油膜的类型

许多学者对全膜弹流润滑已进行了大量的研究，可根据已知条件确定油膜厚度、形状、压力分布和摩擦力等。然而还有很多机构(如齿轮、滚动轴承和凸轮等)通常工作在部分膜弹流的润滑状态下，这方面研究尚不完善，无法根据润滑机理预先估算出接触面黏合或疲劳失效的产生。

在液压泵和马达中，特别是低速大扭矩马达(如滚轮式内曲线马达、球塞式内曲线马达)中，由于滚轮与导轨或钢球与导轨均属于重载高副接触，往往造成导轨疲劳剥落，导致马达失效。因此用弹性流体动力润滑理论指导此类泵和马达的设计，是具有实际意义的。

2.4.2　弹性流体动力油膜理论的基本方程

这里主要针对线接触弹性流体动力润滑基本方程进行说明和介绍。

1) 油膜厚度方程

在弹性体接触时，受载的接触表面将发生变形。由于柱体线接触的宽度远小于柱体长度和半径，因此可认为线接触相当于平面应变状态，并相似于平直的弹性半无限体

受线载荷 p 的情况。根据弹性力学理论,可以求得表面某点 x 处的挠度 $V(x, 0)$。

在求平直的弹性半无限体受分布载荷 $p(s)$ 时,设表面某点 x 处的总挠度为 $g(x)$,如图 2.20b 所示。它等于受无数线载荷 $p(s)\mathrm{d}s$ 时,表面某点 x 处所产生的 $V_i(x, 0)$ 的积分和。

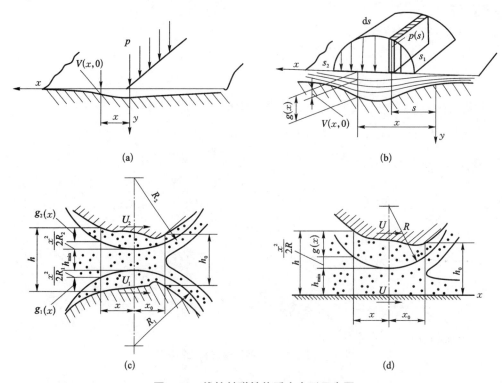

图 2.20　线接触弹性体受力变形示意图

在两弹性柱体的接触中,柱体的变形就等于上述弹性半无限体的总挠度。设在 x 处两柱体的弹性变形分别是 $g_1(x)$ 和 $g_2(x)$,如图 2.20c 所示。再将两柱体的接触转化为一个弹性的当量柱体与一个刚性平面的接触,如图 2.20d 所示。当量柱体的弹性变形 $g(x)$ 就等于原来两柱体弹性变形之和,即 $g(x) = g_1(x) + g_2(x)$。于是根据图 2.20c、d 可得,两弹性柱体接触时某点 x 处的油膜厚度表达式为

$$h = h_0 + \frac{x^2 - x_0^2}{2R} - \frac{4}{\pi E'} \int_{s_1}^{s_2} p(s) \ln \left| \frac{x - s}{x_0 - s} \right| \mathrm{d}s \qquad (2.84)$$

式中,R 为当量柱体的半径,它与两圆柱体半径 R_1 和 R_2 的关系是

$$\frac{1}{R} = \frac{1}{R_1} + \frac{1}{R_2} \text{ 或 } R = \frac{R_1 R_2}{R_1 + R_2} \qquad (2.85)$$

E' 为当量柱体的弹性模数,它与两圆柱体的弹性模数 E_1、E_2 和泊松比 ν_1、ν_2 的关系是

$$\frac{1}{E'} = \frac{1}{2}\left(\frac{1-\nu_1^2}{E_1} + \frac{1-\nu_2^2}{E_2}\right) \tag{2.86}$$

式中的 h_0 和 x_0,是根据雷诺边界条件$\left(\text{当 } x = x_0 \text{ 时},p = \dfrac{\mathrm{d}p}{\mathrm{d}x} = 0\right)$对应的 $h = h_0$,而 s 的积分范围取 $s_1 = -\infty$, $s_2 = x_0$。

2) 流体动力润滑方程

在不考虑液体的黏压效应和压缩性时的流体动力润滑基本方程为

$$\frac{\mathrm{d}p}{\mathrm{d}x} = 12\mu U \frac{h - h_0}{h^3} \tag{2.87}$$

在弹流问题中,接触区的压力很高,而润滑剂黏度随温度和压力而变,黏度随压力增加增大,有以下关系

$$\mu = \mu_0 \mathrm{e}^{\alpha p} \tag{2.88}$$

式中,μ_0 为常压下的油液黏度;μ 为在压力 p 下的油液黏度;α 为黏压系数。

在式(2.87)雷诺方程中代入式(2.88)黏压关系式,方程变为

$$\frac{\mathrm{d}p}{\mathrm{d}x} = 12\mu_0 \mathrm{e}^{\alpha p} U \frac{h - h_0}{h^3} \tag{2.89}$$

为使问题简化,取新的变量

$$q = \frac{1}{\alpha}(1 - \mathrm{e}^{-\alpha p}) \tag{2.90}$$

于是
$$p = -\frac{1}{\alpha}\ln(1 - \alpha q) \tag{2.91}$$

当 $p = 0$ 时,$q = 0$;当 $p = \infty$ 时,$q = \dfrac{1}{\alpha}$。且有

$$\frac{\mathrm{d}q}{\mathrm{d}x} = \mathrm{e}^{-\alpha p} \frac{\mathrm{d}p}{\mathrm{d}x} \tag{2.92}$$

因此

$$\frac{\mathrm{d}q}{\mathrm{d}x} = 12\mu_0 U \frac{h - h_0}{h^3} \tag{2.93}$$

因此,变黏度的方程就被简化为以 q 为压力的常黏度的雷诺方程,称 q 为简化压力。联立式(2.87)与式(2.93),即可求解 q 和 p。

2.4.3 线接触弹性流体油膜的厚度公式

1) 赫兹线接触

赫兹线接触问题解决的是一个弹性柱体与一个刚性平面接触时的压力分布和变形后的尺寸问题。研究该问题，是因为在有润滑时柱体的变形与受相同载荷时干接触的变形大体相同，是研究弹流接触区压力分布和油膜厚度的基础。如图 2.21 所示，假定有一半径为 R 的弹性柱体，在载荷 W 的作用下发生弹性变形，其接触区的宽度为 $2b$，在接触区内的压力按椭圆分布

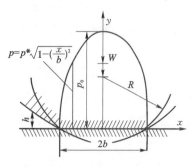

图 2.21　赫兹线接触

$$p = p^* \sqrt{1 - \left(\frac{x}{b}\right)^2} \tag{2.94}$$

赫兹接触的最大压力为

$$p^* = \sqrt{\frac{WE'}{2\pi R}} \tag{2.95}$$

赫兹接触区宽度的一半 b 为

$$b = \sqrt{\frac{8WR}{\pi E'}} \tag{2.96}$$

2) 道森-希金森等温线接触弹性流体理论

道森-希金森(Dowson-Higginson)通过数值计算，得到的压力分布和油膜形状如图 2.22 所示。

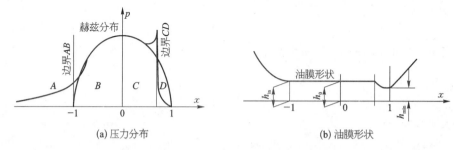

(a) 压力分布　　　　　　　　　　　　(b) 油膜形状

图 2.22　线接触弹流的压力分布和油膜形状

从压力分布看，在入口区 A 由于流体的动压作用，压力逐渐升高，进入接触区后，在某点与赫兹压力分布合拢；在接触区的中间部分基本上按赫兹分布；在出口区，往往产生一个二次压力尖峰，然后压力迅速下降。对于此压力分布的油膜形状如图 2.22b 所示，在大部分接触区油膜接近平行；在出口区对应于压力尖峰处，油膜开始收缩，出

现最小油膜厚度 $h_{\min}$，它与中心油膜厚度 h_0 的关系为 $h_{\min} \approx (3/4)h_0$；入口油膜厚度 h_{in} 则大致与中央油膜厚度相等，$h_{\mathrm{in}} \approx h_0$。

速度增加对压力分布和油膜形状的影响很大。当速度增大时，压力曲线逐渐离开赫兹曲线向入口区移动，如图 2.23 所示，二次压力尖峰也会超过最大赫兹压力。油膜则随着速度的增加而变厚。

当载荷增加时，压力分布向赫兹分布趋近，并使二次压力尖峰移向出口方向，且逐渐降低。载荷变化对油膜厚度的影响很小。

道森-希金森提出的最小油膜厚度计算公式为

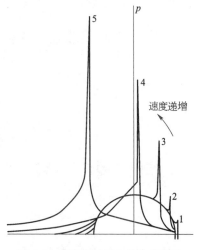

图 2.23　速度对压力分布的影响

$$h_{\min} = 1.6\alpha^{0.6}(\mu_0 U)^{0.7}R^{0.43}E'^{0.03}\left(\frac{L}{W}\right)^{0.13} \tag{2.97}$$

式中，$h_{\min}$ 为油膜最小厚度；μ_0 为润滑油黏度；U 为运动副的卷吸速度；R 为综合曲率半径；L 为两接触长度；W 为外加载荷。此公式适用于同时考虑弹性变形和黏压效应的"弹性-变黏度"的润滑状态，其他润滑状态下则不适用。

3）其他润滑状态下油膜厚度计算

有关接触摩擦副的润滑，存在从刚性等黏度润滑到弹性变黏度润滑各种不同的理论，因而相应地得出了各种不同的油膜厚度计算公式，它们有各自的应用范围，在超出参数范围使用时，将会产生较大的误差。胡克（Hooke）根据约翰逊（Johnson）的研究进行改进并编制了润滑状态图，把润滑状态划分为四种润滑状态区，如图 2.24 所示。图中 h_1 为线接触无量纲油膜厚度

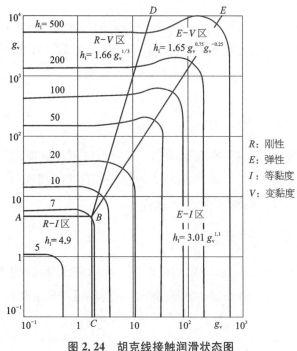

图 2.24　胡克线接触润滑状态图

R：刚性
E：弹性
I：等黏度
V：变黏度

$$h_1 = \frac{h^*（弹流实际最小油膜厚度）}{h_{\min}（马丁刚体等黏度最小油膜厚度）}$$

无量纲弹性参数

$$g_e = \frac{p_{max}（马丁刚体等黏度最大压力）}{p^*（赫兹弹性柱体接触最大压力）}$$

无量纲黏性参数

$$g_v = \frac{p_{max}（马丁刚体等黏度最大压力）}{p_a（使黏度增大 e 倍时的压力）}$$

马丁刚体等黏度线接触最大压力

$$p_{max} = 0.2\left(\frac{F_l^3}{\mu_0 U R^2}\right)^{1/2}$$

弹性柱体接触最大赫兹压力

$$p^* = \left(\frac{F_l E'}{2\pi R}\right)^{1/2}$$

黏度增大 e 倍,有 $\mu = e\mu_0$,按黏压效应公式 $\mu = \mu_0 e^{ap}$,则有 $ap = 1$。故使黏度增大 e 倍时的压力 $p_a = \frac{1}{a}$。

（1）刚性-等黏度区。在此区域内,压力对黏度无明显变化,表面弹性变形微小,因此黏压效应和弹性变形均可忽略不计。这种状态符合高速轻载采用任何润滑剂的金属接触副的润滑条件。该状态膜厚由马丁（Martin）公式求得,有

$$h_{min} = 4.9\frac{\mu_0 U L R}{W} \tag{2.98}$$

（2）刚性-变黏度区。在此区域内,表面弹性变形很小。可近似按刚性处理,而黏压效应不能忽视。这种状态符合中等载荷时润滑剂的黏压效应比表面弹性变形影响更显著的金属接触副。该状态的膜厚由布洛克（Blok）公式求解,即

$$h_{min} = 1.66\,(\alpha\mu_0 U)^{\frac{2}{3}} R^{\frac{1}{3}} \tag{2.99}$$

（3）弹性-等黏度区。该区可认为黏度保持不变,而表面弹性变形对润滑起着主要作用。这种状态符合表面变形显著而黏压效应很小的润滑条件。膜厚可以采用赫列布鲁（Herrebrugh）公式

$$h_{min} = \frac{2.32\,(\mu_0 U R)^{0.6} L^{0.2}}{E'^{0.4} W^{0.2}} \tag{2.100}$$

（4）弹性-变黏度区。这种润滑状态下,黏压效应和弹性变形对于油膜厚度具有综

合影响。这种润滑状态符合重载条件下采用大多数润滑剂的金属接触副,膜厚由式 (2.97)描述。

根据已知参数计算出无量纲参数值,通过插值法在润滑状态图中查出 h_1,根据所在区域利用 h_{min} 公式,即可求出弹性流体实际油膜厚度 h^*。

2.4.4 点接触弹性流体油膜的厚度公式及润滑状态图

在名义点接触处,例如在球和平面的接触点上,由于弹性变形,有效承载区将是一个圆形,在等温弹性变黏度的条件下,油膜厚度沿着滚动轴的平行方向改变,也在出口区形成一个"缩颈",在此处形成最小油膜厚度。

采用下列无量纲参数,使油膜厚度计算公式简化:无量纲油膜厚度 $H = h/R$;速度参数 $\bar{U} = U\mu_0/E'R$;载荷参数 $\bar{F}_1 = F_1/E'R^2$;材料参数 $G = \alpha E'$。

根据哈姆罗克-道森(Hamrock-Dowson)的计算结果,等温的点接触弹性流体润滑提出以下最小油膜厚度计算公式,经实测被认为比较符合实际

$$H^* = \frac{h^*}{R} = 3.63\bar{U}^{0.68}G^{0.49}\bar{F}_1^{-0.073}(1 - e^{-0.68}) \tag{2.101}$$

上式仅用于弹性-变黏度的润滑状态,对于其他润滑状态,则采用不同的公式:

刚性-等黏度区

$$H^* = 45.9\left(\frac{\bar{U}}{\bar{F}_1}\right)^2\left(0.131\arctan\frac{1}{2} + 1.683\right)^2 \tag{2.102}$$

刚性-变黏度区

$$H^* = 1.66(G\bar{U})^{2/3}(1 - e^{-0.68}) \tag{2.103}$$

弹性-等黏度区

$$H^* = 7.43\bar{U}^{0.65}\bar{F}_1^{-0.21}(1 - 0.85e^{-0.31}) \tag{2.104}$$

弹性-变黏度区

$$H^* = 3.63\bar{U}^{0.68}G^{8.49}\bar{F}_1^{-0.073}(1 - e^{-0.68}) \tag{2.105}$$

由于各种状态下的计算公式不同,因而计算前必须先确定润滑状态区域,通常利用润滑状态图。图 2.25 展示了哈姆罗克-道森提出的点接触等温弹流润滑状态图,其中以下面两个无量纲参数作自变量坐标:

黏性参数

$$g_v = \frac{G\bar{F}_1^3}{\bar{U}^2} = \frac{a\bar{F}_1^3}{\mu_0^2U^2R^4} \tag{2.106}$$

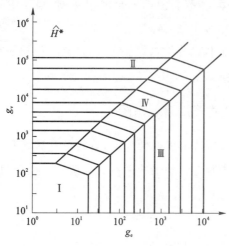

Ⅰ—刚性-等黏度区　　Ⅱ—刚性-变黏度区
Ⅲ—弹性-等黏度区　　Ⅳ—弹性-变黏度区

图 2.25　点接触弹流润滑状态图

液压柱塞泵热分析基础理论及应用

弹性参数

$$g_e = \frac{\overline{F}_1^{8/3}}{\overline{U}^2} = \left(\frac{F_1^4}{\mu_0^3 U^3 E' R^5} \right)^{2/3}$$

$$(2.107)$$

因变量为无量纲最小油膜参数

$$\hat{H}^* = H^* \left(\frac{\overline{F}_1}{\overline{U}} \right)^2 = \frac{h^* \overline{F}_1^2}{R^8 \mu_0^2 U^2}$$

$$(2.108)$$

以 g_v 和 g_e 为坐标,绘制的点接触润滑状态图如图 2.25 所示。根据已知条件,先分别计算出 g_v 和 g_e 的值,再从图中找出对应的润滑状态区,用插值法得出无量纲最小油膜参数 $\hat{H}^*$,即可计算出最小油膜厚度 h^* 值。

第 3 章

传热学与热力学基础

3.1 传热学基本原理

热量传递即由于温度差而产生热量从高温区向低温区的转移,与动量传递、质量传递并列为三种传递过程。在自然界中,热量传递是一种普遍存在的现象。两物体间或同一物体的不同部位间,只要存在温差,且两者之间没有隔热层,就会发生热量传递,直到各处温度相同为止。热量传递可分为三种基本方式:热传导、热对流和热辐射。

热传导依靠物质的分子、原子或电子的移动或振动来传递热量,流体中的热传导与分子动量传递类似。对流传热依靠流体微团的宏观运动来传递热量,所以它只能在流体中存在,并伴有动量传递。辐射传热是通过电磁波传递热量,不需要物质作媒介。下面分别对这三种基本传热方式进行介绍。

3.1.1 热传导

热量从系统的一部分传到另一部分或由一个系统传到另一个系统的现象称为热传导。两个温度不同的物体或同一物体内部温度不同的各部分依靠物质内部微观粒子的运动和碰撞来传递能量的方式称为导热。导热过程中,物体内部各部分之间没有宏观的相对运动,并且参与导热的物体一定是彼此相接触的,所以导热属于接触换热。热传导实质是由大量物质的分子热运动互相撞击,而使能量从物体的高温部分传至低温部分,或由高温物体传给低温物体的过程。

热传导是固体中热传递的主要方式,在不流动的液体或气体层中层层传递,在流动情况下往往与对流同时发生。但由于即使是静止的液体,也会存在由于温度梯度所造成的密度差而产生自然对流,因此,在流体中对流与热传导同时发生。

如图 3.1 所示的平板稳定导热过程,平板厚度为 δ,

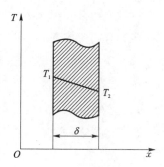

图 3.1　热传导理论

平板的 y、z 方向尺度远远大于 δ，或假设 y、z 方向平板是无限的，因此可以忽略沿 y 方向和 z 方向的导热。

通过单位面积的导热公式为

$$\dot{Q} = \frac{A\lambda}{\delta}(T_1 - T_2) \tag{3.1}$$

式中，$\dot{Q}$ 为热流率（W）；A 为导热面积（m^2）；λ 为导热系数 $[W/(m \cdot K)]$；δ 为壁厚（m）；T_1、T_2 为高、低壁面温度（K）。

在应用中，导热系数、壁厚等参数随模型的不同而有所改变，应当视情况选取。

3.1.2 热对流

热对流是指热量通过流动介质，由空间的一处传播到另一处的现象。流体与固壁表面之间的换热过程称为对流换热。对流是液体和气体中热传递的特有方式，在流体与外界接触的同时，使得流体与之进行热量交换，因此对流换热也是一种接触换热。对流换热计算式为

$$\dot{Q} = \alpha(T_f - T_w)F \tag{3.2}$$

式中，$\dot{Q}$ 为热流率（W）；T_f 为流体平均温度（K）；T_w 为壁面平均温度（K）；F 为换热面积（m^2）；α 为放热系数 $[W/(m^2 \cdot K)]$。

放热系数 α 在数值上等于单位时间内当流体和固体表面之间温度相差 1 K 时，通过单位表面积所传递的热量。影响放热系数的因素很多，不同的材料、地点、温度、密度、黏度等因素均影响 α 值，所以用试验的方法测得的数据很难推广，只能用相似理论解决。在运动相似的前提下，当热相似时，在相似系统一切对应点上的温度之比为常数，因此影响温度场的各物理量之比也为一常数。所以自由运动的放热相似准则——努塞特数 Nu 与运动相似准则，即格拉晓夫数 Gr、雷诺数 Re、普朗特数 Pr 等应具有一定的函数关系，即

$$Nu = f(Gr, Re, Pr) \tag{3.3}$$

因此对于热对流来说，涉及以下的相似参数。

（1）努塞特数 Nu

$$Nu = \frac{\alpha d}{\lambda} \tag{3.4}$$

式中，α 为放热系数 $[W/(m^2 \cdot K)]$；d 为管道的水力直径（m）；λ 为导热系数 $[W/(m \cdot K)]$。

（2）格拉晓夫数 Gr

$$Gr = \frac{g\beta_t \Delta T d^3}{\upsilon^2} \tag{3.5}$$

式中,g 为重力加速度(m/s^2);β_t 为体积膨胀系数(1/K);ΔT 为流体和壁面温度差(K);d 为管道水力直径(m);υ 为流体的运动黏度(m^2/s)。

(3)雷诺数 Re

$$Re = \frac{\bar{\upsilon}d}{\upsilon} \tag{3.6}$$

式中,$\bar{\upsilon}$ 为流体平均速度(m/s);d 为管道水力直径(m);υ 为流体的运动黏度(m^2/s)。

(4)普朗特数 Pr

$$Pr = \frac{\upsilon}{a} = \frac{\upsilon\rho c_p}{\lambda} \tag{3.7}$$

式中,υ 为流体的运动黏度(m^2/s);a 为导温系数(m^2/s);ρ 为流体密度(kg/m^3);c_p 为定压比热容[$J/(kg \cdot K)$]。

计算出相应的相似参数以后,直管中的强迫对流换热可用下列经验公式。

1)对于紊流状态($Re > 2\,300$)

当 $Pr \approx 1$ 时

$$Nu = 0.024Re^{0.8}Pr^{0.43} \tag{3.8}$$

当 $Pr > 1$ 时

$$Nu = 0.023Re^{0.8}Pr^{\frac{1}{3}} \tag{3.9}$$

当 $Pr < 1$ 时

$$Nu = 5 + 0.02(Re \cdot Pr)^{0.8} \tag{3.10}$$

2)对于层流状态($Re < 2\,300$)

$$Nu = 0.74(Re \cdot Pr)^{0.2}(Gr \cdot Pr)^{0.1}\varepsilon \tag{3.11}$$

式中,ε 为管长修正系数,取值见表3.1。

表3.1 管长修正系数

l/d	>50	40	30	20	15
ε	1.00	1.02	1.05	1.13	1.18
l/d	10	5	2	1	
ε	1.28	1.44	1.70	1.90	

3.1.3 热辐射

热辐射是通过电磁波来传递热量的。电磁波的传播可以在真空中进行,因此辐射换热与导热和对流换热的明显不同在于前者是非接触换热,而后两者是接触换热。两个温度不同的物体,依靠自身向外发射辐射能和吸收外界投射到自身上的辐射能来实现热量的传递,这就是辐射换热。其公式为

$$q_{1-2} = \varepsilon_1 C_0 \left[\left(\frac{T_1}{100} \right)^4 - \left(\frac{T_2}{100} \right)^4 \right] \tag{3.12}$$

式中,q_{1-2} 为单位面积的辐射换热量(W/m^2);ε_1 为发射率(黑度);C_0 为黑体辐射系数,$C_0 = 5.67\ \text{W}/(\text{m}^2 \cdot \text{K}^4)$;$T_1$、$T_2$ 为油液和周围环境的温度(K)。

3.1.4 油液温度对物理参数影响

根据流体性质可知,温度变化对其物理特性有综合影响,某型号柱塞泵工作介质为12号航空液压油,因此液压油参数根据12号航空液压油参数确定。

1)温度对液压油动力黏度的影响

随着温度的增加,分子间作用力会显著减小,油液黏度会下降进而影响整个系统的工作性能。温度对动力黏度的影响称为油液的温黏曲线。其表达式为

$$\mu_0 = \frac{1}{\Delta t} \int_0^{\Delta t} \mu_s e^{-\lambda \delta t} \mid d\delta t = \frac{\mu_s}{\lambda \Delta t}(1 - e^{-\lambda \Delta t}) \tag{3.13}$$

式中,λ 为黏温系数,油液的黏温系数 $\lambda = 0.017 \sim 0.050$。

对于12号航空液压油,其经测试得出的黏度性质见表3.2。

表 3.2　12 号航空液压油运动黏度

温度(℃)	运动黏度(mm^2/s)
150	3
50	12
−40	600
−54	3 000

轴向柱塞泵正常工作温度范围为0℃以上,将测得数据拟合可得

$$\mu_s = \mu_0 e^{-\lambda \Delta t} \tag{3.14}$$

式中,黏温系数 $\lambda = 0.04$。

2)温度对液压油密度的影响

温度升高时,物体存在热胀冷缩现象,直接影响油液的密度。对于航空液压油来说,温度升高时其密度将相应减小。但在柱塞泵工作温度范围区间,其变化值和黏度变化相比相当有限。因此可以忽略不计,取12号航空液压油密度 $\rho = 844.1\ \text{kg}/\text{m}^3$。

3）温度对液压油比热容的影响

比热容的定义为：单位质量的某种物质，当其温度发生变化时，每变化1 K所需要吸收或放出的热量。一般情况下，物体的比热容为温度的函数，对于不同的物质其函数曲线不同。对于柱塞泵使用的12号航空液压油，其比热容见表3.3。

表3.3　12号航空液压油比热容

温度（℃）	比热容[kJ/(kg·K)]
90	2.20
50	2.04
20	1.95

为建立数学模型，需要把以上数据进行拟合。根据以上几个孤立点用 MATLAB 曲线拟合为

$$c = 3.6T + 1\,871.6 \tag{3.15}$$

式中，T 为油液温度；c 为比热容[J/(kg·K)]。

4）温度对液压油导热系数的影响

为求得油液与缸体和柱塞壁面的热传导，需要得出两者间通过热传导传递的热量。而导热量和换热面积与导热系数有关。导热系数 λ_F 受油液温度变化而发生变化，数值见表3.4。

表3.4　12号航空液压油导热系数

温度（℃）	导热系数[W/(m·K)]
158	0.104
125	0.109
90	0.115
63	0.121
28	0.125

为建立数学模型，需要把以上数据进行拟合。使用 MATLAB 可将孤立点拟合为曲线

$$\lambda_F = -0.000\,2T + 0.130\,3 \tag{3.16}$$

5）温度对液压油导热系数的影响

根据相似理论计算热对流的放热系数时，涉及油液的体积膨胀系数。不同的温度区间其体积膨胀系数见表3.5。

表 3.5　12 号航空液压油体积膨胀系数

温度(℃)	体积膨胀系数($\times 10^{-4}$ K^{-1})
150~110	9.8
110~80	9.5
80~50	9.0
50~20	8.6
20~0	8.1
-30~0	6.7

考虑到工作温度绝大部分处于 20~50℃,因此取为

$$\beta_t = 8.6 \times 10^{-4} \text{ K}^{-1}$$

管道长度修正系数:$\varepsilon \approx 1$

由于是层流流动($Re < 2\,300$),所以努塞特数为

$$Nu = 0.74(Re \cdot Pr)^{0.2}(Gr \cdot Pr)^{0.1}\varepsilon$$

3.2　热力学基本原理

3.2.1　热力学第一定律

热力学第一定律是热力学的基本定律之一,其实质是能量守恒和转换定律在研究热现象时的一种表述形式,它阐述了热能和其他能量形态转换中能量守恒的数量关系。能量守恒和转换定律是自然界中最重要的普适规律之一,它说明自然界中物质所具有的能量,既不能创造也不能消灭,而只能从一种能量形式转换为另一种能量形式,转换中能量的总量守恒。能量守恒和转换定律并不是从其他的定律中导出,而是从人们长期生产实践经验中总结得出的,并且在生产和科学的实践中,不断地得到证实和丰富。

1) 热力学第一定律的一般表达式

热力学第一定律是能量守恒及转换定律用于热能和其他能量形态转换时的描述。热能作为一种能量形式,可以和其他能量形式相互进行转换,转换中能量的总量守恒。

由于热力学研究实际应用中的复杂性,能量的形式存在转移中的能量和储存在物系中的能量之分。转移能主要分为热量和功,储存能也有内部储存能和外部储存能的差别。由于存在种种不同的能量转换方式,决定了过程中同一性质的能量平衡方程将以不同形式不同内容出现。

对于孤立系,无论其内部如何变化,其总能量总是保持不变。这时候,能量守恒及

转换定律可表示为

$$\Delta E_{iso} = 0$$

由于上式只是能量转换及守恒定律的一般描述，未能体现热现象的特征。为便于分析具体问题，对于由物系及与其有关的外界所形成的孤立系来说，可以利用热力学第一定律将上式改写为

$$\Delta E_{iso} = \Delta E_{sys} + \Delta E_{sur} = 0 \tag{3.17}$$

式中，ΔE_{sys}、ΔE_{sur} 分别表示系统和外界的能量变化。

由于运动是物质存在的形式，是物质的固有属性，而能量又是物质运动的量度，因而物质和能量是不可分割的。系统和外界不管是进行了物质的还是能量的交换，都将使其能量发生改变，因此 ΔE_{sys}、ΔE_{sur} 理论上都可以包含因物质交换而引起的能量变化。但由于系统与外界间存在质量交换时，系统所得到的和外界所失去的迁移质量所携带的能量在数量上相等，正负相抵。因此为简化表达，在建立热力学第一定律的表达式时，可以不考虑物质交换问题，即认为 ΔE_{sys} 和 ΔE_{sur} 中不包括因为物质交换而引起的能量变化。

上述公式中的外界能量变化 ΔE_{sur} 是用外界与系统的作用来表示的。由于能量存在品质的差异，热力学分析中需要把热的作用与力的作用效果区分对待，即把系统和外界交换的能量分为传热和做功两种。同时，由于功的形式不仅是膨胀功一种，而且各种形式的功都可使系统的能量改变，这里用 W_{tot} 来代表系统与外界间一切形式的功的总和，则 ΔE_{sur} 可被表述为

$$\Delta E_{sur} = W_{tot} + Q \tag{3.18}$$

若规定外界对系统做功为负，系统从外界吸热为正，则能量守恒及转换定律表述公式成为

$$\Delta E_{sys} + (W_{tot} - Q) = 0$$

省略下角标 sys，移项并整理得

$$Q = \Delta E + W_{tot} \tag{3.19}$$

$$\delta Q = dE + \delta W_{tot} \tag{3.20}$$

式(3.19)和式(3.20)即为热力学第一定律的一般表达式。文字表述为，加给热力系的热量等于系统能量的增量与热力系对外做功之和。热力学第一定律是进行热力分析、建立能量平衡方程的理论依据，奠定了在数量上进行热力系能量分析的基础。

对于热力系来说，其储存的能量结构可表述为图3.2所示。系统的储存能包括内部储存能和外部储存能。与物质内部粒子的微观运动和粒子在空间的位置有关的能量

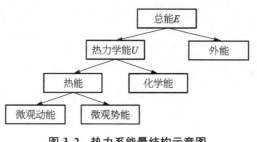

图 3.2　热力系能量结构示意图

称为热力学能,用 U 表示。热力学能由物质内部粒子的状态确定,是系统的状态参数。在不涉及物质内部结构变化时,热力学能仅指描述分子热运动的微观动能,以及描述分子空间相互吸引的微观势能,合称为热能。在有化学反应时,因为存在物质结构的改变,热力学能还应包括化学能。系统的外部储存能与物体所做的整体运动有关,系统中常见的外部储存能有系统做宏观运动时的宏观动能以及系统在重力场中的重力势能。因此在没有化学反应时,系统的储存能可表述为

$$E = U + \frac{1}{2}mC^2 + mgZ$$

$$\Delta E = \Delta U + \frac{1}{2}m\Delta C^2 + mg\Delta Z$$

式中,U 为热力学能,又称内能。

一般热力系的重心变化不大,势能相对于其他各项很小,可以忽略小计,即 $mg\Delta Z = 0$,则有

$$E = U + \frac{1}{2}mC^2$$

$$\Delta E = \Delta U + \frac{1}{2}m\Delta C^2$$

2) 闭口系统能量守恒方程

在对热力系统应用能量平衡方程时,系统与外界间是否存在物质的交换,将在方程中产生不同的能量项。因此,将热力学第一定律付诸应用时,需要根据有无物质交换而把热力系分为闭门系和开口系。

闭口系是指系统与外界间不进行物质交换,开口系则相反。闭口系的总质量保持不变,这部分质量称为控制质量(cm),开口系物质进出的空间称为控制体积(cv)。

闭口系的热力学第一定律数学表达式此前已经讨论过,此式普遍应用于各种能量转换,不受过程是否可逆的限制,但应用时要求闭口系变化的初、终状态均为平衡状态,否则式中的热力学能变化将无法计算。

对常见的热功转换过程来说,热量交换是系统唯一的能源。而热变为功的基本途径是依靠工质体积的变化来对外输出膨胀功。若认为热力过程可逆,并忽略工质宏观动能及宏观势能的变化 $\left(即 \frac{1}{2}m\Delta C^2 + mg\Delta Z = 0\right)$,则闭口系的能量平衡一般方程

可以表述为

$$Q = \Delta U + \int_1^2 p \, \mathrm{d}V$$

因为此时系统质量保持恒定，故还可以写为

$$q = \Delta u + \int_1^2 p \, \mathrm{d}v$$

以及

$$\delta q = \mathrm{d}u + p \, \mathrm{d}v$$

借助上式可以判断工质与过程的性质对热功转换的影响。当工质以及过程的初终态确定后，上式中 Δu 即为定值。而比热量 q 的大小随过程的性质而定，当改变过程使系统吸热量增加时，由于 q 与 $\int_1^2 p \, \mathrm{d}v$ 的差值 Δu 不变，增加的热量将全部转换为功，因此，改变后的过程对热功转换是有利的。

以火箭的热力过程为例，利用上述公式进行分析。考虑到火箭的工作特性，可取能量平衡式(3.19)中的 $Q = 0$、$W_{\mathrm{tot}} = 0$。则系统能量的变化 ΔE 也将为零，有

$$\Delta E = \Delta U + \frac{1}{2} m \Delta C^2 = 0$$

即

$$\frac{1}{2} m \Delta C^2 = -\Delta U$$

式中，$-\Delta U$ 为火箭所消耗燃料燃烧时释放的化学能，通过热力过程转变为燃气的动能而驱使火箭前进。

3) 开口系统能量守恒方程

对于开口系来说，系统与外界间除了热、功交换外，还存在物质的交换。因此应用于开口系的能量平衡方程一般有别于闭口系。

控制体积由于物质交换而产生的能量变量 $\mathrm{d}E_{\mathrm{m}}$ 可表示为

$$\mathrm{d}E_{\mathrm{m}} = -\left(u + \frac{C^2}{2}\right)_{\mathrm{e}} \mathrm{d}m_{\mathrm{e}} + \left(u + \frac{C^2}{2}\right)_{\mathrm{i}} \mathrm{d}m_{\mathrm{i}}$$

式中，$\mathrm{d}m_{\mathrm{i}}$、$\mathrm{d}m_{\mathrm{e}}$ 分别为 $\mathrm{d}t$ 时间间隔内流入、流出控制体积的工质质量。这部分能量由外界传给系统，因此应用于开口系时热力学第一定律可以表述为

$$\delta Q = \mathrm{d}E_{\mathrm{cv}} + \delta W_{\mathrm{tot}} - \mathrm{d}E_{\mathrm{m}} \tag{3.21}$$

式中，$\mathrm{d}E_{\mathrm{cv}}$ 为控制体积的全部能量变量。当系统与外界间只存在膨胀功作用时，有

$$\delta W_{\mathrm{tot}} = \delta W$$

式中，W 为膨胀功。

开口系存在物质交换，工质流动时存在流动功的作用，因此膨胀功将是流动功和系统给出的净功 δW_{net} 之和。其中流动功 δW_f 可按下式计算

$$\delta W_f = (pv)_e dm_e - (pv)_i dm_i$$

因此，系统总功为

$$\begin{aligned}
\delta W_{tot} &= \delta W_{net} + (pv)_e dm_e - (pv)_i dm_i \\
&= dE_{cv} + \delta W_{tot} - dE_m \\
&= dE_{cv} + \delta W_{net} + (pv)_e dm_e - (pv)_i dm_i + \left[\left(u + \frac{C^2}{2} \right)_e dm_e - \left(u + \frac{C^2}{2} \right)_i dm_i \right]
\end{aligned}$$

$$(3.22)$$

而流体的焓定义为

$$h = u + pv$$

式中，h 为流体的焓值；p 为流体压力；v 为流体比容。

将 $h = u + pv$ 代入式(3.22)，有

$$\delta Q = dE_{cv} + \delta W_{net} + \left[\left(h + \frac{C^2}{2} \right)_e dm_e - \left(h + \frac{C^2}{2} \right)_i dm_i \right] \qquad (3.23)$$

以瞬时热流率 $\dot{Q} = \lim\limits_{dt \to 0} \dfrac{\delta Q}{dt}$，瞬时功率 $\dot{W}_{net} = \lim\limits_{dt \to 0} \dfrac{\delta W_{net}}{dt}$，瞬时质量流率 $\dot{m} = \lim\limits_{dt \to 0} \dfrac{dm}{dt}$ 代入上式，得到开口系的一般瞬时能量方程

$$\dot{Q} = \frac{dE_{cv}}{dt} + \dot{W}_{net} + \left[\left(h + \frac{C^2}{2} \right)_e \dot{m}_e - \left(h + \frac{C^2}{2} \right)_i \dot{m}_i \right] \qquad (3.24)$$

当进出控制体积的流体不是单股而是多股时，方程可以写为

$$\dot{Q} = \frac{dE_{cv}}{dt} + \dot{W}_{net} + \sum \left[\left(h + \frac{C^2}{2} \right)_e \dot{m}_e - \left(h + \frac{C^2}{2} \right)_i \dot{m}_i \right] \qquad (3.25)$$

上式适用于各种场合下的能量转换过程，与过程是否可逆无关。

当开口系中控制体积内各处的工质状态与流速在内都不随时间变化时，此流动方式称为稳态稳流，简称稳定流动。稳态稳流能量平衡方程是开口系一般能量平衡方程的特例。此时各种流率，包括热流率 $\dot{Q}$、功率 $\dot{W}_{net}$、质量流率 $\dot{m}$ 等在内都必须维持恒定。而过程中进出口界面的流量也必定相等，即 $\dot{m} = \dot{m}_e = \dot{m}_i$，否则控制体积内的质量将不断增加或减少，从而导致系统内部的不稳定。因此，稳态稳流要求状态和流率中每一项都要满足稳定的要求。

稳态稳流时,系统状态参数如 p、u、h、C 将保持一定,控制体积的能量变化 $\Delta E_{cv} = 0$,代入式(3.25),有

$$\dot{Q} = \dot{W}_{net} + \sum \left[\left(h + \frac{C^2}{2} \right)_e \dot{m}_e - \left(h + \frac{C^2}{2} \right)_i \dot{m}_i \right] \qquad (3.26)$$

稳态稳流中控制体积内每单位质量流体所流经开口系的状况完全相同,因此能量平衡方程可以用单位质量形式表达,将公式两边除以 $\dot{m}$,有

$$q = \dot{w}_{net} + \sum \left[\left(h + \frac{C^2}{2} \right)_e - \left(h + \frac{C^2}{2} \right)_i \right] \qquad (3.27)$$

$$\delta q = \delta w_{net} + d \sum \left(h + \frac{C^2}{2} \right) \qquad (3.28)$$

式(3.27)中,w_{net} 和 $\frac{C^2}{2}$ 都为工程上可以利用的功,合称为比技术功 w_t,即

$$w_t = w_{net} + \frac{C^2}{2}$$

代入式(3.27)和式(3.28),有

$$q = \Delta h + w_t$$

$$\delta q = dh + \delta w_t$$

上述公式适用于任意过程,与过程是否可逆无关。

4）控制体温度变化模型

能量守恒定律在热力学仿真中得到了广泛的应用,对于一维流动的流体,选控制体如图 3.3 所示。

图 3.3　控制体模型

对于一维流动,在控制体内部其动能和势能相对较小,可以不予考虑,这样控制体的能量守恒方程可写为

$$\dot{Q} = \dot{E}_{cv} + \dot{W} + \sum \dot{m}_{out} h_{out} - \sum \dot{m}_{in} h_{in} \qquad (3.29)$$

式中,$\dot{Q}$ 为外界与控制体热交换率;$\dot{E}_{cv}$ 为控制体内的能量变化量;$\dot{W}$ 为控制体做功的功率;$m = \rho q$ 为流体质量;ρ 为油液密度;h 为流体的焓值;out、in 分别表示控制体的出口和进口。

而此时（不考虑动能和势能）,控制体内能量可表示为

$$E_{cv} = mu \qquad (3.30)$$

式中,m 为控制体内流体质量;u 为流体的比内能。

上式对时间求导有

$$\frac{\mathrm{d}E_{cv}}{\mathrm{d}t} = \frac{\mathrm{d}(mu)}{\mathrm{d}t} = m\frac{\mathrm{d}u}{\mathrm{d}t} + u\frac{\mathrm{d}m}{\mathrm{d}t} \tag{3.31}$$

而流体的焓定义为

$$h = u + p\nu \tag{3.32}$$

式中，h 为流体的焓值；p 为流体压力；ν 为流体比容。

流体焓的变化率一般由下式计算

$$\frac{\mathrm{d}h}{\mathrm{d}t} = c_p\frac{\mathrm{d}T}{\mathrm{d}t} + (1 - \alpha_p T)\nu\frac{\mathrm{d}p}{\mathrm{d}t} \tag{3.33}$$

式中，T 为流体温度；α_p 为流体体积膨胀系数；c_p 为流体的比热容。

将式(3.32)、式(3.33)代入式(3.41)有

$$\frac{\mathrm{d}E_{cv}}{\mathrm{d}t} = c_p m\frac{\mathrm{d}T}{\mathrm{d}t} - mT\alpha_p \nu\frac{\mathrm{d}p}{\mathrm{d}t} + h\frac{\mathrm{d}m}{\mathrm{d}t} - p\frac{\mathrm{d}V}{\mathrm{d}t} \tag{3.34}$$

控制体内质量变化率为

$$\frac{\mathrm{d}m}{\mathrm{d}t} = \sum\dot{m}_{in} - \sum\dot{m}_{out} \tag{3.35}$$

将式(3.34)、式(3.35)代入式(3.29)有

$$\frac{\mathrm{d}T}{\mathrm{d}t} = \frac{1}{c_p m}\left[\begin{array}{l}\sum\dot{m}_{in}(h_{in} - h) + \sum\dot{m}_{out}(h - h_{out}) \\ + \dot{Q} - \dot{W} + p\frac{\mathrm{d}V}{\mathrm{d}t} + m\alpha_p T\nu\frac{\mathrm{d}p}{\mathrm{d}t}\end{array}\right] \tag{3.36}$$

控制体做功的功率包括轴功和边界功，表示为

$$\dot{W} = \dot{W}_s + \dot{W}_b = \dot{W}_s + p\frac{\mathrm{d}V}{\mathrm{d}t} \tag{3.37}$$

将式(3.37)代入式(3.36)有

$$\frac{\mathrm{d}T}{\mathrm{d}t} = \frac{1}{c_p m}\left[\begin{array}{l}\sum\dot{m}_{in}(h_{in} - h) + \sum\dot{m}_{out}(h - h_{out}) \\ + \dot{Q} - \dot{W}_s + T\alpha_p V\frac{\mathrm{d}p}{\mathrm{d}t}\end{array}\right] \tag{3.38}$$

式中，$V = m\nu$ 为控制体的体积。

一般可以认为控制体内流体焓值与出口流体焓值相同，则上式可写成

$$\frac{\mathrm{d}T}{\mathrm{d}t} = \frac{1}{c_\mathrm{p}m}\left[\sum \dot{m}_\mathrm{in}(h_\mathrm{in}-h) + \dot{Q} - \dot{W}_\mathrm{s} + T\alpha_\mathrm{p}V\frac{\mathrm{d}p}{\mathrm{d}t}\right] \tag{3.39}$$

由式(3.33)可得焓变化计算式为

$$h_\mathrm{in} - h = c_\mathrm{p}(T_\mathrm{in} - T) + (1 - \alpha_\mathrm{p}T)\nu(p_\mathrm{in} - p) \tag{3.40}$$

式(3.39)和式(3.40)即为控制体内计算温度变化量的表达式,一般在进行热力学建模过程中,首先确定控制体,然后应用以上两式对控制体内温度的动态变化进行计算。

3.2.2 热力学第二定律

热力学第一定律论述了热能在和其他形式能量相互转换时,能量的总量始终保持守恒的原则,是从量的角度来考虑问题的。众所周知,内燃机中燃料燃烧所释放的热能不可能全部被用来做功,总有一部分热量将随着工质的排出而被释放到温度相对较低的环境气体中,这说明热能和电能或者其他形式能量相比,存在做功能力的差别,或者说品质的差别;又如传热过程中,热量总是自发地从温度较高的物体传向温度较低的物体,不可能自发地沿相反方向传递,这说明热现象的过程进行是有条件、有方向的。

热力学第二定律是从能质的属性出发,来阐述能量转换的客观规律。热能属于品质较低的能量,这是热能有别于其他能量的特殊属性。正因为如此,生产实践中当其他形式能量转变为热能时,虽然能的总量始终未变,但能质却降低了,即可用能的量减少了。热力学第二定律正是人们在长期实践经验的基础上,对能量转换的条件性和方向性问题的深入认识。

热力学第二定律针对不同现象有不同的描述方式,一般都是说明实现某种能量转换过程的必要条件。由于这类过程的多样性,热力学第二定律也就有多样的表述方式,以下将就一些代表性的描述方式进行说明。

1) 开尔文-普朗克说法

开尔文-普朗克说法是以长期的热机制造经验为基础,对热机中能量转换规律的总结。具体描述为:不可能建造一种循环工作的机器,其作用只是从单一热源吸热并全部转变为功,而不产生其他变化。

热机在实际工作中,必须同时具备两个或两个以上的热源。高温热源用于提供转换为机械功所需的热量;低温热源用于接收一部分来自高温热源的热量,作为实现做功的必要补偿。

如图3.4所示,热机从高温热源 T_1 吸热 Q_1,Q_1 不可能全部转化为机械功 W_0,必然要向低温热源 T_2 放热 Q_2。

取热机为一个热力系统,则必然有

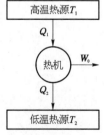

图3.4 热机的工作

$$W_0 = Q_1 - Q_2$$

需要注意的是，不能把上述描述简单理解为：热量不能完全转化为功。考虑理想气体在气缸内无摩擦推动活塞做功的过程，若气体从单一热源吸热且过程为等温过程，则所吸收的热量的确全部转化为功。但这时系统体积必然膨胀，过程不可能无限延续下去。因而只有循环工作的机器才能连续不断地实现一定的能量转换，开尔文-普朗克说法中所指的就是这种能够连续不断地工作的机器。

所谓第二类永动机，即设想的能够完成从单一热源取热，将热量全部转换为功而不引起其他变化的机器，这种机器的热效率为 100%。这种设想本身并不违反热力学第一定律，因为在其所设想的过程中总能量的确是守恒的，但却违反了开尔文-普朗克说法的内容。因此热力学第二定律又可以表述为："第二类永动机是不可能制成的"或"热机的热效率不可能达到 100%"。

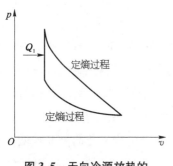

图 3.5 无向冷源放热的
热力学过程

例如，图 3.5 所示的循环，由定熵压缩、定容加热和定熵膨胀三个过程组成，但没有放热过程。如果该循环成立，则为"从单一热源吸热而使之全部转变为功"。所以，该循环违背了热力学第二定律的开尔文-普朗克表述，是不可能实现的。

2）克劳修斯说法

1850 年，克劳修斯从不同角度提出了热力学第二定律的另一说法，表述为：不可能使热量由低温物体向高温物体传递而不引起其他变化。以制冷机的工作循环为例，制冷机实现了热量由低温物体向高温物体的传递，但付出的代价是消耗外功，即已经引起了其他变化。如图 3.6 所示，制冷机从低温热源 T_2 吸热 Q_2，向高温热源 T_1 放热 Q_1，必然要消耗机械功 W_0。取制冷机为一个热力系统，则必然有

$$-W_0 = -Q_1 + Q_2$$

即

$$-W_0 = -(Q_1 - Q_2)$$

得

$$W_0 = (Q_1 - Q_2)$$

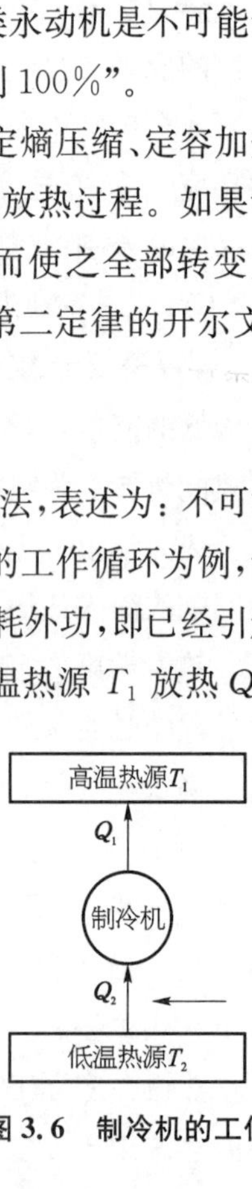

图 3.6 制冷机的工作

热力学第二定律的开尔文-普朗克表述与克劳修斯表述虽然从不向热现象的角度阐述过程进行的条件，其实质是完全一致的，若违反其中某一种表述，则必然也违反了另外一种表述形式。接下来将证明开尔文-普朗克表述与克劳修斯表述的等价性。

采用反证法，即违背开尔文-普朗克说法的，也一定违背克劳修斯说法。将一台热机 A 与一台制冷机 B 串联组成联合机器，如图 3.7 所示。

先假设该机器的工作违背开尔文-普朗克表述,即存在一个单一热源,使热机 A 运转,并全部转变为机械功 W_0。

取热机 A 为一个热力系统,则

$$W_0 = Q_1'$$

此时,热机 A 从高温热源 T_1 吸热 Q_1',全部转变为机械功 W_0,显然违背了热力学第定律的开尔文-普朗克表述。

而这个机械功 W_0 又对制冷机 B 做功,使之从低温热源 T_2 吸热 Q_2,而向高温热源 T_1 放热 Q_1。现在取热机 A

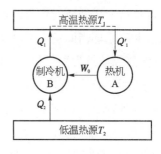

图 3.7 热机与制冷剂组成的联合机器

和制冷机 B 整体为一个热力系统,则说明,当热机 A 和制冷机 B 联合作用时,系统从低温热源 T_2 吸热 Q_2,向高温热源 T_1 放热 $(Q_1 - Q_1')$,而并没有引起外界的任何变化,所以违背了克劳修斯说法。

由此可证明,两种说法是等价的。

3) 喀喇氏说法

1909 年,希腊数学家喀喇氏(Caratheodory)把热力学第二定律概括叙述为:在一物系任意给定的平衡状态邻域,总有从给定态出发不可能经绝热过程达到的态存在。喀喇氏说法和开尔文-普朗克说法在叙述上是等效的,但克劳修斯说法和开尔文-普朗克说法是分别从温差传热和热功转换现象出发,而喀喇氏说法则直接从物系出发,把一切自然现象都概括为绝热过程。

与开尔文-普朗克说法、克劳修斯说法一样,喀喇氏说法是不可能用数学方法来证明的,它只能被众多的实验和现象所证实。例如,焦耳的热功当量实验中,不断能从终态经内绝热过程返回初态。此外,需要注意的是,喀喇氏说法中只是提到某些态不能用绝热过程达到,并未提到任何具体的不可逆过程,因此这个说法对于可逆与不可逆均适用。

4) 能质贬低原理

以上三种说法都是从自然现象的方向性角度去描述热力学第二定律的。而能质贬低原理则将自然过程的方向性与能量的品质联系起来,表述为:一切自发过程都是不可逆的,都伴有能量的降级。以上四种说法是热力学第二定律不同的表述形式。

5) 卡诺循环和卡诺定理

1824 年,法国工程师卡诺提出了卡诺循环的概念,论述为:由两个等温过程和两个等熵(绝热)过程组成的循环,其循环热效率为最高。在此基础上,卡诺发表了著名的卡诺定理:在两个给定热源之间工作的所有热机,以可逆热机的热效率为最高。卡诺定理成为热力学第二定律的最早表达形式。

卡诺循环是两个恒温热源间的可逆循环,同时也是最简单的可逆循环。所谓最简单，是指卡诺循环的热力过程结构最为简单：两个定温过程和两个等熵过程。即便如此，卡诺循环仍旧实现了过程可逆的基本思想——通过保证工质从高温热源吸热和向低温热源放热为温差趋于零的等温过程，消除了热交换时的内部耗散效应，因此卡诺循环消除了循环过程中包括内不可逆和外不可逆的所有不可逆因素。

卡诺循环和卡诺定理的意义在于指出了实际热机的极限理想热效率，提出了改进循环进行程度的标准和方法。卡诺循环热效率公式为

$$\eta_{\mathrm{t}} = 1 - \frac{T_2}{T_1}$$

由此可见，提高卡诺循环以及同温限下其他可逆循环热效率的途径为提高热源温度 T_1 和降低冷源温度 T_2；但由于冷源温度 T_2 不可能低至 0 K，热源温度 T_1 不可能高至 ∞。因此，即使在卡诺循环这样的理想情况下，循环热效率达到 100% 也是不可能的，只能小于 100%；而这个小于 100% 的卡诺循环热效率则成为实际发动机提高热效率所能达到的极限和标准。这同时也说明不可能把从高温热源所吸收的热量全部转换为功，即单一热源的热机是不可能建造成功的。

第 4 章

轴向柱塞泵柱塞副油膜形态分析

柱塞运动状态对柱塞副油膜形态有较大影响。本章以常见结构的柱塞副为对象，建立缸体中柱塞的运动学方程，进行动力学分析，与纳维–斯托克斯(Navier-Stokes，N‑S)方程相结合，阐明解析柱塞副油膜压力、速度和流量基本分布的解析方法，得到轴向柱塞泵柱塞副油膜形态。

4.1　柱塞副运动学方程

斜盘式轴向柱塞泵的柱塞在缸体中均匀分布，柱塞泵输入轴带动缸体旋转，柱塞随缸体的旋转而旋转，其旋转轴线与缸体轴线重合。由于柱塞一端固定在斜盘上，柱塞从上死点转动到下死点的过程中，斜盘强制柱塞在轴线方向往复运动，完成吸油排油过程。如图 4.1 所示，轴向往复运动是柱塞的主要运动形式。此外，柱塞运动还包括沿自身轴线的转动和偏离轴线的微幅摆动。

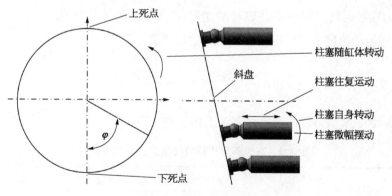

图 4.1　柱塞运动简图

根据不同斜盘式轴向柱塞泵的缸体结构形式，柱塞轴向往复运动可分为直缸体中的运动和锥形缸体中的运动。直缸体中的柱塞运动如图 4.2 所示。

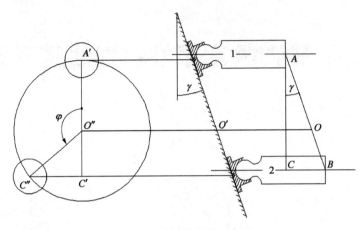

图 4.2 直柱塞位移示意图

柱塞由上死点位置 1 转动 φ 角度后到达位置 2，两个位置的柱塞端面中心分别为 A 和 B，其投影为 A' 和 B'。缸体旋转中心为 O，其投影分别为 O' 和 O''，C 为 A 在位置 2 的对应点，其投影分别为 C' 和 C''。柱塞运动位移 BC 按几何关系可表示为 φ 的函数

$$BC = AC\tan\gamma = (A'O'' + O''C')\tan\gamma = (A'O'' + O''C''\cos\varphi)\tan\gamma \tag{4.1}$$

式中，γ 为斜盘倾角；φ 为柱塞转角；$A'O'' = O''C'' = R$。

化简可得

$$S_x = (1 - \cos\varphi)R\tan\gamma \tag{4.2}$$

对上式求导可得柱塞轴向运动方程

$$u_x = \frac{d\left[(1 - \cos\varphi)R\tan\gamma\right]}{d\varphi} = \omega\sin\varphi R\tan\gamma \tag{4.3}$$

式中，u_x 为柱塞运动速度；ω 为主轴转动速度；R 为柱塞的转动半径。

对柱塞运动速度求导可得柱塞轴向运动加速度

$$a_x = \frac{du_x}{d\varphi} = \cos\varphi\,\omega^2 R\tan\gamma \tag{4.4}$$

计算示例：某型斜盘式轴向柱塞泵工作参数见表 4.1。

表 4.1 某型斜盘式轴向柱塞泵主要工作参数

$\gamma(°)$	$p_s(\text{MPa})$	$n(\text{r/min})$	$d(\text{mm})$	$R(\text{mm})$
16	20.68	3 000	28	33.3

将表格中数据代入式(4.2)～式(4.4)可得缸体旋转 360°范围内柱塞的位移、速度和加速度，其变化趋势分别如图 4.3a、b、c 所示。

液压柱塞泵热分析基础理论及应用

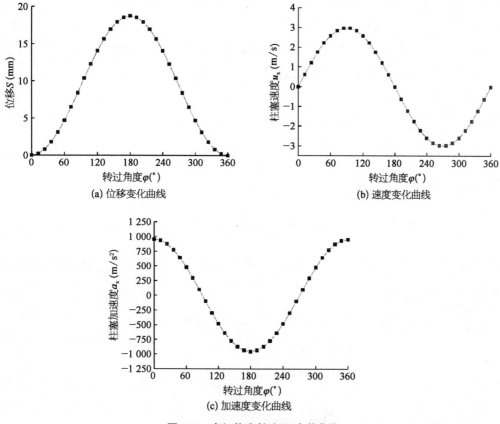

(a) 位移变化曲线

(b) 速度变化曲线

(c) 加速度变化曲线

图4.3 直缸体中柱塞运动学曲线

　　锥形缸体的柱塞运动学方程分析方法与直柱塞运动学方程类似。图4.4所示为锥形缸体中柱塞的运动示意图。位置1为柱塞在缸体内来回运动留缸体内长度达到最小时，即柱塞运动上达到某一死点时的状态，O 为缸体轴线与斜盘交点，A 为柱塞轴线与斜盘的交点，C 为柱塞与缸体轴线的交点。$\angle ACO$ 为柱塞轴线与缸体旋转轴线间的夹角，记为 β。位置2为缸体顺时针转过 φ 角度后的任一柱塞位置。由于缸体转动带动柱

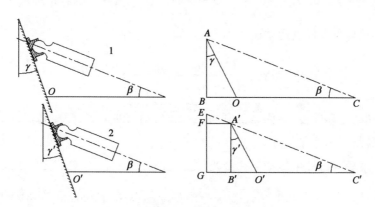

图4.4 锥形缸体中柱塞运动示意图

塞和滑靴在配流盘上转动,倾斜的配流盘强迫柱塞沿缸体轴线方向运动,O'、A' 和 C' 分别对应位置 1 中的 O、A 和 C。将 1、2 位置两幅几何示意图相比较,做辅助线 EG、$A'E$、$A'F$。其中 $A'F$ 为 A' 到铅垂面的距离,$A'B'$ 为 A' 到缸体旋转轴线的距离。柱塞的位移可表示为 A 点随着柱塞在主轴转过一定角度后在柱塞轴线上的位移。

由几何关系可得

$$\angle EA'F = \angle A'C'O' = \beta \tag{4.5}$$

$$AB = R \tag{4.6}$$

结合式(4.5)、式(4.6)可得

$$A'E = \frac{C'G - C'B'}{\cos\beta} = \frac{R - A'B'}{\sin\beta} \tag{4.7}$$

柱塞在斜盘上运动的左视图如图 4.5 所示,其右侧为主视图斜盘面与铅垂面夹角示意图。由此可知

$$AK = AB - BK = R - A'B'\cos\varphi \tag{4.8}$$

$$PK = AK\tan(\angle PAK) = AK\tan\gamma \tag{4.9}$$

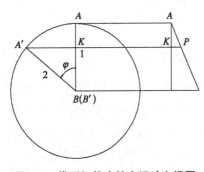

因为铅垂面和斜盘面均垂直于纸面,所以 PK 代表了 P 点在斜盘面上的对应点 A' 点到铅垂面的距离。结合图 4.4 和图 4.5 可知

$$PK = A'F \tag{4.10}$$

联立式(4.8)~式(4.10),可得柱塞位移表达式

图 4.5 锥形缸体中柱塞运动左视图

$$S = \frac{R(1 - \cos\varphi)\tan\gamma}{1 - \cos\varphi\tan\beta\tan\gamma} \tag{4.11}$$

对位移求导可得柱塞运动速度为

$$u = \frac{R(1 - \cos\varphi)\tan\gamma\sin\varphi\omega}{(1 - \cos\varphi\tan\beta\tan\gamma)^2} \tag{4.12}$$

式中,u 为柱塞运动速度;γ 为斜盘倾角;φ 为缸体转角;β 为柱塞与缸体间倾角;R 为柱塞转动半径;ω 为主轴转动角速度。

对速度求导可得柱塞运动加速度为

$$a = \frac{R\omega^2\tan\gamma(1 - \tan\beta\tan\gamma)\left[\cos\varphi - (1 + \sin^2\varphi)\tan\beta\tan\gamma\right]}{(1 - \cos\varphi\tan\beta\tan\gamma)^3} \tag{4.13}$$

计算示例：某型锥形缸体柱塞泵参数见表 4.2，代入式(4.11)～式(4.13)可得柱塞运动学曲线，如图 4.6 所示。

表 4.2　某型锥形缸体柱塞泵主要参数

γ (°)	β (°)	p_s (MPa)	m_{ps} (kg)	n (r/min)	d (mm)	R (mm)	l_0 (mm)	l_P (mm)
16	5	20.68	0.034 6	3 000	28	33.3	34.43	77.5

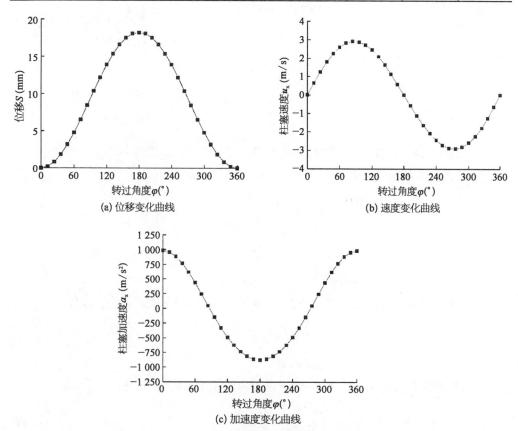

(a) 位移变化曲线　　　　　　　(b) 速度变化曲线

(c) 加速度变化曲线

图 4.6　锥形缸体中柱塞运动学曲线

4.2　柱塞副动力学特性

　　将柱塞的运动学分析得到的运动学参数引入力分析和 N-S 方程中，可得出柱塞的力平衡方程以及油膜中的压力、速度和流量分布，反映柱塞的动力学特性。

4.2.1　柱塞力平衡方程

1) 理想状态下柱塞力平衡方程

图 4.7 所示为锥形缸体斜盘式轴向柱塞泵单个柱塞受力示意图，斜盘倾角为 γ，柱

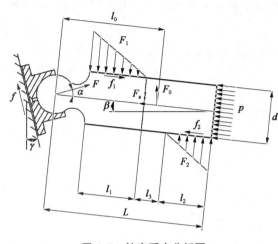

图 4.7 柱塞受力分析图

塞轴线与缸体旋转轴线间的夹角为 β,斜盘法线方向与缸体旋转轴线间的夹角为 α。固结坐标系于柱塞之上:规定 x 轴沿柱塞轴线方向,y 轴垂直于柱塞轴线方向。

受力分析:

(1)滑靴与斜盘之间的作用力 F,并沿坐标轴方向分解为 F_x、F_y。有

$$\begin{cases} F_x = F\cos\alpha \\ F_y = F\sin\alpha \end{cases} \tag{4.14}$$

(2)滑靴与斜盘之间摩擦力 f,两者间的摩擦因数为 μ_f,沿坐标轴方向分解为 f_x、f_y。作用点与柱塞球头距离为 l_b,有

$$\begin{cases} f = \mu_f F \\ f_x = f\sin\alpha \\ f_y = f\cos\alpha \end{cases} \tag{4.15}$$

(3)柱塞与缸体之间分布载荷的作用合力为 F_1 和 F_2。

(4)柱塞油膜与缸体之间的摩擦力 f_1 和 f_2,两者间的摩擦因数为 μ_m,有

$$\begin{cases} f_1 = \mu_m F_1 \\ f_2 = \mu_m F_2 \end{cases} \tag{4.16}$$

(5)柱塞底部受到的压力为 p,柱塞直径为 d,作用于柱塞上的力 P 为

$$P = p\,\frac{\pi d^2}{4} \tag{4.17}$$

(6)柱塞运动引起的惯性力 F_a 为

$$F_a = ma \tag{4.18}$$

式中的加速度 a 由速度分析求得。

(7)柱塞随缸体转动引起的惯性力 F_0,沿坐标轴方向分解为 F_{0x} 和 F_{0y},作用于柱塞重心,设重心距离柱塞球头 l_0,则

$$\begin{cases} F_0 = m\,\dfrac{\omega^2}{R} \\ F_{0x} = F_0\sin\beta \\ F_{0y} = F_0\cos\beta \end{cases} \tag{4.19}$$

综上所述,将式(4.14)~式(4.19)沿 x 轴与 y 轴列出力平衡方程;以柱塞球头中心点为作用轴力矩平衡方程可得

$$
\begin{cases}
\sum F_x = 0 \\
\sum F_y = 0 \\
\sum M = 0
\end{cases}
\tag{4.20}
$$

考虑到 l_b 和 μ_f 很小,可忽略滑靴与斜盘之间摩擦力引起的力矩,故可得柱塞在缸体中的力平衡方程

$$
\begin{cases}
F_x - f_x - F_{0x} + f_1 - f_2 - F_a - P = 0 \\
F_y + f_y + F_{0y} - F_1 + F_2 = 0 \\
F_1\left(L - l_2 - l_3 - \dfrac{2l_1}{3}\right) - F_2\left(L - \dfrac{l_2}{3}\right) - F_{0y}l_0 + (f_2 - f_1)\dfrac{d}{2} = 0
\end{cases}
\tag{4.21}
$$

2) 偏心状态下柱塞力平衡方程

在柱塞泵工作过程中,由于柱塞轴向受力不平衡,将导致柱塞产生径向运动,即出现柱塞偏心状态。偏心状态时,柱塞随着缸体转动过 ρ 角度时,受力状态如图 4.8 所示。

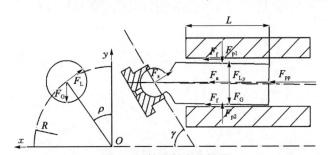

图 4.8 柱塞受力分析图

取柱塞球头球心为转动中心,可得柱塞在 x、y 方向力平衡方程及力矩平衡方程为

$$
\begin{cases}
F_s\sin\gamma + F_a + F_{pp} + F_f = 0 \\
F_s\cos\gamma + F_G + F_{Ly} + F_{sf} + F_{p1} + F_{p2} = 0 \\
M_{F_G} + M_{F_{p1}} - M_{F_{p2}} - M_{F_{Ly}} = 0
\end{cases}
\tag{4.22}
$$

式中,F_s 为滑靴对柱塞球头的支持力;F_a 为柱塞运动惯性力;F_{pp} 为排油腔压力;F_f 为油膜对柱塞体的摩擦力;F_G 为柱塞自身重力;F_{Ly} 为离心力 F_L 在 y 方向的分力;F_{sf} 为斜盘对滑靴的摩擦力;F_{p1} 和 F_{p2} 为内外间隙的油膜动压支承力;γ 为斜盘倾角;ρ 为柱塞转角;M_{F_G}、$M_{F_{p1}}$、$M_{F_{p2}}$、$M_{F_{Ly}}$ 为对应外力的力矩。

4.2.2 柱塞副油膜压力、速度、流量分布

柱塞副油膜存在于柱塞与缸体之间配合形成的环形间隙,厚度通常为 $10\sim15\ \mu m$。

由于间隙很小,且与柱塞直径的比值也很小,为便于研究,通常将该环形间隙展开,简化成宽度为柱塞周长的两平行平板之间的缝隙。通过研究平行平板间缝隙流压力、速度、流量分布,进而得到环形缝隙流的压力、速度、流量分布。

1) 平行平板缝隙流

对于不可压缩流体,其运动过程用以下方程进行描述。

由连续性方程和 N-S 方程可得

$$
\begin{cases}
X - \dfrac{1}{\rho}\dfrac{\partial p}{\partial x} + \upsilon\left(\dfrac{\partial^2 u_x}{\partial x^2} + \dfrac{\partial^2 u_x}{\partial y^2} + \dfrac{\partial^2 u_x}{\partial z^2}\right) = \dfrac{\mathrm{d}u_x}{\mathrm{d}t} \\[2mm]
Y - \dfrac{1}{\rho}\dfrac{\partial p}{\partial y} + \upsilon\left(\dfrac{\partial^2 u_y}{\partial x^2} + \dfrac{\partial^2 u_y}{\partial y^2} + \dfrac{\partial^2 u_y}{\partial z^2}\right) = \dfrac{\mathrm{d}u_y}{\mathrm{d}t} \\[2mm]
Z - \dfrac{1}{\rho}\dfrac{\partial p}{\partial z} + \upsilon\left(\dfrac{\partial^2 u_z}{\partial x^2} + \dfrac{\partial^2 u_z}{\partial y^2} + \dfrac{\partial^2 u_z}{\partial z^2}\right) = \dfrac{\mathrm{d}u_z}{\mathrm{d}t}
\end{cases}
\tag{4.23}
$$

式中,X、Y、Z 分别为单位质量流体受到的质量力在 x、y、z 方向的分力;ρ 为流体的密度;υ 为流体的运动黏度;p 为流场中的压力。

加速度项 $\dfrac{\mathrm{d}u}{\mathrm{d}t}$ 又可以展开为时变加速度以及位变加速度之和,即

$$
\begin{cases}
\dfrac{\mathrm{d}u_x}{\mathrm{d}t} = \dfrac{\partial u_x}{\partial t} + \left(u_x\dfrac{\partial u_x}{\partial x} + u_y\dfrac{\partial u_x}{\partial y} + u_z\dfrac{\partial u_x}{\partial z}\right) \\[2mm]
\dfrac{\mathrm{d}u_y}{\mathrm{d}t} = \dfrac{\partial u_y}{\partial t} + \left(u_x\dfrac{\partial u_y}{\partial x} + u_y\dfrac{\partial u_y}{\partial y} + u_z\dfrac{\partial u_y}{\partial z}\right) \\[2mm]
\dfrac{\mathrm{d}u_z}{\mathrm{d}t} = \dfrac{\partial u_z}{\partial t} + \left(u_x\dfrac{\partial u_z}{\partial x} + u_y\dfrac{\partial u_z}{\partial y} + u_z\dfrac{\partial u_z}{\partial z}\right)
\end{cases}
\tag{4.24}
$$

对于所研究的柱塞副间隙油膜来说,可近似为两足够大的平行平板之间的不可压缩流体定常层流流动,下板静止,上板以速度 u 运动。因此可以对以上方程做出如下简化

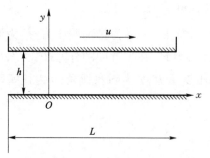

$$
\frac{\partial u_x}{\partial t} = \frac{\partial u_y}{\partial t} = \frac{\partial u_z}{\partial t} = 0
$$

二元层流流动,忽略 z 方向的影响,如图 4.9 所示。

其中质量力所占比重很小,可以忽略不计,因此 $X = Y = Z = 0$。

图 4.9 平行平板缝隙示意图

可得以下方程

$$\begin{cases} \dfrac{\partial u_x}{\partial x} + \dfrac{\partial u_y}{\partial y} = 0 \\[2mm] -\dfrac{1}{\rho}\dfrac{\partial p}{\partial x} + \upsilon\left(\dfrac{\partial^2 u_x}{\partial x^2} + \dfrac{\partial^2 u_x}{\partial y^2}\right) = u_x\dfrac{\partial u_x}{\partial x} + u_y\dfrac{\partial u_x}{\partial y} \\[2mm] -\dfrac{1}{\rho}\dfrac{\partial p}{\partial y} + \upsilon\left(\dfrac{\partial^2 u_y}{\partial x^2} + \dfrac{\partial^2 u_y}{\partial y^2}\right) = u_x\dfrac{\partial u_y}{\partial x} + u_y\dfrac{\partial u_y}{\partial y} \end{cases} \tag{4.25}$$

边界条件如下

$$\begin{cases} u_x\mid_{y=h} = u \\ u_x\mid_{y=0} = 0 \\ u_y\mid_{y=h} = 0 \\ u_y\mid_{y=0} = 0 \\ p\mid_{x=0} = p_1 \\ p\mid_{x=L} = p_2 \\ p_1 - p_2 = \Delta p \end{cases} \tag{4.26}$$

当平板足够大时,端部的影响可以忽略,并且考虑到边界条件,流体只沿 x 方向流动,即 $u_y = 0$。所以式(4.25)可化简为

$$\begin{cases} \dfrac{\partial u_x}{\partial x} = 0 \\[2mm] -\dfrac{1}{\rho}\dfrac{\partial p}{\partial x} + \upsilon\dfrac{\partial^2 u_x}{\partial y^2} = u_x\dfrac{\partial u_x}{\partial x} = 0 \\[2mm] \dfrac{\partial p}{\partial y} = 0 \end{cases} \tag{4.27}$$

注意到在 $\dfrac{1}{\rho}\dfrac{\partial p}{\partial x} = \upsilon\dfrac{\partial^2 u_x}{\partial y^2}$ 中,左边仅为 x 的函数,右边仅为 y 的函数,因此左右两边都等于一个常数。可得以下方程

$$\dfrac{\partial p}{\partial x} = \mu\dfrac{\partial^2 u_x}{\partial y^2} = const \tag{4.28}$$

式中,μ 为流体的动力黏度。

考虑边界条件并积分可得

$$p(x) = -\dfrac{\Delta p}{L}x + p_1 \tag{4.29}$$

$$u_x(x) = \dfrac{\Delta p}{2\mu L}(h-y)y \pm \dfrac{U}{h}y \tag{4.30}$$

式(4.29)为压力分布方程,式(4.30)为速度分布方程。可以看出,压力分布方程是关于 x 的一次函数。研究平板缝隙中的流体微元,此微元体在缝隙中不同高度处压力相等;压力大小仅与微元体在 x 方向的坐标有关。速度分布方程为关于 y 的二次函数,且常数项为零,即微元体在同一 x 坐标处速度值相等。在 $y=0$ 处速度为0,在 $y=h$ 处速度为 U,介于两者之间的速度呈抛物线分布。速度方程两项之间的符号由压差和剪切运动同向或者反向决定。两者同向取正号,反之取负号。柱塞副中油膜的压差和剪切运动方向相反,应该取为负号。

因此可以计算出流量为

$$q_v = \int_0^h u_x b \, \mathrm{d}y = b \int_0^h \left[\frac{\Delta p}{2\mu L}(h-y)y - \frac{U}{h}y \right] \mathrm{d}y = \frac{bh^3 \Delta p}{12\mu L} - \frac{bUh}{2} \quad (4.31)$$

流量计算式中分为两项, $\dfrac{bh^3 \Delta p}{12\mu L}$ 为压差引起的流量, $\dfrac{bUh}{2}$ 为剪切流动引起的流量,两者方向相反。

2) 圆环缝隙流

将平行平板缝隙流的分析方法和所得结论推广到圆环缝隙流,可以对圆环缝隙流的速度、压力和流量进行分析。对于不可压缩流体的等密度环形缝隙流动,将 N-S 方程在圆柱坐标系中表达,即

$$\begin{cases} \rho \left(\dfrac{\mathrm{d}V_r}{\mathrm{d}t} - \dfrac{V_\theta^2}{r} \right) = -\dfrac{\partial p}{\partial r} + \mu \left(\nabla^2 V_r - \dfrac{V_r}{r^2} - \dfrac{2}{r^2}\dfrac{\partial V_\theta}{\partial \theta} \right) \\[2mm] \rho \left(\dfrac{\mathrm{d}V_\theta}{\mathrm{d}t} + \dfrac{V_r V_\theta}{r} \right) = -\dfrac{1}{r}\dfrac{\partial p}{\partial \theta} + \mu \left(\nabla^2 V_\theta - \dfrac{V_\theta}{r^2} + \dfrac{2}{r^2}\dfrac{\partial V_r}{\partial \theta} \right) \\[2mm] \rho \dfrac{\mathrm{d}V_z}{\mathrm{d}t} = -\dfrac{\partial p}{\partial z} + \mu \nabla^2 V_z \end{cases} \quad (4.32)$$

式中体积导数和拉普拉斯算子分别为

$$\frac{\mathrm{d}}{\mathrm{d}t} = \frac{\partial}{\partial t} + u_r \frac{\partial}{\partial r} + \frac{u_\theta}{r}\frac{\partial}{\partial \theta} + u_z \frac{\partial}{\partial z} \quad (4.33)$$

$$\nabla \cdot \nabla = \frac{1}{r}\frac{\partial}{\partial r}\left(r \frac{\partial}{\partial r} \right) + \frac{1}{r^2}\frac{\partial^2}{\partial \theta^2} + \frac{\partial^2}{\partial z^2} \quad (4.34)$$

已知除轴向速度 V_z 不为零以外,其径向和周向速度均为零, $V_r = 0$, $V_\theta = 0$。由前述平行平板缝隙流分析可知, $\dfrac{\partial V_r}{\partial z} = 0$, $p = p(z)$。流动为轴对称,轴向速度仅仅是 r 的函数 $V_z = V_z(r)$,N-S 方程的圆柱坐标表达可以简化为

$$\frac{1}{r}\frac{\mathrm{d}}{\mathrm{d}r}\left(r\frac{\mathrm{d}V_z}{\mathrm{d}r}\right)=\frac{1}{\mu}\frac{\mathrm{d}p}{\mathrm{d}z} \tag{4.35}$$

注意到在式(4.35)中,左边仅为 r 的函数,右边仅为 z 的函数,因此左右两边都等于一个常数。可得以下方程

$$\frac{1}{r}\frac{\mathrm{d}}{\mathrm{d}r}\left(r\frac{\mathrm{d}V_z}{\mathrm{d}r}\right)=\frac{1}{\mu}\frac{\mathrm{d}p}{\mathrm{d}z}=const \tag{4.36}$$

积分式(4.36)右边可得

$$p(x)=Cz+D \tag{4.37}$$

再考虑到边界条件：$\begin{cases}z=0\\p=p_1\end{cases}$，$\begin{cases}z=L\\p=p_2\end{cases}$，可得圆环缝隙流压力分布为

$$p(z)=-\frac{\Delta p}{L}z+p_1 \tag{4.38}$$

积分式(4.36)左边可得

$$V_z=\frac{1}{4\mu}\frac{\mathrm{d}p}{\mathrm{d}z}r^2+A\ln r+B \tag{4.39}$$

考虑到边界条件 $\begin{cases}r=R\\v=U\end{cases}$，$\begin{cases}r=R_\mathrm{h}\\v=0\end{cases}$，$R+h=R_\mathrm{h}$，可以确定积分常数为

$$A=\frac{U-\dfrac{1}{4\mu}\dfrac{\mathrm{d}p}{\mathrm{d}z}(R^2-R_\mathrm{h}^2)}{\ln\dfrac{R}{R_\mathrm{h}}} \tag{4.40}$$

$$B=\frac{\dfrac{1}{4\mu}\dfrac{\mathrm{d}p}{\mathrm{d}z}(R^2-R_\mathrm{h}^2)-U}{\ln\dfrac{R}{R_\mathrm{h}}}\ln R_\mathrm{h}-\frac{1}{4\mu}\frac{\mathrm{d}p}{\mathrm{d}z}R_\mathrm{h}^2 \tag{4.41}$$

将积分常数代入式(4.39)可得圆环缝隙流的速度分布为

$$V_z=\frac{1}{4\mu}\frac{\mathrm{d}p}{\mathrm{d}z}r^2+\frac{U-\dfrac{1}{4\mu}\dfrac{\mathrm{d}p}{\mathrm{d}z}(R^2-R_\mathrm{h}^2)}{\ln\dfrac{R}{R_\mathrm{h}}}\ln r$$

$$+\frac{\dfrac{1}{4\mu}\dfrac{\mathrm{d}p}{\mathrm{d}z}(R^2-R_\mathrm{h}^2)-U}{\ln\dfrac{R}{R_\mathrm{h}}}\ln R_\mathrm{h}-\frac{1}{4\mu}\frac{\mathrm{d}p}{\mathrm{d}z}R_\mathrm{h}^2 \tag{4.42}$$

对圆环缝隙流的速度进行积分可得圆环缝隙流的流量为

$$q_v = \int_R^{R_h} V_z 2\pi r \, \mathrm{d}r$$

$$= \frac{\pi}{2} A_1 (R_h^4 - R^4) + \pi A_2 \left(R_h^2 \ln R_h - \frac{R_h}{2} - R^2 \ln R + \frac{R^2}{2} \right) + \frac{A_3}{2} (R_h^2 - R^2)$$

$$(4.43)$$

其中

$$\begin{cases} A_1 = \frac{1}{4\mu} \frac{\mathrm{d}p}{\mathrm{d}z} \\[3mm] A_2 = \dfrac{U - \dfrac{1}{4\mu} \dfrac{\mathrm{d}p}{\mathrm{d}z}(R^2 - R_h^2)}{\ln \dfrac{R}{R_h}} \\[5mm] A_3 = \dfrac{\dfrac{1}{4\mu} \dfrac{\mathrm{d}p}{\mathrm{d}z}(R^2 - R_h^2) - U}{\ln \dfrac{R}{R_h}} \ln R_h - \frac{1}{4\mu} \frac{\mathrm{d}p}{\mathrm{d}z} R_h^2 \end{cases}$$

$$(4.44)$$

4.3 理想状态下柱塞副油膜特性

轴向柱塞泵的柱塞与缸体组成柱塞副,其油膜特性直接影响泵的泄漏和寿命。柱塞泵的柱塞在缸体中的运动较为复杂,包括沿轴线方向的往复运动、径向微幅摆动和绕自身轴线的转动。由于柱塞副油膜厚度较小,径向微幅摆动对柱塞副油膜形态有决定性的影响。

基于是否考虑柱塞径向运动,可将柱塞状态分为理想状态和偏心状态。其中,假设柱塞无径向运动时,柱塞处于理想运动状态,其轴线时刻与缸体孔轴线重合;考虑柱塞径向运动时,其运动特性更接近柱塞副真实的工作状态,此时柱塞轴线与缸体孔轴线不重合,柱塞处于偏心状态。

柱塞副油膜形态决定了柱塞工作状态,柱塞偏心时易导致柱塞副油膜发生翘曲,引起摩擦副润滑不良,加剧柱塞副磨损,降低泵的容积效率,甚至发生"咬缸"现象。为了对不同柱塞状态的油膜形态进行研究,本节以理想状态柱塞副油膜特性为基础,推导其数学模型和压力分布。进而对偏心状态下柱塞副油膜特性进行分析,得出压力分布和油膜形态,研究不同工作压力和转速对其的影响,反映柱塞副真实的工作状态。

4.3.1　理想状态柱塞副油膜形态及其影响因素

1）油膜形态

如图 4.10 所示，柱塞与缸体间距离处处相等，其截面为两同心圆。其中缸体孔半径为 R_1，柱塞半径为 R_2，柱塞副油膜厚度为 h。

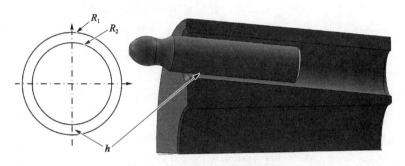

图 4.10　理想状态下柱塞副油膜

此时柱塞副油膜厚度可表示为缸体孔半径和柱塞半径的差值，即

$$h = R_1 - R_2 \tag{4.45}$$

理想状态下柱塞轴向与缸体孔轴线时刻重合，柱塞副的油膜形态并不会随柱塞工作状态改变而发生变化，且厚度均匀。选取柱塞转过角度 $\rho = 30°$ 时，将其空心环状油膜沿周向展开可得图 4.11。

2）影响因素

理想状态下柱塞副油膜形态与柱塞泵工作压力、转速以及转过角度

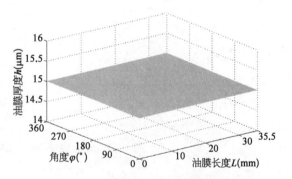

图 4.11　理想状态下柱塞副油膜形态

均无关，仅与柱塞副与缸体间的配合公差有关，柱塞副常用基孔制间隙配合。表 4.3 列出了轴向柱塞泵柱塞与缸体间常用配合及其间隙量。为保证容积效率，常选用间隙量较小的配合，在航空柱塞泵中，其极限间隙可达 $7 \sim 25\ \mu m$。其间隙量即为柱塞副油膜厚度 h。

表 4.3　柱塞副常用配合公差

常用配合	H6/h5	H6/g5	H7/g6	H8/h7	H8/f7
极限间隙（μm）	$+19$ 0	$+25$ $+6$	$+29$ 0	$+45$ 0	$+61$ $+16$
油膜厚度 h（μm）	19	21	29	45	45

4.3.2 理想状态柱塞副油膜压力分布及其影响因素

1）压力分布

理想状态下的柱塞副其局部如图 4.12 所示，两侧压力分别为 p_0 和 p_s，油膜厚度为

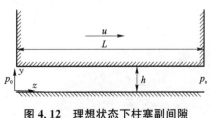

图 4.12 理想状态下柱塞副间隙

h，柱塞运动速度为 u，柱塞副配合长度为 L。此时柱塞与缸体间为同心环形缝隙流动，固结 y-z 坐标系于缸体孔壁，将以上参数代入式（4.38），可得理想状态下柱塞副压力分布

$$p = p_s - \frac{(p_s - p_0)z}{L} \qquad (4.46)$$

某型轴向柱塞泵压油区工作压力 $p_{s1} = 20.68\,\mathrm{MPa}$，吸油区供油压力 $p_{s2} = 1\,\mathrm{MPa}$，壳体油液压力 $p_0 = 1\,\mathrm{MPa}$，其压力分布如图 4.13 所示。

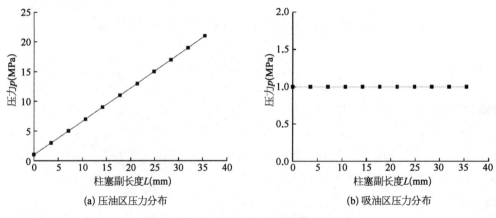

(a) 压油区压力分布　　　　　　　　(b) 吸油区压力分布

图 4.13 理想状态下柱塞副油膜压力分布

2）影响因素

理想状态下柱塞副油膜压力分布仅受工作压力影响，在油膜内部呈线性分布。

4.4 偏心状态下柱塞副油膜特性

4.4.1 倾斜表面间动压支承理论

偏心状态下的柱塞和缸体是相互滑动的倾斜表面，柱塞副油膜中存在动压，可采用动压支承理论来研究滑动的倾斜表面间的油液压力分布、压力中心和承载能力等。

如图 4.14 所示，两滑动表面之间充满流体，并且两表面相互倾斜，以相对速度 u 滑动，则在滑动面间将产生流体动力压力场。如果在 h_1 和 h_2 处压力相等，动力压力场即

为滑动表面间的压力场；如果在 h_1 和 h_2 处压力不相等，动力压力场将与原有压力分布共同作用。

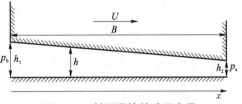

图 4.14 所示的流体中，应用简化雷诺方程，即

图 4.14　斜面滑块的动压支承

$$\frac{\mathrm{d}}{\mathrm{d}x}\left(h^3\frac{\mathrm{d}p}{\mathrm{d}x}\right) = 6\mu U\frac{\mathrm{d}h}{\mathrm{d}x} \tag{4.47}$$

将式(4.47)两端积分，并假设 $h = h_0$ 处，压力 p 有最大值。即边界条件为

$$h = h_0,\ \frac{\mathrm{d}p}{\mathrm{d}x} = 0 \tag{4.48}$$

则可得

$$\frac{\mathrm{d}p}{\mathrm{d}x} = 6\mu U\frac{h - h_0}{h^3} \tag{4.49}$$

对式(4.49)积分可得此时的压力分布为

$$p = 6\mu U\int\left(\frac{h - h_0}{h^3}\right)\mathrm{d}x \tag{4.50}$$

为简化表达，取

$$\frac{h_1}{h_2} = a \tag{4.51}$$

则任意点的油膜厚度为

$$h = h_2\left[a + (1 - a)\frac{x}{B}\right] \tag{4.52}$$

式中，B 为滑块的宽度；x 为任意点坐标。

将式(4.51)和式(4.52)代入式(4.50)并积分，可得任意点处的压力表达式为

$$p = \frac{6\mu UB}{h_2^2}\left\{\frac{\dfrac{1}{1-a}}{a + (1-a)\dfrac{x}{B}} - \frac{\dfrac{h_0}{1-a}}{2h_2\left[a + (1-a)\dfrac{x}{B}\right]^2} + C\right\} \tag{4.53}$$

式中，U 为运动速度；h_1 和 h_2 为两侧出口的流体厚度；C 为积分常数；h_0 为出现压力最大值位置。C 和 h_0 均为未知量，为求出 C 和 h_0，引入两侧压力为边界条件。考虑两侧流体的压力不同，分为两侧压力相等和两侧压力不等两种情况讨论。

1）吸油区压力分布

在泵的吸油区，油液两侧流体压力相等，即

$$\begin{cases} x=0 \\ p=p_0 \end{cases}, \begin{cases} x=B \\ p=p_0 \end{cases} \qquad (4.54)$$

联立式(4.53)和式(4.54)可得

$$\begin{cases} h_0 = \dfrac{2ah_2}{1+a} \\[3mm] C = \dfrac{1}{(a-1)(a+1)} \end{cases} \qquad (4.55)$$

将式(4.55)代入式(4.53)可得此时压力场分布为

$$p = \frac{6\mu UB}{h_2^2} \frac{\dfrac{(1-a)x}{B}\left(1-\dfrac{x}{B}\right)}{(a+1)\left[a+(1-a)\dfrac{x}{B}\right]^2} + p_0 \qquad (4.56)$$

此时最大压力发生在 $h=h_0$ 处,即 $x=x_0$ 处;考虑到 x_0 和 h_0 的几何关系,可得 x_0 与滑块宽度 B 的比值

$$\frac{x_0}{B} = \frac{a}{a+1} \qquad (4.57)$$

代入式(4.56)可求得此时的压力峰值为

$$p_{\max} = \frac{3}{2}\frac{\mu UB}{h_2^2}\frac{a-1}{a(a+1)} \qquad (4.58)$$

2) 压油区压力分布

在泵的压油区,一侧油液处于高压,两侧流体的压力不相等。

边界条件为

$$\begin{cases} x=0 \\ p=p_0 \end{cases}, \begin{cases} x=B \\ p=p_s \end{cases} \qquad (4.59)$$

将式(4.59)代入式(4.53)可得此时压力分布的最终表达式为

$$p_k = \frac{\dfrac{6\mu UL}{h_2^2(1-a)}}{a+(1-a)\dfrac{B}{L}} - \frac{\dfrac{6\mu ULa}{h_2^2(1+a)}+\dfrac{a^2(p_s-p_0)}{1+a}}{(1-a)\left[a+(1-a)\dfrac{B}{L}\right]^2}$$

$$+ \frac{p_s(1-a^2)+a^2(p_s-p_0)-\dfrac{6\mu UL}{h_2^2}}{(1-a)(1+a)} \qquad (4.60)$$

4.4.2 偏心状态柱塞副油膜形态及其影响因素

1) 油膜厚度分布计算模型

根据动压支承油膜理论,在两个不平行的平面相对运动时,平面间缝隙内的流体将产生压力,缝隙两端的压力将影响流体压力分布。柱塞副滑动表面不平行且柱塞副前后有压力差,将产生油膜动压支承力。在二维平面上,柱塞副可简化为内侧和外侧两个动压间隙。图4.15所示为柱塞副间隙剖视图。如图可知缸体孔轴线与柱塞轴线成一定夹角,靠近缸体轴线一侧称为内侧间隙,远离缸体轴线一侧为外侧间隙。

令

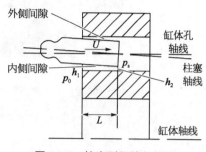

图 4.15 柱塞副间隙剖视图

$$\Delta p = p_s - p_0 \tag{4.61}$$

式中,Δp 为柱塞副入口与出口间压力差,柱塞副两端压力分别为 p_0、p_s。

将边界条件代入式(4.60),可得柱塞副内任意点处的压力表达式为

$$p_k = \cfrac{\cfrac{6\mu UL}{h_2^2(1-a)}}{a+(1-a)\cfrac{z}{L}} - \cfrac{\cfrac{6\mu ULa}{h_2^2(1+a)}+\cfrac{a^2\Delta p}{1+a}}{(1-a)\left[a+(1-a)\cfrac{z}{L}\right]^2} + \cfrac{p_s(1-a^2)+a^2\Delta p-\cfrac{6\mu UL}{h_2^2}}{(1-a)(1+a)} \tag{4.62}$$

式中,p_k 为动压支承压力;μ 为油液黏度;U 为柱塞运动速度;L 为柱塞留在缸体中的长度,即柱塞副长度;z 为该点坐标值;h_1、h_2 为入口和出口油膜厚度;a 为入口出口厚度比值,对压力分布公式积分,得到单位宽度的动压支承力为

$$F_{pk} = \int_0^L p_k \mathrm{d}z \tag{4.63}$$

图4.16a所示为柱塞在缸体中的位置。由于外力作用,柱塞轴线与缸体轴线不平行,出现了明显的偏心状态。油液充满柱塞与缸体之间的间隙,形成偏心状态下的柱塞副油膜。

假设柱塞表面和缸体孔为理想圆柱,且为刚体。假定柱塞轴线绕柱塞球头中心旋转。将图4.16a沿 $A-A$ 剖面剖开可得图4.16b。

柱塞副的油膜厚度 h 可表示为

$$h = R_1 - R_2 - \sqrt{K^2 + B^2} \tag{4.64}$$

式中,R_1 为缸体孔直径;R_2 为柱塞直径;K、B 分别为柱塞 x、y 方向的偏心量。O_1、O_2 分

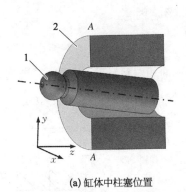
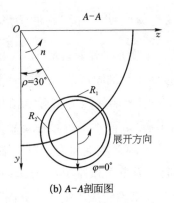

(a) 缸体中柱塞位置　　　　**(b) A-A 剖面图**

图 4.16　柱塞位置图

1—柱塞体；2—缸体孔

别为缸体孔与柱塞的几何中心。

柱塞表面圆柱面方程为

$$R_2^2 = \left(x - \frac{Kz}{L_0 - L}\right)^2 + \left(y - \frac{Bz}{L_0 - L}\right)^2 \tag{4.65}$$

式中，L_0 为柱塞的总长度；L 为柱塞副长度。

缸体孔圆柱面方程为

$$R_1^2 = x^2 + y^2 \tag{4.66}$$

将式(4.65)、式(4.66)代入式(4.64)可得出柱塞副油膜厚度表达式，只要确定 x、y 方向偏心量 K 和 B，即可得出柱塞副油膜形状。但偏心量影响动压支承力，同时动压支承力的变化会导致偏心量的变化，两者相互耦合。为确定偏心量，结合式(4.60)～式(4.66)，可建立计算模型。如某型柱塞泵工作压力 $p_s = 21$ MPa，转速 $n = 4\,000$ r/min，柱塞总长度 $L_0 = 65$ mm，油液动力黏度 $\mu = 0.019$ Pa·s，假设压油行程起点处 $\varphi = 0°$。

任意选取柱塞转角 ρ，将初始值代入模型，得出此时的动压分布和压力，计算各力数值(图 4.17)。如果满足力平衡方程，则输出此时的间隙值，进而确定各处油膜厚度；如果不满足力平衡方程，则改变柱塞偏心量，进入模型继续计算。直至得出该转角处偏心量和

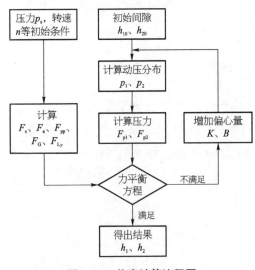

图 4.17　仿真计算流程图

柱塞副入口和出口的油膜厚度 h_1、h_2，从而计算出偏心状态下的柱塞副油膜形态。

2）油膜形态分布

取竖直向下为 $\varphi = 0°$，如图 4.18 所示，柱塞随缸体一同运动一周过程中，以转角 ρ 每变化 30°为间隔，选取 12 个位置进行研究。每个位置的柱塞副长度、柱塞运动速度、加速度可由式（4.11）～式（4.13）求得。经计算模型计算后，绕柱塞轴线将柱塞副油膜按图 4.16b 所示方向展开。可得此时柱塞副油膜形态。

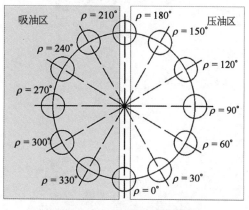

图 4.18　不同转角处的柱塞

压油区分析以 $\rho = 30°$ 为研究对象。图 4.19a 所示为柱塞转角为 $\rho = 30°$ 油膜形态，图中油膜厚度出现了明显的起伏，在 $L = 0$ 平面上厚度变化最为剧烈。

图 4.19b 所示为 $L = 0$ 平面上油膜厚度分布。最小油膜厚度为 6.452 μm，出现在展开角度 $\varphi = 120°$ 附近，与滑靴和斜盘间的摩擦力 F_{sf} 方向相同。这是由于重力和离心力远远小于滑靴与斜盘之间的摩擦力，动压压力主要用于平衡此摩擦力。

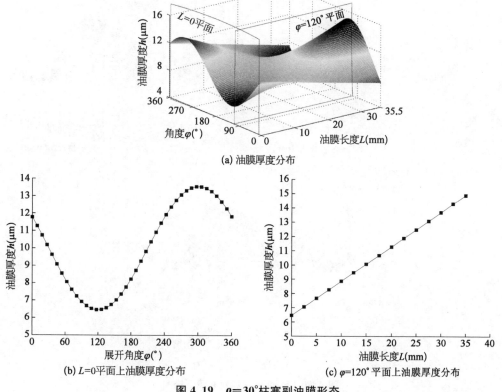

(a) 油膜厚度分布

(b) $L=0$平面上油膜厚度分布　　　(c) $\varphi=120°$平面上油膜厚度分布

图 4.19　$\rho=30°$柱塞副油膜形态

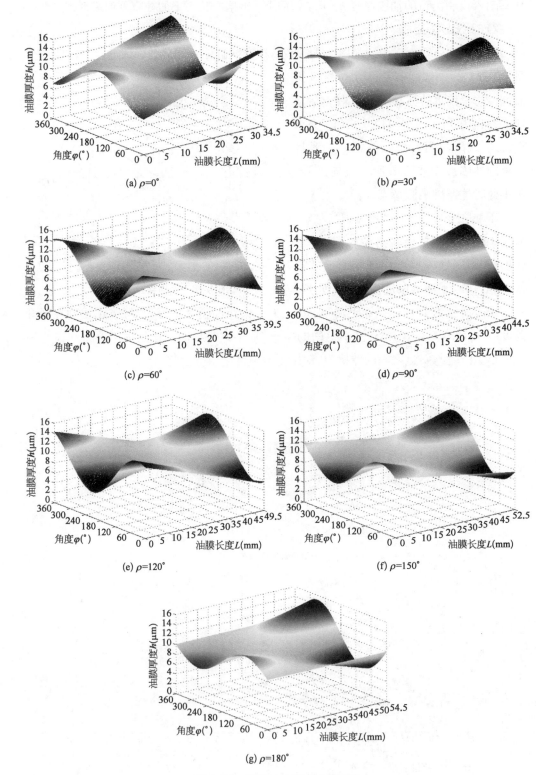

图 4.20 压油区柱塞副油膜形态

图 4.19c 所示为 $\varphi = 120°$ 平面上的油膜厚度分布,呈现出在整个油膜长度方向上线性增加。油膜长度方向的柱塞副油膜厚度体现了柱塞的状态,可见柱塞轴线与缸体孔轴线不平行,具有一定的夹角。

对于柱塞转过其他角度时,进行计算可得柱塞转过对应角度时柱塞副油膜厚度分布。$\rho = 0°$ 和 $\rho = 180°$ 时,柱塞处于吸油区与压油区的过渡位置,其压力处于供油压力与工作压力之间,但仍大于壳体油液压力,因此可简化到压油区一起分析。图 4.20 所示为柱塞转过其他角度柱塞副油膜厚度分布。最小油膜厚度出现位置呈现周期性变化,$\rho = 30°$ 时,在 $\varphi = 120°$ 处出现最小油膜厚度;$\rho = 90°$ 时,最小油膜厚度出现在 $\varphi = 180°$ 处;$\rho = 150°$ 时,最小油膜厚度出现在 $\varphi = 240°$ 处。结合图 4.16b 可知,说明柱塞偏心量最大的方向与缸体旋转速度方向一致,均为缸体圆切线方向。这是由于滑靴的运动方向也与缸体旋转速度方向相一致,斜盘对滑靴的摩擦力通过球铰副影响柱塞的偏心运动,导致柱塞轴线与缸体孔轴线不平行,呈现柱塞偏心状态。

图 4.21 所示是吸油区 $\rho = 210°$ 的柱塞副油膜形态。最小油膜厚度为 $3.573\ \mu m$,出现在展开角度 $\varphi = 300°$ 附近,与滑靴和斜盘间的摩擦力 F_{sf} 方向相同。这是由于重力和离心力远远小于滑靴与斜盘之间的摩擦力,动压压力主要用于平衡此摩擦力。

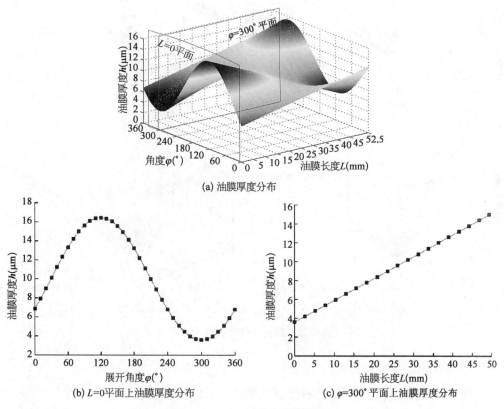

(a) 油膜厚度分布

(b) L=0平面上油膜厚度分布

(c) $\varphi=300°$ 平面上油膜厚度分布

图 4.21　$\rho=210°$柱塞副油膜形态

与压油区相似,吸油区各角度油膜形态相似,最小油膜厚度出现位置与斜盘摩擦力指向一致,如图 4.22 所示。柱塞轴线与缸体孔轴线不平行,呈现柱塞偏心状态,但油膜形态变化不及压油区剧烈。

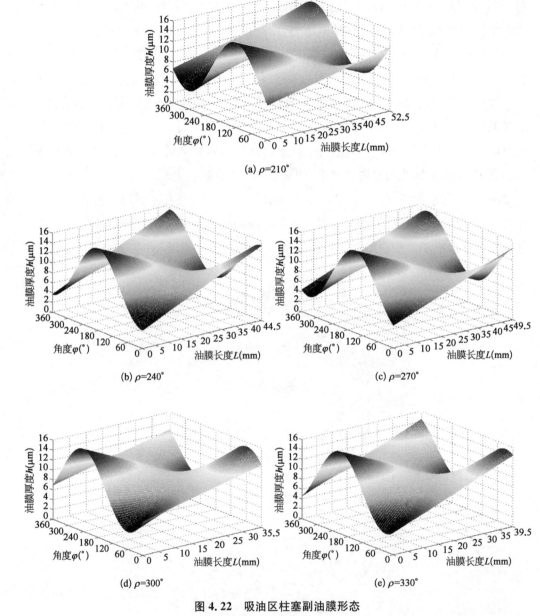

图 4.22　吸油区柱塞副油膜形态

3）油膜形态的影响因素

将不同转速和压力等级下的柱塞副油膜形态求出后,固定于同一高度坐标轴中,可得出不同参数时的油膜形态变化趋势。转速变化对吸油区和压油区油膜形态影响不

液压柱塞泵热分析基础理论及应用

同,应分开讨论;工作压力变化仅影响压油区油膜形态,吸油区无影响,吸油区油膜仅受供油压力影响。

如图 4.23 所示,在压油区转速越大,柱塞副油膜形态变化越剧烈。其油膜厚度最小值随转速增加而减小,但该减小趋势逐渐减弱。转速从 2 000 r/min 增加到 3 000 r/min 时,油膜形态的变化较为明显,油膜最薄处变化超过 1 μm;而转速从 4 000 r/min 增加到 5 000 r/min 时的油膜形态变化小于之前,变化量不足 1 μm。这是由于转速影响动压效应,高转速带来更大的动压力。

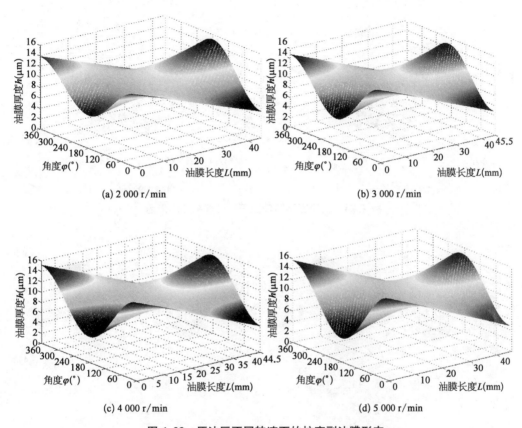

(a) 2 000 r/min   (b) 3 000 r/min

(c) 4 000 r/min   (d) 5 000 r/min

图 4.23　压油区不同转速下的柱塞副油膜形态

由图 4.24 可以看出,不同转速时吸油区的柱塞副油膜形态几乎不发生变化。这是由于吸油区柱塞副两端压力差很小,动压效应随转速的变化不明显,因此,转速变化几乎不影响柱塞偏心量。

在不同的工作压力等级下,柱塞副油膜形态变化较大。如图 4.25 所示,压力越小时,柱塞副油膜形态变化越剧烈;压力越大时,其变化量反而较小。这是由于压力等级较高时,动压效应对柱塞副油膜内的压力分布影响较小,柱塞的偏心量较小,此时的油膜形态变化更平缓。

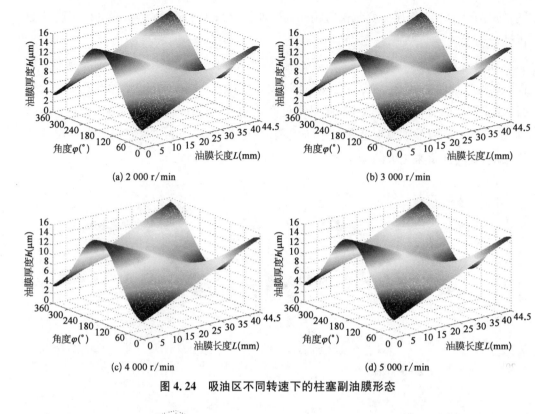

图 4.24　吸油区不同转速下的柱塞副油膜形态

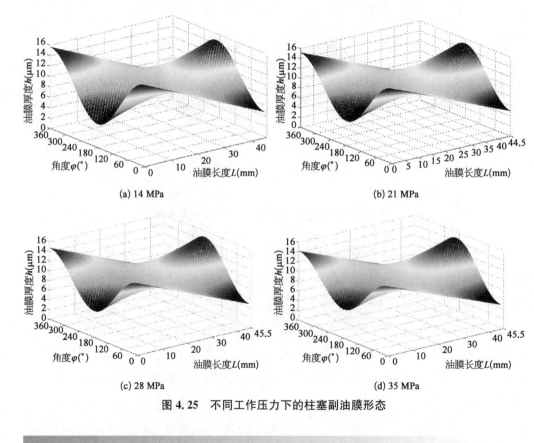

图 4.25　不同工作压力下的柱塞副油膜形态

4.4.3 偏心状态柱塞副压力分布及其影响因素

轴向柱塞泵工作过程中,柱塞不断完成吸油排油。在压油区,柱塞副两侧为工作压力和壳体油液压力;在吸油区,柱塞副两侧为供油压力和壳体油液压力。因此,研究偏心状态下柱塞副压力分布需对压油区和吸油区分别讨论。

1) 压油区压力分布

图 4.26 所示为柱塞副内部动压压力分布。结合式(4.64)可知,出现最小油膜厚度的位置将出现压力峰值。仅考虑最小油膜厚度处,内外侧动压压力。柱塞偏心导致柱塞副外侧动压压力峰值为 35 MPa,高于柱塞泵 21 MPa 的工作压力。F_{Ly}、F_G 和柱塞外侧动压 p_1 均指向柱塞内侧,柱塞内侧间隙压力曲线围成面积更大。外侧动压压力 p_2 峰值高于内侧动压压力,以达到力矩平衡。

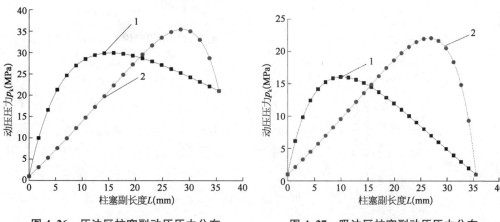

图 4.26　压油区柱塞副动压压力分布

1—柱塞内侧间隙动压压力 p_1;
2—柱塞外侧间隙动压压力 p_2

图 4.27　吸油区柱塞副动压压力分布

1—柱塞内侧间隙动压压力 p_1;
2—柱塞外侧间隙动压压力 p_2

2) 吸油区压力分布

图 4.27 所示为吸油区柱塞副动压压力分布。柱塞副出口与入口的压力均为 1 MPa,但其内部出现了超过 15 MPa 的压力峰值,说明动压效应使得柱塞副内部压力分布不均匀,并使得柱塞出现径向运动,导致柱塞偏心。

3) 压力分布的影响因素

根据动压油膜理论,两滑动斜面间相对速度和两侧压力不同均会影响内部动压分布。选取转速为 5 000 r/min、4 000 r/min、3 000 r/min 和 2 000 r/min 四个不同转速以及 35 MPa、28 MPa、21 MPa 和 14 MPa 等压力等级作为研究对象。

如图 4.28 所示,不同转速下偏心状态柱塞副压力分布曲线形态相似,起点和终点压力由工作压力和壳体油液压力所决定,起始于 1 MPa,终点为 21 MPa。在柱塞副内部均出现压力峰值,超过出口压力。转速越高其压力峰值越高,转速达到 5 000 r/min

时,其压力峰值超过 38 MPa,为出口压力的 181%。这是由于高转速直接导致柱塞运动速度增加,动压效应带来的压力更大。在设计时,需要考虑局部高压可能会引起应力集中,超过材料的应力极限,使柱塞表面出现疲劳破坏,甚至出现裂纹。

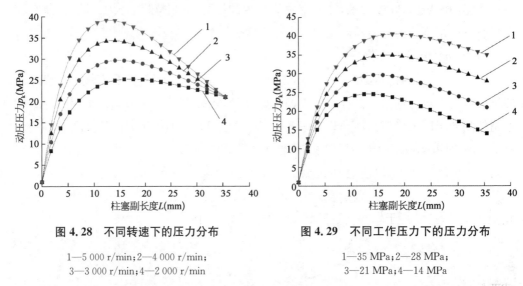

图 4.28　不同转速下的压力分布

1—5 000 r/min;2—4 000 r/min;
3—3 000 r/min;4—2 000 r/min

图 4.29　不同工作压力下的压力分布

1—35 MPa;2—28 MPa;
3—21 MPa;4—14 MPa

图 4.29 所示为不同工作压力下的柱塞副油膜压力分布。不同工作压力决定了曲线终点位置,但所有曲线变化趋势均相似。柱塞副油膜内具有压力峰值,其压力值超过工作压力。压力等级越高,动压效应带来的影响越微弱。工作压力为 35 MPa 时,其压力峰值为 40 MPa,超过工作压力 14.3%。工作压力为 14 MPa 时,其压力峰值为 24 MPa,超过工作压力 71.4%。说明高压力等级下,柱塞偏心量较小,其油膜形态对柱塞副工作和润滑更有利。

4.4.4　偏心状态柱塞副最小油膜厚度及其影响因素

1)最小油膜厚度分布

如图 4.30 所示为柱塞转过不同角度时柱塞副最小油膜厚度变化,$\rho = 90°$ 时到达最小值 4.921 μm。因为此时柱塞轴向运动速度 u 最大,外侧油膜压力产生力矩最大,因此需要内侧油膜动压压力增大,导致内侧油膜间隙最小。

如图 4.31 所示为柱塞在低压区转过不同角度时柱塞副最小油膜厚度。柱塞副最小油膜厚度几乎保持不变,为 3.5~3.6 μm。因为吸油区柱塞副两侧压力差较小,动压压力较小,斜盘摩擦力依靠滑靴支持力平衡,几乎不产生变化。吸油区最小油膜厚度小于压油区,工况更为恶劣。因为支持力仅作用于柱塞一端,造成柱塞偏心更加剧烈。

2)最小油膜厚度的影响因素

为定性地分析不同工作状态对柱塞副油膜形态的影响,将柱塞转角 $\rho = 90°$ 时和 $\rho = 270°$ 时的最小油膜厚度作为研究对象。研究其在不同转速和压力状态下的变化情

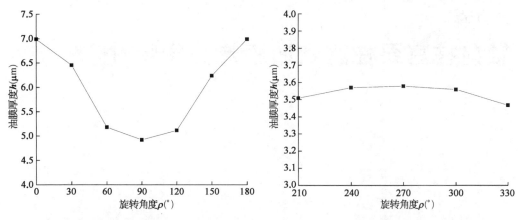

图 4.30　压油区柱塞副最小油膜厚度　　　　图 4.31　吸油区柱塞副最小油膜厚度

况。图 4.32 所示为不同转速下柱塞副最小油膜厚度。压油区最小油膜厚度随着转速增加而减小,这是由于转速 n 增加后,柱塞与斜盘之间的摩擦力随之增加,同时柱塞的轴向运动速度 u 随之增加,需要更大的动压压力达到力平衡,油膜变形更为剧烈,导致了更小的油膜厚度。吸油区最小油膜厚度随着转速增加而几乎保持不变。因为柱塞间隙两侧压力差很小,随着转速增加斜盘摩擦力对动压压力分布影响较小,柱塞副间隙基本保持不变。

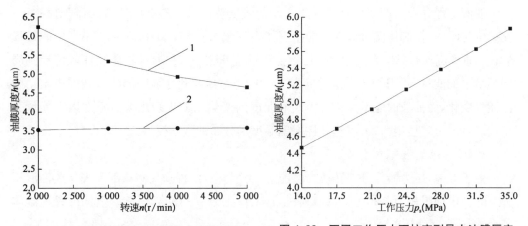

图 4.32　不同转速下柱塞副最小油膜厚度　　　　图 4.33　不同工作压力下柱塞副最小油膜厚度

1—$\rho=90°$压油区;2—$\rho=270°$吸油区

图 4.33 所示为 $\rho=90°$ 时不同压力下柱塞副的油膜厚度变化趋势。吸油区压力不随工作压力变化,仅研究压油区最小油膜厚度。随着工作压力的增加,最小油膜厚度呈线性上升,由 4.470 μm 上升到 5.868 μm。在工作压力增加时,柱塞副间隙两端压力差增加,油膜动压压力增加,更容易平衡斜盘的摩擦力,因此油膜变形量小,柱塞偏心状态减轻。

第 5 章

轴向柱塞泵柱塞副油膜热力学特性

轴向柱塞泵柱塞副油膜温度难以直接进行观测。传统的计算方法中,假设柱塞副出口与入口之间油液的功率损失全部转换为热量,油膜温度变化一致,其变化量用平均值表示。采用热力学分析方法,引入油液参数随温度的变化和油液与柱塞/缸体的热传递,对柱塞副油膜温度分布进行计算,有利于柱塞副油膜的优化设计。

5.1 柱塞副油膜温度场计算模型

油液流经缝隙时产生压降和摩擦并伴随着发热温升。选择流体微元作为控制体,在单位时间内,控制体流过缝隙时能量有如下变化:① 油液的压降使油膜产生能量损失;② 油液流动时黏性力产生的液体摩擦引起能量损失;③ 通过缸体和柱塞传导到周围环境中的能量;④ 压降和液体摩擦损失的能量与传导到环境中的能量共同决定了油液能量变化,而油液的能量变化量由油液温度的变化 ΔT 表现出来。考虑以上能量关系式以及能量守恒定律,可以建立柱塞副温度场分布的数学模型。

1) 压降能量损失

由于摩擦,压力能部分将转换为热能进入控制体,沿程损失和局部损失导致油液压力下降。由油膜压力分布可知,柱塞泵正常工作压力 p 与油膜任意 z 坐标位置控制体压力 $p(z)$ 之间的压差 Δp 为

$$\Delta p = \frac{(p_1 - p_2)z}{L} \tag{5.1}$$

单位时间内压降损失的能量为

$$E_p = \Delta p q_v \tag{5.2}$$

2) 液体摩擦能量损失

油液在缝隙中流动时的摩擦损失将转换为进入控制体的热能。由于油膜厚度 h 很

小,可近似认为油膜在厚度方向速度梯度为油膜上下两表面的速度差。根据牛顿内摩擦定律可得油膜任意 z 坐标位置切应力为

$$\tau_z = \frac{U\mu}{h} - \frac{(p_1 - p_2)h}{2L} \tag{5.3}$$

单位时间内控制体液体摩擦损失的能量为

$$E_f = \tau_z V_z \mathrm{d}z \tag{5.4}$$

3）热传导能量损失

油液在柱塞副中的流动,属于流体与壁面之间的接触,热量交换包括热传导、热对流和热辐射。但其热传导和热辐射传导的热量与热对流传导的热量相比非常小,可以忽略两者的影响且不引起较大的误差。单位时间内控制体由热传导损失的能量可表示为

$$E_\varphi = \alpha(T - T_w)\mathrm{d}z \tag{5.5}$$

式中,T 为流体温度;T_w 为壁面平均温度;$\mathrm{d}z$ 为控制体微元长度;α 为放热系数。

4）油膜温度模型

压降和液体摩擦损失的能量转换成热能进入柱塞副油膜,而同时热传导损失的部分能量流出柱塞副油膜,油膜中的能量变化表示为

$$\Delta E = E_p + E_f - E_\varphi \tag{5.6}$$

微元体温度变化反映其热量变化量,微元体温度为

$$T = \frac{\Delta E}{\rho c q_v} + T_0 \tag{5.7}$$

式中,T_0 为油液初始温度;c 为油液比热容。

假设忽略流体微元间的热量传递,则每一个流体微元的温度变化是相互独立的,将柱塞副油膜分割为有限多个流体微元,即可得出柱塞副油膜的温度场特性曲线。

5）模型求解

假设柱塞泵工作时环境温度为 20℃,液压系统回油换热充分,忽略油液流动损失,认为泵入口油温保持在 20℃。取柱塞速度最大处进行研究,确定研究时刻为柱塞经过下死点时,忽略瞬时柱塞副长度变化和压力波动。由于此时柱塞处于压油区,并且柱塞完全进入缸体,此处柱塞副长度最长且两端压差最大,柱塞副油膜的温度变化也最为明显。

液压油的黏度、比热容和流体放热系数随温度变化。计算时给定常温时黏度的初始值和允许精度范围,根据计算过程中得到的油液温度值选取黏温特性曲线上的黏度

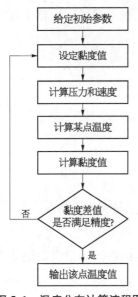

图 5.1 温度分布计算流程图

值,并与初始黏度值比较,若超出允许精度范围,则用该黏度值取代初始黏度值重新进行计算,直至误差小于精度允许范围为止。计算流程如图 5.1 所示,计算出一个点的温度值以后,改变坐标值多次循环可得轴向坐标方向油膜的温度分布。

本章中计算例的具体参数如下:某型轴向柱塞泵工作压力为 21 MPa,排量为 28 cm³/r,其转速范围 0 ~ 4 000 r/min。柱塞泵的结构参数为:斜盘倾角 $\gamma = 16°$,柱塞倾斜角 $\beta = 20°$,柱塞长度 72.5 mm,柱塞直径 $d = 22$ mm,柱塞与缸体间的间隙 $h = 15$ μm,柱塞中心在斜盘上的分布圆半径 $R = 35.5$ mm,其他几何尺寸和材料由该型号柱塞液压泵图纸确定。工作介质为 12 号航空液压油。

5.2 柱塞副油膜温度场分布

5.2.1 理想状态下柱塞副油膜温度场分布

理想状态下油膜形态均匀,柱塞轴线与缸体轴线重合。为方便表达,将油膜按图 5.2 方式展开。其中 L 为柱塞副长度方向;h 为柱塞副油膜厚度方向,靠近柱塞为 $h = 0$;α 为周向,取竖直向下时为 $\alpha = 0°$。

图 5.3 所示为理想状态下柱塞副油膜温度场,为便于表达,将油膜厚度方向的温度取平均值。整个温度场起始于入口,油液温度 20℃;终止于出口,油液温度 54.4℃。由于每个 α 角时的柱塞副油膜形态都一致,因此该温度场在 α 方向呈均匀曲面分布。

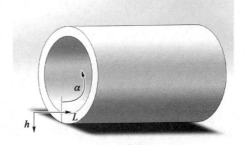

图 5.2 柱塞副油膜展开方式

在 L 方向,油液温度随柱塞副长度增加而升高,但其增量并非线性,这是部分热量传递到缸体和柱塞中去的结果。

由于每个 α 角油膜形态都一致,选取其中一个即可反映油膜厚度方向的温度场,如图 5.4 所示。

图示在厚度方向和柱塞副长度方向温度分布都不均匀,温度场中出现明显峰值,靠近柱塞侧,计算值为 67.75℃。将油液出口处 ($L = 70$ mm) 的温度分布单独表达可得图 5.5。

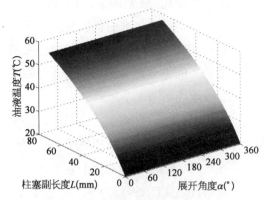

图 5.3　理想状态下柱塞副油膜温度场

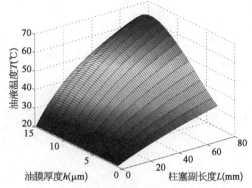

图 5.4　理想状态下厚度方向油膜温度场

图 5.5 中，柱塞副油膜厚度方向的温度分布呈现出中间高两边低的形态，且峰值出现在大约 $h = 12\ \mu\text{m}$ 处。虽然 $h = 15\ \mu\text{m}$ 处贴近柱塞体的油液运动速度更快，由黏性摩擦产生的热量更多，但此处油液与柱塞之间存在热对流，部分热量传入柱塞，故靠近柱塞处 $h = 15\ \mu\text{m}$ 的温度低于 $h = 12\ \mu\text{m}$ 处，柱塞副油液中温度峰值出现在油膜内部靠近柱塞处。

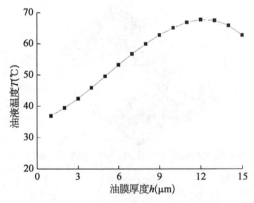

图 5.5　理想状态下 $L = 70\ \text{mm}$ 处的油液温度分布

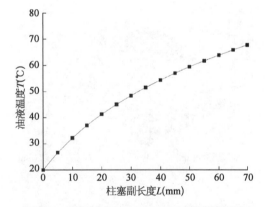

图 5.6　理想状态下 $h = 12\ \mu\text{m}$ 油液温度分布

将 $h = 12\ \mu\text{m}$ 处的温度场沿柱塞副长度方向截面，如图 5.6 所示。此时油液温度随柱塞副长度增加而升高，但柱塞副前段温度增长率高于后半段。油液温度上升后黏性下降，由此产生的黏性摩擦热量减少，油液的温度增长速度随之减缓。另外，由于计算中将缸体和柱塞温度设定为恒定值（初始温度值），随着油液温度的上升，液体与固体壁面间的温度差增加，有利于油液散热。

5.2.2　偏心状态下柱塞副油膜温度场分布

由前述分析可知，偏心状态下柱塞与缸体的轴线不平行，此时柱塞副油膜形态会发

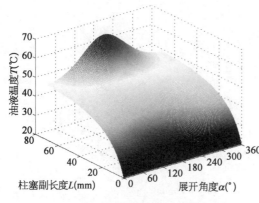

图 5.7　偏心状态下柱塞副油膜温度场

生较大变化,柱塞副油膜温度场也相应发生变化。与理想状态时研究方法相同,取 $\rho = 90°$ 时为研究对象,按照图 5.2 的方式将油膜展开,得到此时的温度场如图 5.7 所示。

图 5.7 中表明偏心状态下柱塞副温度场温度峰值在展开角度 $\alpha = 180°$ 处出现,约为 62℃;在展开角度 $\alpha = 0°$ 处出现温度低谷,约为 45℃。与图 5.3 所示的理想状态下柱塞副温度场相比,偏心状态时油膜温度峰值高于其出口,谷值低于其出口。这反映出偏心状态下油膜形态发生了变化,$\alpha = 180°$ 处的油膜厚度小于 $\alpha = 0°$ 处,导致此处出现温度峰值。

同样,在柱塞副长度 L 方向上,油液温度在柱塞副长度方向呈非线性上升,前半段上升速度高于后半段。将不同 α 角度处的温度场取截面得到其温度分布,如图 5.8 所示。

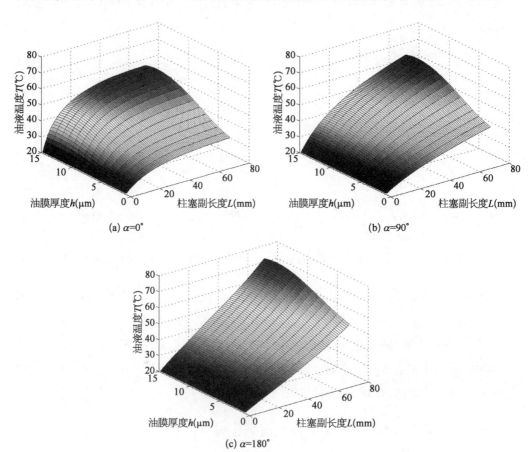

(a) $\alpha=0°$

(b) $\alpha=90°$

(c) $\alpha=180°$

图 5.8　偏心状态下不同展开角 α 处厚度方向油膜温度场

液压柱塞泵热分析基础理论及应用

图 5.8 显示了由于柱塞副油膜形态变化带来的柱塞副温度场变化。由偏心状态下(图 4.21)油膜形态可知,$\alpha = 0°$处油膜前段厚度小于后段,因此其温度场前段增长较快,后段增长较慢,同时传递到缸体和壁面的热量较多,温度峰值略有降低。$\alpha = 90°$时的油膜厚度前后均匀,其温度场分布与理想状态下的油膜温度场相似;$\alpha = 180°$时油膜形态前段厚度大于后段,温度场出现了 72℃ 左右的峰值,此时取 $L = 70\,\mathrm{mm}$,得到温度分布如图 5.9 所示。

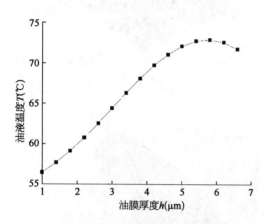
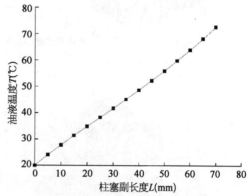

图 5.9　偏心状态下 $L = 70\,\mathrm{mm}$ 处的油液温度分布　　**图 5.10　偏心状态下厚度方向油液温度分布**

图 5.9 中曲线与图 5.5 曲线形态相似,油膜温度随厚度增加而上升,至接近最大油膜处达到峰值随后下降,显然由于柱塞和缸体壁面的导热,使油液温度峰值出现在柱塞副油膜内部。与理想状态时相比,温度峰值上升 5℃ 左右,这是由于此处油膜厚度较小,故油液体积小,相同的热量导致的温升更大。偏心状态下柱塞副油膜温度峰值偏离中心,出现在靠近柱塞处。截取峰值出现处的温度场如图 5.10 所示。

图 5.10 显示油液温度沿柱塞副长度方向变化较为均匀,这可以认为是多方面原因综合作用的结果。首先,油膜形态呈现厚度前段大于后段,故后段温度增长率大于前段;其次,壁面温度固定,温度上升后更多热量传导到壁面,使后段温度增长率小于前段;最后,温度上升后油液黏度下降,黏性摩擦发热量减小,使后段温度增长率小于前段。在这几个因素的共同作用下,油液温度呈近似线性增加。

5.3　工作条件对柱塞副油膜温度影响分析

5.3.1　理想状态下柱塞副油膜温度影响分析

1) 泵转速对油膜温度场的影响分析

如图 5.11 所示,将柱塞泵转速由 2 000 r/min 逐渐增加到 5 000 r/min,可得在不同

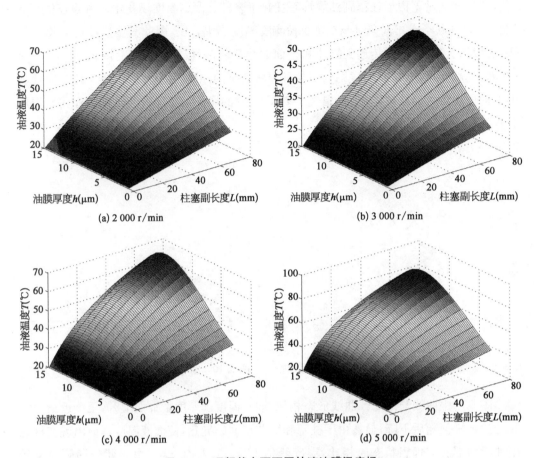

(a) 2 000 r/min

(b) 3 000 r/min

(c) 4 000 r/min

(d) 5 000 r/min

图 5.11　理想状态下不同转速油膜温度场

液压柱塞泵热分析基础理论及应用

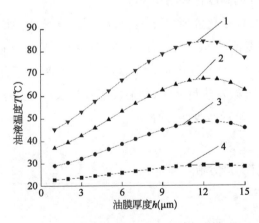

图 5.12　理想状态下不同转速 $L=70$ mm
时油液温度分布

1—5 000 r/min；2—4 000 r/min；
3—3 000 r/min；4—2 000 r/min

转速下的油膜温度场。其温度场形态大致相同，但温度峰值发生很大变化。转速低时其温度峰值为 29.05℃，转速升高到 5 000 r/min 时，其温度峰值达到 84.31℃。转速与柱塞副油膜温度变化关系密切，转速提高时，油液的黏性摩擦产生热量大大增加，使得油温整体上升。将各转速下柱塞副油膜出口处的油温进行比较，可得 $L=70$ mm 的温度分布，如图 5.12 所示。

图 5.12 中，转速每升高 1 000 r/min，其温度峰值相应提高约 18℃。柱塞运动速度随泵转速的增加而增加，柱塞副油

膜内速度梯度显著增加,故黏性摩擦产生的热量增加。

2) 工作压力对油膜温度场的影响分析

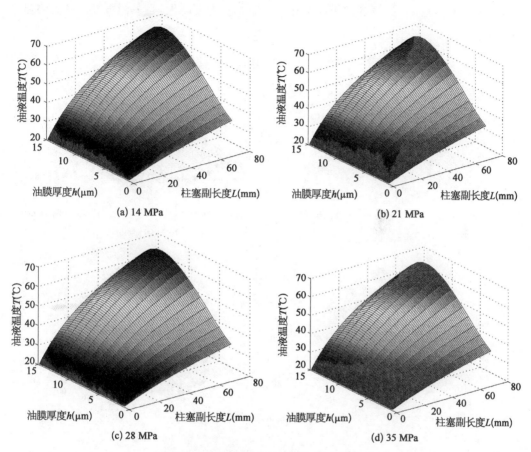

(a) 14 MPa

(b) 21 MPa

(c) 28 MPa

(d) 35 MPa

图 5.13 理想状态下不同压力油膜温度场

图 5.13 中,当压力从 14 MPa 增加到 35 MPa 时,柱塞副温度场几乎不发生变化,其形态与峰值均基本保持一致。将各工作压力时 $L = 70$ mm 处温度场截面汇总,如图 5.14 所示。

图中,不同工作压力时柱塞副油液温度曲线相似,其峰值均出现在 $h = 12\ \mu m$ 处,峰值温度均为 67℃ 左右。工作压力变化对柱塞油液温度变化贡献有限,每提高 7 MPa,其温度峰值仅升高 1℃ 左右。

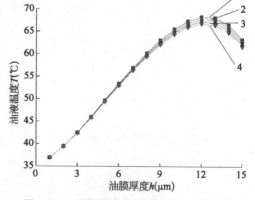

图 5.14 理想状态下不同压力 $L=70$ mm 时油液温度分布

1—35 MPa;2—28 MPa;
3—21 MPa;4—14 MPa

5.3.2　偏心状态下柱塞副油膜温度影响分析

由于偏心状态下柱塞副油膜在 $\alpha = 180°$ 时出现温度峰值,且其温度变化最为明显,

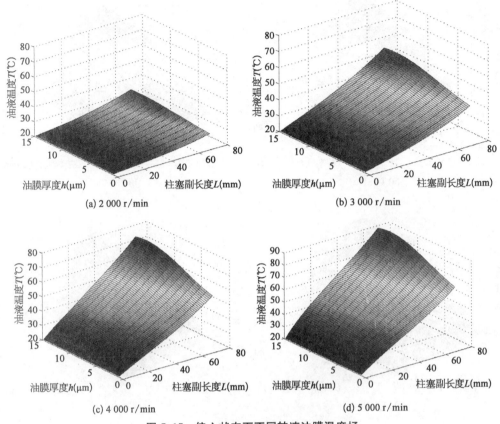

(a) 2 000 r/min　　(b) 3 000 r/min

(c) 4 000 r/min　　(d) 5 000 r/min

图 5.15　偏心状态下不同转速油膜温度场

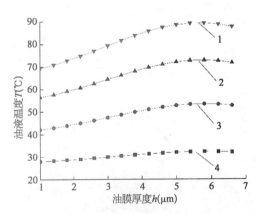

图 5.16　偏心状态下不同转速 $L = 70$ mm
时油液温度分布

1—5 000 r/min;2—4 000 r/min;
3—3 000 r/min;4—2 000 r/min

因此选择此展开角度进行分析。

1)泵转速对油膜温度场的影响分析

如图 5.15 所示,转速由 2 000 r/min 逐渐增加到 5 000 r/min,将所有温度场置于同一坐标系中。柱塞副油膜温度场形态保持一致,呈现局部温度峰值,最小峰值 31℃,最大峰值达到 89℃。泵转速和柱塞副油膜温度变化关系密切,转速提高时,油液的黏性摩擦产生热量大大增加,使得油温整体上升。将柱塞出口处 $L = 70$ mm 处的油膜温度截面得到图 5.16。

图 5.16 与图 5.12 理想状态下温度

分布相比较,在油膜厚度方向上变化量减小。柱塞偏心造成此处油膜厚度较小,油液内部的温度趋于一致。转速升高其黏性摩擦产热增大,油液温度相应升高。在靠近柱塞

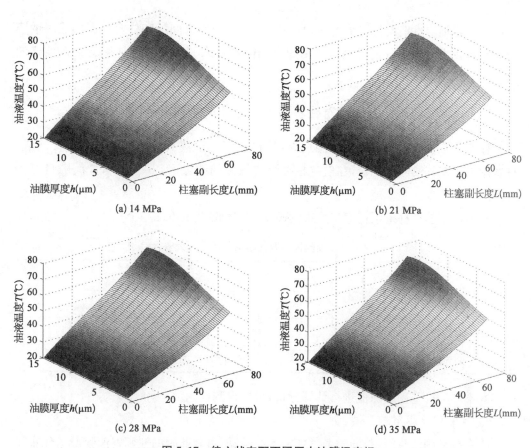

(a) 14 MPa

(b) 21 MPa

(c) 28 MPa

(d) 35 MPa

图 5.17　偏心状态下不同压力油膜温度场

处出现温度峰值,此处的油液速度与柱塞运动速度接近。

2)工作压力对油膜温度场的影响分析

如图 5.17 所示,当工作压力从 14 MPa 增加到 35 MPa 时,柱塞副温度场变化甚微,其形态与峰值基本保持不变。将各工作压力下 $L = 70$ mm 处的温度场截面可得图 5.18。

如图 5.18 所示,工作压力变化对柱塞副油膜温度分布的影响有限。与理想状态相比,偏心状态下油膜整体温度有一定上升。

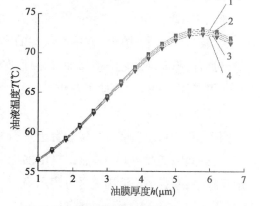

图 5.18　偏心状态下不同压力 $L = 70$ mm 时油液温度分布

1—35 MPa;2—28 MPa;
3—21 MPa;4—14 MPa

5.4 结构参数对柱塞副工作性能的影响

柱塞副油膜性能与油膜形态密切相关,而柱塞副配合间隙和柱塞表面形状对油膜形态影响较大。下面分别讨论柱塞副配合间隙和柱塞表面形态对柱塞副工作性能的影响。

5.4.1 柱塞副配合间隙对柱塞副工作性能的影响

柱塞与缸体之间通常采用间隙配合,保证柱塞副油膜具有足够的厚度进行润滑。柱塞副采用基孔制间隙配合,在航空柱塞泵中极限间隙可达 $7 \sim 25\ \mu m$,此间隙量即为柱塞副油膜厚度。

根据多个航空柱塞泵柱塞实测得到柱塞副配合量见表 5.1。

表 5.1 轴向柱塞泵柱塞副常用配合公差

泵 序 号	1	2	3
柱塞直径(mm)	7	8.2	14.2
容积效率(%)	93	93	93
间隙量(μm)	7~14	8~15	15~25

取不同的柱塞副间隙值进行计算分析,可以得到:

1)柱塞副油膜形态

改变柱塞副油膜间隙,同时考虑柱塞偏心运动,可得此时的柱塞副油膜形态分布如图 5.19 所示。

图 5.19a、b、c 所示分别为配合间隙为 $10\ \mu m$、$13\ \mu m$ 和 $15\ \mu m$ 时的柱塞副油膜形态,三者较为接近,但由于柱塞偏心状态的影响,在各个展开角度厚度不同。柱塞副配合量增加,油膜厚度的最小值增加,油膜形态趋于均匀,即柱塞副出现磨损的概率降低,有利于提高柱塞和缸体的使用寿命。

2)柱塞副泄漏

图 5.20 所示为在液压泵实验台上进行柱塞副磨损实验得到的测量数据。可以看出,柱塞副间隙增加 $4\ \mu m$,其泄漏量增加近一倍。柱塞间隙泄漏量与间隙大小的三次方成正比,柱塞副平均泄漏流量可表示为

$$q = \frac{\pi d h^3 p}{17.36 \mu_0 \sqrt{l^2 - lD \tan \gamma}} \tag{5.8}$$

式中,d 为柱塞直径;h 为柱塞与缸孔的间隙;p 为柱塞腔压力;μ_0 为流体的动力黏度;l

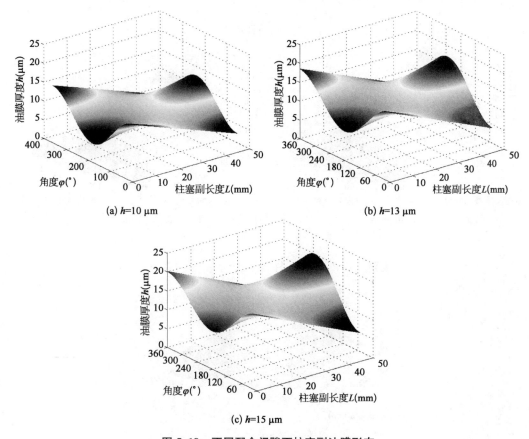

(a) h=10 μm

(b) h=13 μm

(c) h=15 μm

图 5.19　不同配合间隙下柱塞副油膜形态

为柱塞与缸孔间的密封长度；D 为缸孔分布圆直径；γ 为斜盘倾角。

　　增加柱塞副间隙有利于增加柱塞副油膜厚度，优化油膜形态，但将增加泄漏量，降低柱塞泵容积效率，故需要在两者之间取得良好的平衡。

　　3）柱塞副油膜温度场

　　不同的柱塞副油膜间隙其油膜形态也有差异。由前述分析可知，油膜形态直接影响柱塞副油膜温度场分布。采用柱塞副油膜温度场对不同柱塞副间隙进行评价不失为一种简便直接的方法。

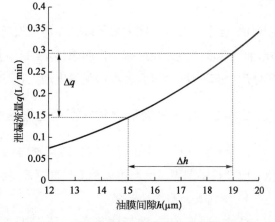

图 5.20　泄漏流量随油膜间隙变化的特性曲线

　　对不同厚度时柱塞副油膜温度场进行计算，结果如图 5.21 所示。

　　图 5.21 中，柱塞副油膜厚度增加时，虽然油膜温度分布状态相似，均在中间出现温

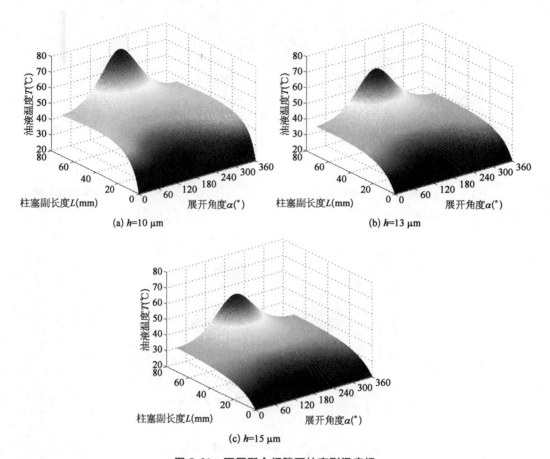

图 5.21　不同配合间隙下柱塞副温度场

度峰值,但平均油液温度大幅下降。显然油液流量的增加,有利于降低油液的温升。另外,油膜温度峰值也随之减小。间隙量增加有利于削弱柱塞偏心运动导致的柱塞副油膜厚度分布不均的影响,最小油膜厚度增大,温度峰值下降。

5.4.2　柱塞表面形态对柱塞副工作性能的影响

由于柱塞实际工作中存在偏心运动,柱塞副油膜厚度分布并不均匀,存在局部峰值。改变柱塞副表面形态可以消除局部峰值,使柱塞油膜分布更均匀。

1)不同表面形态的柱塞

柱塞为外圆加工,改变柱塞的表面形态难度相对较低。

如图 5.22a 所示,鼓形柱塞两端直径小、中间大,这种形状使得在圆柱柱塞副油膜厚度易出现极小值处的副油膜厚度有所增加。如图 5.22b 所示,在柱塞副表面形成多个半径峰值,例如两峰或四峰,使得柱塞副油膜厚度更均匀,且有利于阻止柱塞副的泄漏增加。

2) 柱塞副油膜形态

不同柱塞表面形态时的油膜形态如图5.23所示。

与圆柱柱塞相比,鼓形柱塞尺寸较小,能补偿柱塞偏心运动引起的柱塞副极小油膜厚度,使油膜厚度分布更均匀,改善柱塞副的润滑特性。波浪形柱塞的油膜厚度及分布与圆柱柱塞类似,但油膜当中出现多个与柱塞直径峰值对应的油厚极值。

(a) 鼓形柱塞表面

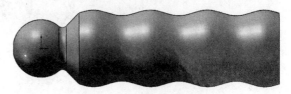

(b) 波浪形柱塞表面

图5.22 不同表面形态的柱塞表面

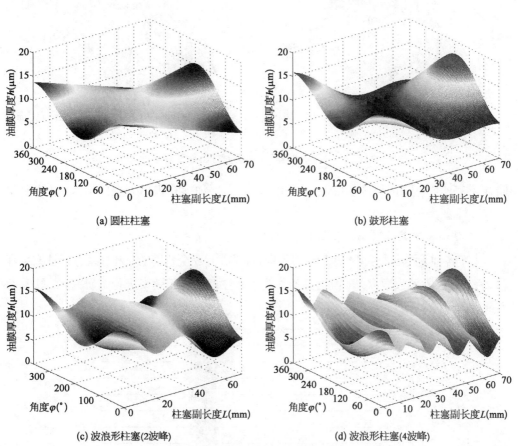

(a) 圆柱柱塞

(b) 鼓形柱塞

(c) 波浪形柱塞(2波峰)

(d) 波浪形柱塞(4波峰)

图5.23 不同柱塞表面形态下柱塞副油膜形态

3) 柱塞副油膜温度场

计算不同表面形态的柱塞副油膜温度场,在同一个展开角度可得图5.24。

柱塞副油膜在某一角度展开时分布相似。鼓形柱塞温度场形态与圆柱柱塞大致相

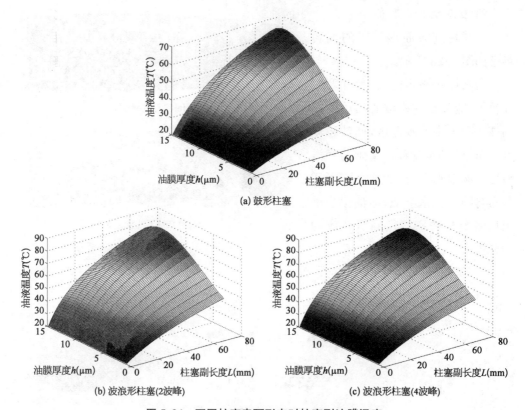

(a) 鼓形柱塞

(b) 波浪形柱塞(2波峰)

(c) 波浪形柱塞(4波峰)

图 5.24　不同柱塞表面形态时柱塞副油膜温度

同,而波浪形柱塞由于油膜形态起伏变化大,故内部油膜在极值处发热增大,整体温度比鼓形柱塞上升。

4) 轴向柱塞泵柱塞副油膜容积效率

由于各种不同形式柱塞的表面形态不同,很难找到完全相同的泵和柱塞进行柱塞泵容积效率测试。普渡大学 Reece 博士对各种波浪形柱塞的容积效率进行了研究,如图 5.25所示。

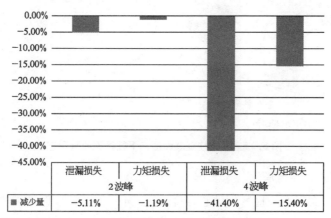

	泄漏损失	力矩损失	泄漏损失	力矩损失
	2波峰		4波峰	
■ 减少量	−5.11%	−1.19%	−41.40%	−15.40%

图 5.25　不同柱塞表面形态时柱塞泵容积效率

液压柱塞泵热分析基础理论及应用

增加波浪峰值可使柱塞副间隙中的油液流量大幅减少,采用 4 个峰值时比普通柱塞减少泄漏流量约 41.4%,可大大提高泵的容积效率。当采用同样的波峰数目时,增加其峰值量,即增加其波动幅度,对减少泄漏提高容积效率也有贡献。鼓形柱塞厚度的起伏变化使得柱塞副油膜场中油液流动速度降低,有利于减少泄漏,提高容积效率。

第6章
轴向柱塞泵滑靴副油膜动力润滑特性

滑靴副在工作过程中易发生倾覆,形成楔形油膜,导致滑靴表面出现摩擦磨损现象。传统基于平行油膜体假设研究滑靴副油膜润滑特性,无法真实反映滑靴副油膜厚度、泄漏流量与倾覆稳定性之间的耦合关系,与实际油膜形态相差较大。本章从滑靴副楔形油膜的形成机理出发,结合滑靴的动力学特征,给出求解滑靴副楔形油膜特性的计算方法,以及滑靴副油膜承载稳定性与磨损特征之间对应关系的分析方法。

6.1 滑靴副楔形油膜的形成机理

轴向柱塞泵滑靴副的工作和润滑原理如图 6.1 所示。图 6.1a 中,当缸体随主轴旋转时,在 0°~180°范围内,柱塞沿缸体向左运动,柱塞腔的工作容积减小,如 $A-A$ 视图所示,液压油从配流盘的排油槽流出,该区域为泵的排油区。在 180°~360°范围内,柱塞沿缸体向右运动,将油液从配流盘的吸油槽引入柱塞腔,该区域为泵的吸油区。滑靴副作为斜盘与柱塞作用的中间载体,一方面承受来自柱塞腔的油液压力,另一方面滑靴在斜盘表面高速旋转。由于滑靴周向运动引起的离心力矩以及随缸体旋转所产生的摩擦力矩,促使滑靴相对斜盘产生倾覆,导致滑靴底面油液因高速剪切流动而形成动压效应。图 6.1b 所示为流体动压润滑原理。两个固体表面间形成楔形间隙,如果润滑膜中没有压力,间隙大端截面 1 和 2 处的流速沿膜厚的分布将形成虚线所示的三角形分布,流入截面 1 和 2 之间的流量为 $qh_1v/2$,而流出的流量则为 $qh_2v/2$,显然流入量大于流出量,流体受到挤压作用。因此,截面 1 和 2 之间必然有高于进出口处的流体压力,导致流经截面 1 的速度分布减小为内凹的曲线,流经截面 2 的速度分布增大为外突的曲线,最终达到流动平衡。另外,油膜在外载荷作用下被挤压变薄,油液从楔形缝隙的小端面截面挤出,形成油膜的挤压效应。滑靴副油膜特性对柱塞泵工作性能影响重大。

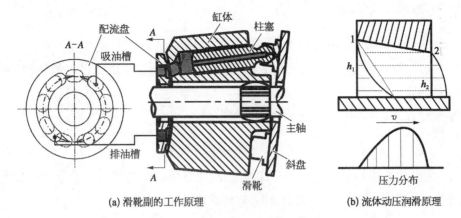

图 6.1 中标注: 配流盘、吸油槽、排油槽、A—A、A、缸体、柱塞、主轴、斜盘、滑靴、1、2、h_1、h_2、v、压力分布

(a) 滑靴副的工作原理   (b) 流体动压润滑原理

图 6.1 滑靴副的楔形油膜润滑原理

6.2 滑靴副流体动力润滑模型

在高速重载工况下,滑靴底面油膜太薄,会造成滑靴的支承力不够,滑靴与斜盘发生直接接触,造成摩擦力矩增大,影响泵的机械效率;反之,滑靴底面油膜太厚,则降低滑靴副的密封性能,泄漏流量增大,降低泵的容积效率。可见为了保证滑靴副的正常润滑,滑靴底面需要形成适当的油膜厚度。根据流体动压润滑原理可知,油膜压力场、厚度场、泄漏流量和摩擦力矩是衡量滑靴副油膜形成好坏的重要指标。滑靴副的流体动力润滑模型需要考虑滑靴的倾覆特征,实现滑靴副动力学特性与油膜特性的耦合求解。

6.2.1 运动学方程

滑靴受到柱塞腔的高压油作用,并随柱塞在斜盘表面相对运动。轴向柱塞泵的缸体有锥形和柱形两种形式,下面以锥形缸体为例分析其滑靴的运动学特征。

图 6.2 所示为锥形缸体滑靴副的运动示意图。滑靴随柱塞一起沿缸体柱塞孔进行

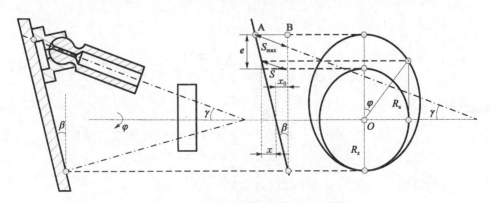

图 6.2 锥形缸体滑靴副的运动示意图

轴向运动,滑靴沿轴向的位移方程为

$$S_p = S_{max} - S \tag{6.1}$$

式中,S_p 为滑靴位移;S_{max} 为滑靴处于上死点位置时的最大位移量;S 为滑靴运动到任意位置时的剩余行程。

滑靴随柱塞运动到任意位置时,滑靴的剩余行程为

$$S = (x + x_0)/\cos\gamma \tag{6.2}$$

式中,x_0 为滑靴的初始位移量;x 为滑靴运动到任意位置时的相对位移量;γ 为锥形缸体柱塞轴线与主轴轴线之间的夹角,称为缸体的锥度。

根据图 6.2 所示的相对位置可得

$$x_0 = R_z \tan\beta$$

$$x = R_a \tan\beta = (R_z + e)\cos\varphi \tan\beta$$

$$e = (x + x_0)\tan\gamma$$

式中,R_z 为柱塞球头球心到主轴的最短距离;R_a 为滑靴运动到任意位置与主轴的最短距离;e 为柱塞球头球心轨迹与标准圆轨迹之间的偏心量;φ 为缸体转角;β 为斜盘倾角。

联合求解上述三个方程可得

$$x = \frac{R_z \cos\varphi \tan\beta(1 + \tan\beta \tan\gamma)}{1 - \cos\varphi \tan\beta \tan\gamma} \tag{6.3}$$

$$S = \frac{R_z \tan\beta(1 + \cos\varphi)}{\cos\gamma(1 - \cos\varphi \tan\beta \tan\gamma)} \tag{6.4}$$

当 $\varphi = 0$ 时,滑靴随柱塞的最大轴向位移为

$$S_{max} = \frac{2R_z \tan\beta}{\cos\gamma(1 - \tan\beta \tan\gamma)} \tag{6.5}$$

因此,滑靴随柱塞沿其轴向的位移方程为

$$S_p = \frac{R_z \tan\beta(1 - \cos\phi)(1 + \tan\beta \tan\gamma)}{\cos\gamma(1 - \tan\beta \tan\gamma)(1 - \cos\phi \tan\beta \tan\gamma)} \tag{6.6}$$

对应的速度方程为

$$v_p = \frac{\mathrm{d}S_p}{\mathrm{d}t} = \frac{R_z \omega \sin\phi \tan\beta(1 + \tan\beta \tan\gamma)}{\cos\gamma(1 - \cos\phi \tan\beta \tan\gamma)^2} \tag{6.7}$$

式中,v_p 为滑靴的运动速度;ω 为缸体的角速度。

对应的加速度为

$$a = \frac{R_z \omega^2 \tan\beta \left[\cos\phi - \tan\beta \tan\gamma (1 + \sin^2\phi)\right]}{\cos\gamma (1 - \tan\beta \tan\gamma \cos\phi)^3} \tag{6.8}$$

式中，a 为滑靴的轴向加速度。

滑靴球窝球心相对运动轨迹中心的周向角速度为

$$\begin{cases} \omega_1 = \dfrac{\mathrm{d}\phi_1}{\mathrm{d}t} = \dfrac{1}{1 + \tan^2\phi_1} \left[\dfrac{\omega \cos\varphi \sqrt{1 - \tan^2\beta \tan^2\gamma}}{\cos\varphi - \tan\beta \tan\gamma} + \dfrac{\omega \sin^2\varphi \sqrt{1 - \tan^2\beta \tan^2\gamma}}{(\cos\varphi - \tan\beta \tan\gamma)^2} \right] \\[4mm] \phi_1 = \arctan\left(\dfrac{\sin\varphi \sqrt{1 - \tan^2\beta \tan^2\gamma}}{\cos\varphi - \tan\beta \tan\gamma} \right) \end{cases} \tag{6.9}$$

6.2.2　受力方程

图 6.3 所示为滑靴的受力示意图。在柱塞孔的轴线方向上，滑靴所受的正向压紧力主要包括柱塞腔压力、柱塞与滑靴之间的惯性力和中心弹簧的作用力。滑靴沿斜盘表面周向运动时，滑靴受到离心力矩作用，同时滑靴沿斜盘表面相对运动产生一定的摩擦。该离心力矩和摩擦力矩与 x 轴和 y 轴方向上的油膜力矩平衡，使滑靴处于动压平衡状态。

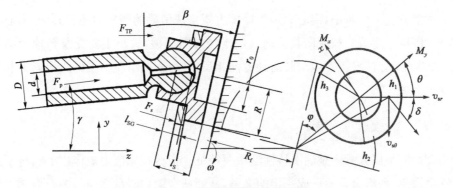

图 6.3　滑靴所受外界作用力

滑靴所受的正向压紧力为

$$\begin{cases} F_z = \dfrac{F_p + F_s + F_{TP}}{\cos\beta} \\[3mm] F_p = \dfrac{\pi d^2 p_p}{4} \\[3mm] F_{TP} = (m_1 + m_n) \dfrac{R_r (2\pi n)^2 \tan\beta \left[\cos\varphi - \tan\beta \tan\gamma (1 + \sin^2\varphi)\right]}{\cos\gamma (1 - \tan\beta \tan\gamma \cos\varphi)^3} \end{cases} \tag{6.10}$$

式中，F_p 为整个周期内柱塞腔作用力；F_s 为中心弹簧压紧力；F_{TP} 为滑靴所受离心力；d

为柱塞直径；p_p 为柱塞腔压力；m_1 为滑靴质量；m_n 为柱塞质量；n 为主轴转速。

从图 6.3 可以看出，在斜盘的 x 轴方向上，滑靴周向运动引起的离心力矩与滑靴重心与球窝中心的距离形成的力臂有关。滑靴所受的离心力矩为

$$M_x(t) = m_s R_r \omega^2 l_{SG} \cos \beta \tag{6.11}$$

式中，l_{SG} 为滑靴重心到滑靴球窝中心的距离。

在斜盘的 y 轴方向，滑靴所受的摩擦力矩 $M_y(h, \dot{h}, t)$ 为

$$M_y(h, \dot{h}, t) = l_S \int_{r_0}^{R} \int_{0}^{2\pi} (\tau_r \cos \theta - \tau_\theta \sin \theta) r \, \mathrm{d}r \, \mathrm{d}\theta \tag{6.12}$$

式中，l_S 为滑靴底面到滑靴球窝中心的距离；τ_r 为滑靴滑动表面沿极径方向的剪切应力；τ_θ 为滑靴滑动表面沿极角方向的剪切应力；R 为滑靴外径；r_0 为滑靴内径。

油膜压力场在 x 轴方向产生的油膜力矩 $M_1(h, \dot{h}, t)$ 为

$$M_1(h, \dot{h}, t) = \int_{0}^{2\pi} \int_{r_0}^{R} p \sin \theta r^2 \, \mathrm{d}r \, \mathrm{d}\theta \tag{6.13}$$

油膜压力场在 y 轴方向产生的油膜力矩 $M_2(h, \dot{h}, t)$ 为

$$M_2(h, \dot{h}, t) = \int_{0}^{2\pi} \int_{r_0}^{R} p \cos \theta r^2 \, \mathrm{d}r \, \mathrm{d}\theta \tag{6.14}$$

上述滑靴受力分析中，离心力矩和摩擦力矩构成滑靴的倾覆力矩。其中，离心力矩促使滑靴围绕柱塞球头球心向其运动轨迹半径方向倾覆，大小主要受泵转速及结构的影响；摩擦力矩促使滑靴产生与其运动方向相反的倾覆，与滑靴所受的正压紧力和滑靴结构参数有关。

6.2.3　油膜厚度方程

油膜厚度是研究滑靴副润滑特性的重要特征。滑靴在倾覆力矩作用下相对于斜盘表面发生倾覆，和斜盘表面形成一定的夹角，从而使滑靴和斜盘之间的油膜形成楔形油膜。以斜盘作为参考平面，滑靴副楔形油膜厚度场可以由滑靴底面各点的三维坐标所决定。为了获取滑靴支承面上任意一点的油膜厚度，需要确定滑靴在同一半径处三个不同位置点的油膜厚度，然后根据三点确定一个面的几何原理求出整个滑靴支承面油膜上任意一点的油膜厚度。图 6.4 所示为滑靴副楔形油膜示意图。当滑靴在 z 轴不发生旋转时，假设 A、B 和 C 三点是滑靴油膜支承面最外缘上相位相距为 $120°$ 的三个点，且 A、B 和 C 三点对应的油膜厚度分别为 h_1、h_2 和 h_3。

如图 6.4 所示，B 和 C 两点连线中心的油膜厚度可以表示为

$$h_{BC} = \frac{1}{2}(h_2 + h_3) \tag{6.15}$$

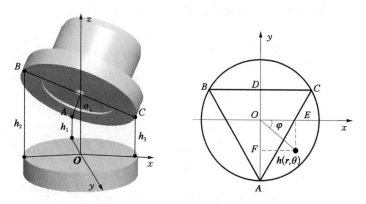

图 6.4 滑靴支承面的楔形油膜

根据三角形相似原理可得

$$\frac{h_O - h_{BC}}{h_A - h_O} = \frac{1}{2}(h_2 + h_3) \tag{6.16}$$

因此

$$2h_O - 2h_{BC} = h_A - h_B \tag{6.17}$$

移项并将式(6.15)代入,可得

$$3h_O = 2h_A + h_B = h_1 + h_2 + h_3 \tag{6.18}$$

对于滑靴底面上任意一点的油膜厚度 h,可以表示成极坐标的形式 $h(r, \theta)$。图 6.4 中,对 $h(r, \theta)$ 分别进行水平和垂直方向分解可以得到 $OE = r\cos\theta$,$OF = r\sin\theta$,于是

$$\frac{h_F - h_O}{h_A - h_O} = \frac{OF}{AO} = \frac{r\cos\theta}{R_1} \tag{6.19}$$

将 $h_O = \frac{1}{3}(h_1 + h_2 + h_3)$ 和 $h_A = h_1$ 代入可得

$$h_F - h_O = \frac{r\cos\beta}{R}\left(\frac{2}{3}h_1 - \frac{1}{3}h_2 - \frac{1}{3}h_3\right) \tag{6.20}$$

同理,将 OE 投影到 BC 边上可得

$$\frac{h_E - h_O}{h_C - h_B} = \frac{OE}{BC} = \frac{r\cos\theta}{\sqrt{3}R} \tag{6.21}$$

将 $h_B = h_2$ 和 $h_C = h_3$ 代入可得

$$h_E - h_O = \frac{r\cos\theta}{\sqrt{3}R}(h_3 - h_2) \tag{6.22}$$

因此，滑靴支承面上任意一点处的油膜厚度可以表示成 $h(r, \theta)$

$$h(r, \theta) = \frac{r\cos\theta}{3R}(2h_1 - h_2 - h_3) + \frac{r\sin\theta}{\sqrt{3}R}(h_2 - h_3) + \frac{1}{3}(h_1 + h_2 + h_3)$$

(6.23)

相对应任意一点的厚度变化率可表示为

$$\frac{\partial h(r, \theta)}{\partial t} = \frac{r\sin\theta}{\sqrt{3}R}(h'_2 - h'_3) + \frac{r\cos\theta}{3R}(2h'_1 - h'_2 - h'_3) + \frac{1}{3}(h'_1 + h'_2 + h'_3)$$

(6.24)

6.2.4 油膜压力方程

滑靴副的流体动力润滑问题涉及狭小间隙中黏性流体的流动，描述这种物理现象的基本方程是流体力学基本方程，即运动方程（N-S方程）、连续性方程，经过简化后可以得到适用于解决流体动力润滑问题的表达形式。为了能够反映滑靴副流体动力润滑特性，根据润滑油膜在滑靴副缝隙中流动的情况，做如下假设：

（1）由于缝隙流动中油液的雷诺数较小，黏性力的作用比较明显，而质量力相对于黏性力可以忽略。

（2）假设油液为不可压缩流体，油液密度保持恒定。

（3）与流速在膜厚方向的速度梯度相比，其他方向的速度梯度忽略不计。

（4）由于油膜厚度很薄，认为油膜压力沿厚度方向保持不变。

因此，得到简化的 N-S 方程为

$$\nabla p = \nabla \cdot (\mu \cdot \nabla v) \tag{6.25}$$

图 6.5 所示为笛卡儿坐标系下缝隙流。从图 6.5 可以看出，当上表面为移动面时，缝隙流动满足以下条件：当 $z = 0$ 时，$v_x = 0$，$v_y = 0$；当 $z = h$ 时，$v_x = v_{sr}$，$v_y = v_{s\theta}$。

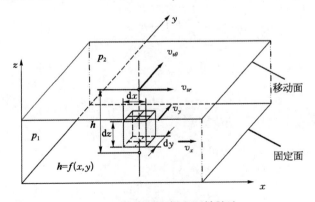

图 6.5 笛卡儿坐标系下缝隙流

液压柱塞泵热分析基础理论及应用

在完整的缝隙流动区域,不可压缩流体的流动满足如下的连续方程

$$\frac{\partial v_x}{\partial x} + \frac{\partial v_y}{\partial y} + \frac{\partial v_z}{\partial z} = 0 \tag{6.26}$$

式中,v_x、v_y、v_z 分别表示沿 x 轴、y 轴和 z 轴方向的流速。

将图 6.5 所给出的缝隙流动边界条件代入式(6.25)和式(6.26),可得缝隙流在 x 方向和 y 方向的流动速度

$$v_x = -\frac{1}{2\mu} \frac{\partial p}{\partial x} \frac{h^3}{6} + v_{sr} \frac{h}{2} \tag{6.27}$$

$$v_y = -\frac{1}{2\mu} \frac{\partial p}{\partial y} \frac{h^3}{6} + v_{s\theta} \frac{h}{2} \tag{6.28}$$

式中,v_x 为油液在 x 方向上的流速;v_y 为油液在 y 方向上的流速;μ 为油液黏度;v_{sr} 为油液在半径方向上的流速;$v_{s\theta}$ 为油液在圆周方向上的流速。

根据不可压缩流体的连续性方程和 N-S 方程,并引入非稳态项的影响,则在圆柱坐标系下滑靴副油膜压力控制方程为

$$\frac{1}{r} \frac{\partial}{\partial r} \left(r \frac{\partial p}{\partial r} \frac{h^3}{\mu} \right) + \frac{1}{r^2} \frac{\partial}{\partial \theta} \left(\frac{h^3}{\mu} \frac{\partial p}{\partial \theta} \right) = 6 \left(v_{sr} \frac{\partial h}{\partial x} + v_{s\theta} \frac{\partial h}{\partial y} + 2 \frac{\partial h}{\partial t} \right) \tag{6.29}$$

式(6.29)中,油膜压力的边界条件为

$$p(r, 0) = p(r, 2\pi), \quad p(r_0, \theta) = p_s, \quad p(R, \theta) = 0$$

$$\frac{\partial p}{\partial \theta} \bigg|_{(r, 0)} = \frac{\partial p}{\partial \theta} \bigg|_{(r, 2\pi)}$$

式中,p_s 为滑靴油腔压力。

同时,轴向柱塞泵在工作过程中,柱塞腔内高压油经过滑靴的阻尼管进入滑靴的中心油腔,并建立滑靴的油腔压力,用于平衡滑靴所受的正向压紧力。考虑油液在滑靴阻尼管中的压力损失,则滑靴油腔压力为

$$p_s = p_p - 32\lambda \rho l \frac{Q_s^2}{\pi^2 d_s^5} \tag{6.30}$$

式中,Q_s 为滑靴副泄漏流量;l 为阻尼管长度;d_s 为阻尼管直径;λ 为沿程阻力系数;ρ 为油液密度。

6.2.5 泄漏流量方程

泄漏流量也是滑靴副润滑特性的重要参数,其值大小对泵的容积效率造成直

接影响。当滑靴在斜盘表面相对运动时,滑靴底面油液从中心油腔向滑靴边缘径向流动,且油液的径向流速是影响滑靴副泄漏流量的主要参数,与滑靴的运动速度有关。图 6.6 所示为滑靴的运动轨迹,滑靴表面任意一点处 (r, θ) 的径向和周向速度分别为

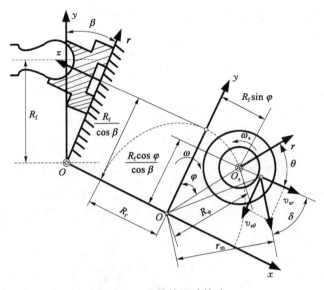

图 6.6　滑靴的运动轨迹

$$\begin{cases} v_{sr} = \omega r_{m} \cos\delta \\ v_{s\theta} = \omega r_{m} \sin\delta - \omega_{s} r \end{cases} \tag{6.31}$$

式中,ω_{s} 为滑靴的自转速度;δ 为滑靴径向和切向速度之间的夹角;r_{m} 为滑靴底面上的任意一点与缸体中心的距离,可表示为

$$\begin{cases} r_{m} = \sqrt{R_{\varphi}^{2} + R^{2} - 2RR_{\varphi}\cos(180° - \theta)} \\ R_{\varphi}^{2} = (R_{f}\sin\varphi)^{2} + \left(\dfrac{R_{f}\cos\varphi}{\cos\beta}\right)^{2} \end{cases} \tag{6.32}$$

式中,R_{φ} 为滑靴中心到缸体中心的距离。

当油膜压力场分布可知时,滑靴底面油液的径向流速可表示为

$$v_{r} = \frac{1}{2\mu}\frac{\partial p}{\partial r}(z^{2} - hz) + v_{sr}\frac{z}{h} \tag{6.33}$$

在滑靴的半径边缘处,对式(6.33)进行积分,可得滑靴副泄漏流量为

$$Q_{s} = \int_{0}^{2\pi}\int_{0}^{h} v_{r}R\,\mathrm{d}z\mathrm{d}\theta \tag{6.34}$$

液压柱塞泵热分析基础理论及应用

6.3　模型的数值求解

　　由于滑靴副周期性地经历轴向柱塞泵的吸油和排油过程,柱塞腔的压力不仅有脉动压力的存在,同时周期性出现柱塞泵高低压切换时的压力冲击,所以滑靴副油膜受到油膜静压支承、动压效应和挤压效应的综合影响。因此,本节考虑油膜的动压效应和挤压效应,对油膜压力控制方程进行离散化处理,建立求解滑靴副油膜特性的计算流程。

6.3.1　油膜压力方程的离散化处理

　　滑靴密封带处油膜压力场是一个椭圆形的偏微分方程,目前尚未得出该方程的解析解。本节采用控制容积法对压力场方程进行离散化数值求解。求解过程中,考虑到滑靴密封带缝隙在油膜厚度方向的结构尺寸非常小,油膜压力场在该方向的变化基本可以忽略,所以将油膜压力场等效为二维问题进行分析。图 6.7 所示为极坐标中的离散控制体积。根据图 6.7 所示的积分区域,将式(6.29)的两端进行积分,可得

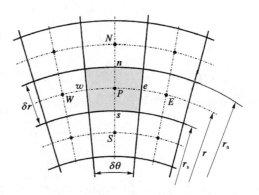

图 6.7　极坐标中的离散控制体积

$$\int_w^e \int_s^n \frac{1}{r}\frac{\partial}{\partial r}\left(r\frac{\partial p}{\partial r}\frac{h^3}{\mu}\right) r\,\mathrm{d}r\,\mathrm{d}\theta + \int_s^n \int_w^e \frac{1}{r^2}\frac{\partial}{\partial \theta}\left(\frac{h^3}{\mu}\frac{\partial p}{\partial \theta}\right) r\,\mathrm{d}r\,\mathrm{d}\theta$$

$$= \oiint 6\left(v_{sr}\frac{\partial h}{\partial x}+v_{s\theta}\frac{\partial h}{\partial y}+2\frac{\partial h}{\partial t}\right) \tag{6.35}$$

进一步简化可得

$$r_n\left(\frac{h^3}{\mu}\right)_n \Delta\theta\frac{p_n}{(\delta r)_n}+r_s\left(\frac{h^3}{\mu}\right)_s \Delta\theta\frac{p_s}{(\delta r)_s}+\frac{1}{r_e}\left(\frac{h^3}{\mu}\right)_e \Delta r\frac{p_e}{(\delta r)_e}$$

$$+\frac{1}{r_w}\left(\frac{h^3}{\mu}\right)_w \Delta r\frac{p_w}{(\delta r)_w}-\left[r_n\left(\frac{h^3}{\mu}\right)_n \frac{\Delta\theta}{(\delta r)_n}+r_s\left(\frac{h^3}{\mu}\right)_s \frac{\Delta\theta}{(\delta r)_s}\right.$$

$$\left.+\frac{1}{r_e}\left(\frac{h^3}{\mu}\right)_e \frac{\Delta r}{(\delta r)_e}+\frac{1}{r_w}\left(\frac{h^3}{\mu}\right)_w \frac{\Delta r}{(\delta r)_w}\right]p_p$$

$$= (6v_{sr}r)_p(h_n-h_s)\Delta\theta+6\,(v_{s\theta})_p(h_e-h_w)\frac{r_n^2-r_s^2}{2}+\frac{12(h-h^0)r_p\Delta\theta\Delta r}{\Delta t} \tag{6.36}$$

将油膜压力场控制方程采用控制容积法积分进行数值离散,对于任何一个结点来说,其形式为

$$a_\mathrm{p} p_\mathrm{p} = a_\mathrm{e} p_\mathrm{e} + a_\mathrm{w} p_\mathrm{w} + a_\mathrm{n} p_\mathrm{n} + a_\mathrm{s} p_\mathrm{s} + S \tag{6.37}$$

其中 $a_\mathrm{n} = r_\mathrm{n} \left(\dfrac{h^3}{\mu}\right)_\mathrm{n} \dfrac{\Delta\theta}{(\delta r)_\mathrm{n}}$, $a_\mathrm{s} = r_\mathrm{s} \left(\dfrac{h^3}{\mu}\right)_\mathrm{s} \dfrac{\Delta\theta}{(\delta r)_\mathrm{s}}$, $a_\mathrm{e} = \dfrac{1}{r_\mathrm{e}} \left(\dfrac{h^3}{\mu}\right)_\mathrm{e} \dfrac{\Delta r}{(\delta r)_\mathrm{e}}$, $a_\mathrm{w} = \dfrac{1}{r_\mathrm{w}} \left(\dfrac{h^3}{\mu}\right)_\mathrm{w} \dfrac{\Delta r}{(\delta r)_\mathrm{w}}$

$$S = (6 v_\mathrm{sr} r)_\mathrm{p} (h_\mathrm{n} - h_\mathrm{s}) \Delta\theta + 6 \left(v_{s\theta}\right)_\mathrm{p} (h_\mathrm{e} - h_\mathrm{w}) \frac{r_\mathrm{n}^2 - r_\mathrm{s}^2}{2} + \frac{12(h - h^0) r_\mathrm{p} \Delta\theta \Delta r}{\Delta t}$$

6.3.2　数值计算流程

滑靴副油膜特性与滑靴所受的复杂外力直接相关,滑靴副油膜厚度隐含在其力平衡方程中。根据滑靴副的受力情况,滑靴的力平衡方程为

$$f(\dot{e}^i) = F_z(t) + F_z(t, h, \dot{h}) = 0 \tag{6.38}$$

其中 $h = [h_1, h_2, h_3], \dot{h} = [\dot{h}_1, \dot{h}_2, \dot{h}_3]$

式中,$F_z(t, h, \dot{h})$ 为油膜对滑靴产生的合力。

由于式(6.38)属于非线性方程,所以引入高斯-赛德尔(Gauss-Seidel)法解非线性方程组,通过 n 次迭代计算润滑油膜向量 $h = [h_1, h_2, h_3]$,设定

$$h^{(n)} = h^{(n-1)} + \Delta \dot{h}^{(n)} \tag{6.39}$$

其中 $\Delta \dot{h}^{(n)} = -J^{-1}(\dot{h}^{(n-1)}) \cdot f(\dot{h}^{(n-1)})$

由于 $f(\dot{h}^i)$ 没有具体表达式,因此 $f(\dot{h}^i)$ 的离散化形式为

$$\frac{\partial f_i}{\partial \dot{h}_j} = \frac{1}{\dot{h}_h} \left[f_i(\dot{h}_1, \cdots, \dot{h}_j, \cdots, \dot{h}_3) - f_i(\dot{h}_1, \cdots, \dot{h}_j - \dot{h}_h, \cdots, \dot{h}_3) \right] \tag{6.40}$$

其中,$i = 1, 2, 3; j = 1, 2, 3$。

在求解过程中,利用高斯-赛德尔法完成一个时刻 $t(v)$ 的滑靴位置的计算之后,通过数值积分的方法进一步计算下一个时刻 $t(v+1)$ 滑靴的分布情况,即

$$h^{(v+1)} = h^{(v)} + \dot{h}^{(v)} (t^{(v+1)} - t^{(v)}) \tag{6.41}$$

由于雅克比矩阵 $\mathbf{J}(\dot{h})$ 设置为 $\mathbf{J}(\dot{h}) = f'(\dot{h})$,所以滑靴底面油膜变化速率为

$$\Delta \dot{h}^{(n)} = -\left[f'(\dot{h}^{(n-1)}) \right]^{-1} \cdot f(\dot{h}^{(n-1)})$$

为了对方程 $f(\dot{h}^i) = F_s(t) + F_s(t, h, \dot{h})$ 进行求解,需要建立三组受力平衡方程

$$\begin{cases} F_z(t) + F_z(h, \dot{h}, t) = 0 \\ M_x(t) + M_1(h, \dot{h}, t) = 0 \\ M_y(h, \dot{h}, t) + M_2(h, \dot{h}, t) = 0 \end{cases} \tag{6.42}$$

对应的雅克比矩阵 $\mathbf{J}(\dot{h}^n)$ 为

$$\mathbf{J}(\dot{h}^n) = f'(\dot{h}^n) = \begin{bmatrix} \dfrac{\partial F_z(\dot{h}^n)}{\partial \dot{h}_1^n} & \dfrac{\partial F_z(\dot{h}^n)}{\partial \dot{h}_2^n} & \dfrac{\partial F_z(\dot{h}^n)}{\partial \dot{h}_3^n} \\[3mm] \dfrac{\partial M_x(\dot{h}^n)}{\partial \dot{h}_1^n} & \dfrac{\partial M_x(\dot{h}^n)}{\partial \dot{h}_2^n} & \dfrac{\partial M_x(\dot{h}^n)}{\partial \dot{h}_3^n} \\[3mm] \dfrac{\partial M_y(\dot{h}^n)}{\partial \dot{h}_1^n} & \dfrac{\partial M_y(\dot{h}^n)}{\partial \dot{h}_2^n} & \dfrac{\partial M_y(\dot{h}^n)}{\partial \dot{h}_3^n} \end{bmatrix} \tag{6.43}$$

图 6.8 所示为滑靴副流体润滑模型的求解过程。设定初始油膜厚度场 h 后，非线性方程组(6.43)只有一个未知数 $\dot{h}$，用高斯-赛德尔迭代算法对二元偏微分方程进行迭代求解，即可求出外力作用下滑靴副油膜压力场以及油膜的挤压效应 $\dot{h}$，依次循环求出

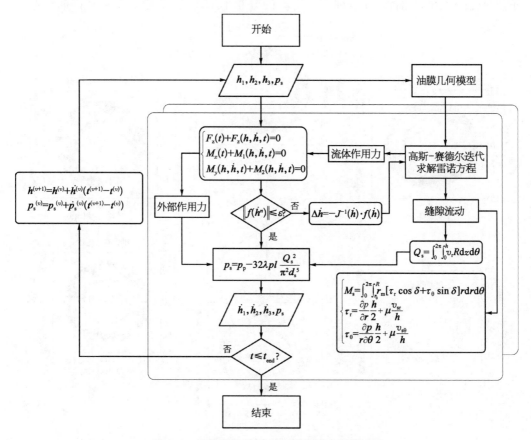

图 6.8　滑靴副流体动力润滑特性的计算流程

柱塞泵在转动过程中各个时刻的油膜厚度场和压力场,从而可以实时获取滑靴副泄漏流量和摩擦力矩。

6.4　滑靴副油膜特性

对选用的轴向柱塞泵滑靴副油膜特性进行数值求解,并将计算结果与美国学者 Ivantysynova 的相关研究结果进行比较分析。

6.4.1　油膜压力分布

滑靴副油膜压力场直观地表示了其油膜承载力,可作为滑靴副油膜特性的衡量标准。图 6.9 所示为滑靴副油膜压力场。当滑靴处于泵的排油区(0°~180°)时,油膜压力场呈对数递减分布,此时滑靴所受的正向压紧力较大,油膜的动压效应减小,油膜厚度急剧减小,导致滑靴倾覆角度降低。当滑靴处于泵的吸油区(180°~360°)时,滑靴所受正向压紧力减小,油膜的动压效应显著增大,滑靴倾覆角度增加,造成滑靴与斜盘之间形成较大的楔形油膜,加剧油膜压力场的分布不均,尤其滑靴处于泵吸排油过渡区

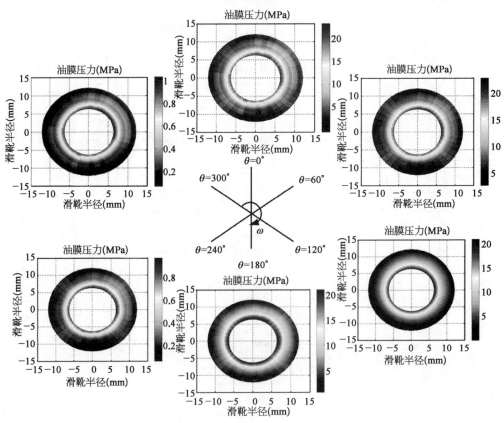

图 6.9　滑靴副油膜压力场分布

时，柱塞腔压力的瞬时变化剧烈，滑靴的油膜支承反力不足，油液流速迅速增加，此时油膜变化率最大，油膜厚度变薄，容易造成滑靴的磨损。

图 6.10 所示为 Ivantysynova 所计算的滑靴副油膜压力场。通过对比图 6.9 和图 6.10 可知，当滑靴处于泵的排油区时，滑靴所受的正向压紧力较大，油膜的挤压效应显著，滑靴倾覆角度较小，滑靴处于某种稳定状态，如图 6.10a 所示，因此油膜压力沿滑靴半径方向呈对数递减分布。当滑靴处于泵的吸油区时，滑靴倾覆角度因滑靴所受的正向压紧力减小而增大，油膜动压效应增强，导致油膜压力场分布不均匀显著增加，压力递减梯度较大，如图 6.10b 所示，与本章方法的计算结果变化趋势一致。

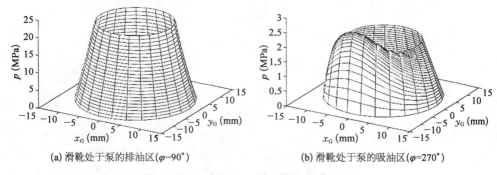

(a) 滑靴处于泵的排油区(φ=90°)　　　(b) 滑靴处于泵的吸油区(φ=270°)

图 6.10　Ivantysynova 的滑靴副油膜压力场

6.4.2　油膜厚度的分布

图 6.11 所示为滑靴副油膜厚度场分布。当柱塞旋转到 60° 时，在柱塞腔压力作用下，滑靴底面油膜在圆周方向上出现小于 4 μm 的较薄油膜区，表明滑靴受到的正向压紧力增加，油膜开始受到挤压作用。当柱塞转动到 180° 时，滑靴底面出现了 3 μm 左右的极薄油膜区，此时油膜压力达到最大值，表明滑靴处于泵的吸排油过渡区时，滑靴的承载状态最危险。当滑靴处于泵的排油区时，受到的正向压紧力降低，油膜厚度逐步增大，但油膜动压效应增强，滑靴倾覆角度增加，导致油膜厚度场分布的不均匀性更为显著。当滑靴处于泵的吸排油过渡区时，滑靴副出现承载的极限点，影响滑靴副的承载能力。

图 6.12 所示为滑靴副油膜厚度的理论与实验结果对比。从图 6.12a 可以看出，在相同工况（$p_p = 10\,MPa$，$n = 1\,000\,r/min$）下，理论油膜厚度随缸体转角呈振荡衰减变化，与 Ivantysynova 计算结果的变化趋势接近，数值相差 0.5～1 μm，这说明滑靴无法产生持续稳定的动压效应，促使油膜厚度剧烈变化，引起滑靴的承载特性不稳定。从图 6.12b 可以看出，Ivantysynova 将滑靴分成光滑表面和磨损表面两种情况，分别测量滑靴底面的油膜厚度，发现滑靴在整个工作周期下的油膜厚度为 4～5 μm，与理论结果比较接近，且滑靴为磨损表面时的油膜厚度明显大于光滑表面时的油膜厚度。由此可见，

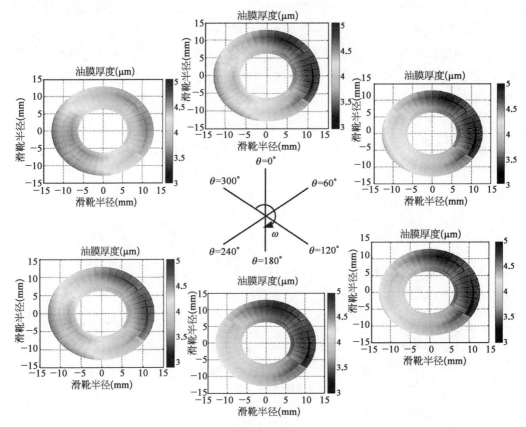

图 6.11　滑靴副油膜厚度场分布

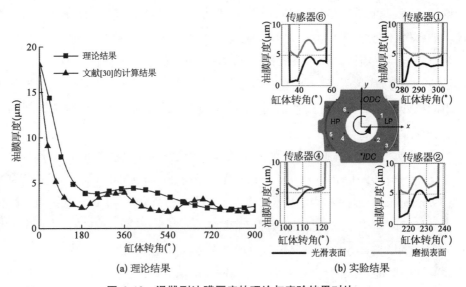

(a) 理论结果　　　　　　　　　(b) 实验结果

图 6.12　滑靴副油膜厚度的理论与实验结果对比

适当的表面磨损轮廓有利于形成油膜动压效应,增加油膜厚度,尤其是滑靴处于泵的吸油区时,滑靴出现较大的倾覆角度,磨损轮廓可以抑制滑靴最小膜厚的降低,提高滑靴的承载能力。

6.5 滑靴副流体动力润滑特性的影响因素

实际工作中,滑靴副的润滑失效多为密封带严重磨损引起,这与滑靴的工况条件和结构参数等因素有关。因此,结合滑靴倾覆角度、油膜厚度、泄漏流量和摩擦力矩四个指标,分析工况条件、结构参数等因素对滑靴副流体动力润滑特性的影响。

6.5.1 柱塞腔压力的影响

图 6.13 所示为不同柱塞腔压力下滑靴倾覆角度和油膜厚度。从图 6.13a 可以看出,当滑靴处于泵的排油区时,滑靴的倾覆角度在 0.01°~0.08°。当滑靴处于泵的吸油区时,滑靴的倾覆角度从 0.01°增加到 0.18°。滑靴的倾覆角度随缸体转角呈周期性变化,泵的吸排油过渡区滑靴的倾覆角度较大,油膜厚度变化剧烈,导致滑靴底面形成的油膜不稳定,这是引起油膜压力和厚度场不均匀分布的主要原因,此时滑靴底面最小油膜厚度区域容易发生偏摩磨损。图 6.13b 所示为不同柱塞腔压力下滑靴副油膜厚度。油膜厚度随缸体转角变化呈振荡衰减趋势,且振荡程度随柱塞腔压力升高而减小,油膜厚度处于动态平衡状态。这些特征表明滑靴的承载特性不稳定,不存在持续稳定的动压效应,而油膜静压支撑承载力不能完全平衡滑靴的外负载,需要依靠油膜的挤压承载效应,导致滑靴工作不稳定,滑靴的承载能力无法得到保证,容易引起滑靴发生偏摩磨损。

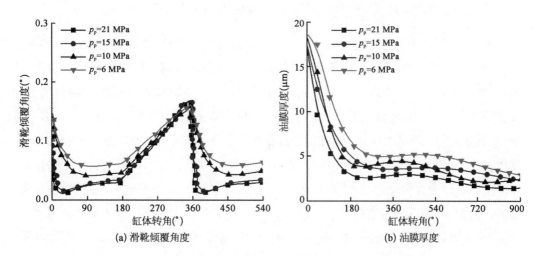

(a) 滑靴倾覆角度 (b) 油膜厚度

图 6.13 不同柱塞腔压力下滑靴倾覆角度和油膜厚度

图 6.14 所示为不同柱塞腔压力下滑靴副泄漏流量和摩擦力矩。从图 6.14a 可以看出,当滑靴处在泵的排油区时,滑靴所受正向压紧力增大,使其沿半径方向的两端压差增大,油膜厚度变薄,在某种程度上抑制泄漏流量增加。随着滑靴逐步转入泵的吸油区,滑靴两端的压差急剧减小,滑靴倾覆效应增强,油膜厚度增加,泄漏流量增大。这些特征说明滑靴副油膜泄漏流量是滑靴倾覆角度、油膜厚度与压差共同作用的结果。对于一个九柱塞泵而言,当主轴转速为 1 500 r/min,柱塞腔压力为 21 MPa时,滑靴副的总泄漏流量为 0.018~0.027 L/min,对柱塞泵容积效率影响较大。从图 6.14b 可以看出,摩擦力矩随缸体转角呈周期性变化,尤其滑靴处于泵的排油区时,摩擦力矩达到最大值,并随柱塞腔压力的增大单调递增。摩擦力矩主要是克服滑靴和斜盘之间的黏性摩擦力,虽然滑靴底面油膜厚度随正向压紧力增大而减小,但是油膜的剪切应力因油膜厚度变薄而增大,促使摩擦力矩损失增加,从而降低柱塞泵的机械效率。

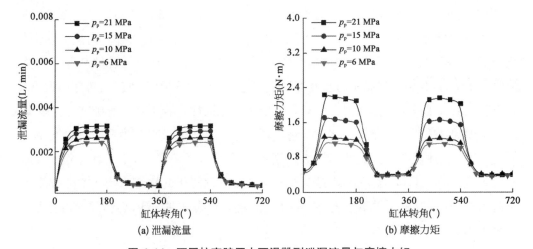

图 6.14　不同柱塞腔压力下滑靴副泄漏流量与摩擦力矩

图 6.15 所示为不同柱塞腔压力下油膜厚度对滑靴副泄漏流量和摩擦力矩的影响。从图 6.15a 可以看出,当柱塞腔压力为 6 MPa 时,泄漏流量与油膜厚度呈单调递增关系,泄漏流量从 0.000 5 L/min 增加到 0.001 3 L/min,并随柱塞腔压力增加而增大。这些特征说明滑靴副泄漏流量与油膜厚度是一对矛盾关系,由式(6.33)和式(6.34)可知,泄漏流量与油液的径向流速呈正相关,且油液的径向流速与油膜厚度和油膜压力梯度成正比。当泵转速不变时,压力越大则对应的剩余压紧力越大,此时油膜由于挤压效应产生的承载力也相应增大,油膜受挤压作用变薄,径向油液流速增加,最终泄漏流量增加。由图 6.15b 可知,当柱塞腔压力为 6 MPa 时,摩擦力矩与油膜厚度呈单调递减关系,摩擦力矩从 1.5 N·m 减小到 1.0 N·m,但随柱塞腔压力增大而增加,亦即油膜厚度与柱塞腔压力成反比。油液剪切应力随油膜厚度增大而减小。

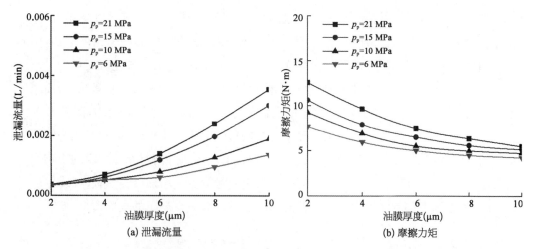

图 6.15　不同柱塞腔压力下油膜厚度对滑靴副泄漏流量和摩擦力矩的影响

6.5.2　主轴转速的影响

图 6.16 所示为不同主轴转速下滑靴倾覆角度和泄漏流量。从图 6.16a 可以看出，随着主轴转速升高，滑靴处于泵的排油区时的倾覆角度变化甚微，但当滑靴处于泵的吸油区时倾覆角度逐渐增大，最大倾覆角度从 0.09° 升高到 0.25°，增幅达 0.16°。这些特征表明滑靴的倾覆角度与主轴转速正相关，尤其滑靴处于泵的吸油区时，滑靴受到的正向压紧力较小，油膜动压效应随主轴转速升高而增强，导致滑靴倾覆角度增加，引起油膜厚度分布不均匀。从图 6.16b 可以看出，油膜厚度随缸体转角变化呈振荡衰减趋势，主轴转速越高，振荡幅度越大，滑靴底面无法形成均匀稳定的油膜，油膜厚度为 $2\sim6.5~\mu m$。滑靴挤压承载效应随转速升高而减弱，但油膜动压效应增强，油膜厚度因滑靴倾覆角度的增加而出现剧烈波动趋势，容易引起滑靴发生偏摩磨损，导致滑靴承载能力降低。

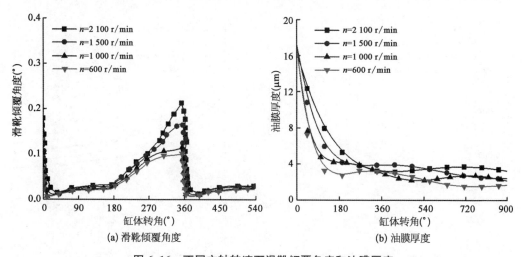

图 6.16　不同主轴转速下滑靴倾覆角度和油膜厚度

图 6.17 所示为不同主轴转速下滑靴副泄漏流量和摩擦力矩。图 6.17a 中,由于油膜厚度随主轴转速的升高而增大,油膜动压效应增强,促使滑靴的倾覆角度增加,引起油液的径向流速增加,导致泄漏流量增大。图 6.17b 中,摩擦力矩随主轴转速的升高而减小,尤其滑靴处于泵的排油区时,最大摩擦力矩为 2~2.6 N·m。究其原因,油膜厚度随主轴转速所引起的油液动压效应增强而变厚,减小油液的剪切应力,降低摩擦力矩。与图 6.14b 相比,柱塞腔压力对摩擦力矩的影响远小于主轴转速,这是因为摩擦力矩与油膜厚度成反比,但与油液流速成正比,导致主轴转速升高对摩擦力矩的影响大于油膜厚度的影响。因此,主轴转速的升高不仅引起泄漏流量增加,而且引起油膜厚度增大,在某种程度上抑制摩擦力矩增加,降低黏性摩擦力,减少滑靴的表面磨损。

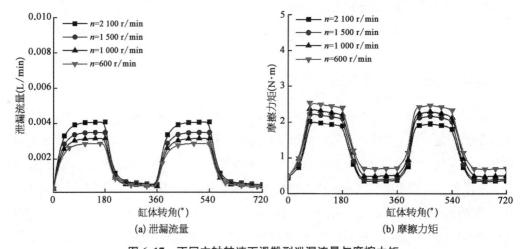

图 6.17　不同主轴转速下滑靴副泄漏流量与摩擦力矩

图 6.18 所示为不同主轴转速下油膜厚度对滑靴副泄漏流量和摩擦力矩的影响。从图 6.18a 可以看出,泄漏流量随油膜厚度的增大而增加,并随主轴转速升高呈单调递

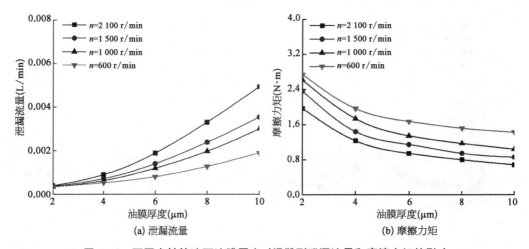

图 6.18　不同主轴转速下油膜厚度对滑靴副泄漏流量和摩擦力矩的影响

增趋势。这些特征说明主轴转速升高增加了油膜动压效应,使得该部分承载力分担剩余压紧力的比重增大,减轻了油液挤压效应,有利于油膜厚度增加,但增加了油液的径向流速,导致泄漏流量增大。从图 6.18b 可以看出,摩擦力矩随油膜厚度或主轴转速的增大而降低,其原因是油膜厚度随主轴转速升高引起的油膜动压效应增强而变厚,油液的剪切应力降低,导致滑靴副摩擦力矩减小。

6.5.3　滑靴半径比的影响

图 6.19 所示为不同滑靴半径比下滑靴倾覆角度和油膜厚度。从图 6.19a 可以看出,滑靴倾覆角度随滑靴半径比增大而减小。滑靴半径比主要影响油膜压力的力臂长度,压力力臂长度增加,压力分布的力矩增大,促使滑靴的离心力矩和油膜力矩处于相对稳定的平衡状态,因此滑靴倾覆角度减小。从图 6.19b 可以看出,油膜厚度随滑靴半径比增大而减小,这是因为油膜力矩随滑靴半径比增大而增加,提高滑靴的工作稳定性,且滑靴的承载面积因滑靴半径比增大而增大,增强油膜的挤压效应,导致油膜厚度降低。

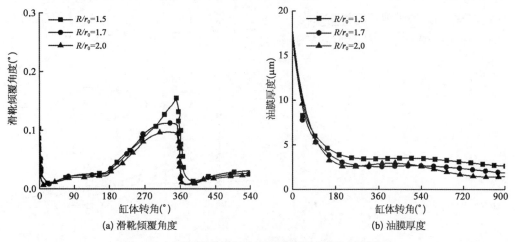

图 6.19　不同滑靴半径比下滑靴倾覆角度和油膜厚度

图 6.20 所示为不同滑靴半径比下滑靴副泄漏流量和摩擦力矩。从图 6.20a 可以看出,泄漏流量随滑靴半径比增大而增加。油膜厚度因滑靴半径比增加而变薄,油液流速增加,泄漏流量增大。从图 6.20b 可以看出,摩擦力矩随滑靴半径比增大而增加。因为油膜剪切应力的作用力臂随滑靴半径比增大而增加,且油膜剪切应力随油膜厚度变薄单调递增,最终导致摩擦力矩增加。

图 6.21 所示为不同滑靴半径比下油膜厚度对滑靴副泄漏流量和摩擦力矩的影响。从图 6.21a 可以看出,泄漏流量随油膜厚度增大而增加,并随滑靴半径比增大单调递增。这些特征说明滑靴半径比的增加有利于增大油膜力矩,促使滑靴两侧的压力分布差减小,降低滑靴的倾覆角度,而油膜厚度增大,引起油液径向流速增加,泄漏流量增

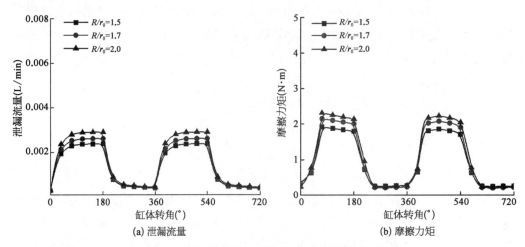

(a) 泄漏流量　　　　　　　　　　　　　(b) 摩擦力矩

图 6.20　不同滑靴半径比下滑靴副泄漏流量与摩擦力矩

大。从图 6.21b 可以看出,摩擦力矩随油膜厚度增大而降低,但是随滑靴半径比的增大而增加,其原因是油膜力矩的增大有利于减小滑靴的倾覆角度和增大油膜剪切应力的作用力臂,导致油膜剪切应力与油膜厚度呈递减趋势,但是随滑靴半径比增大而增加,油膜剪切应力作用力臂的影响显著增强,最终导致摩擦力矩增加。

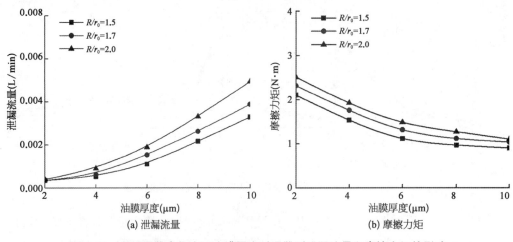

(a) 泄漏流量　　　　　　　　　　　　　(b) 摩擦力矩

图 6.21　不同滑靴半径比下油膜厚度对滑靴副泄漏流量和摩擦力矩的影响

6.5.4　滑靴阻尼管长度直径比的影响

图 6.22 所示为不同滑靴阻尼管长度直径比下滑靴倾覆角度和油膜厚度。从图 6.22a 可以看出,滑靴倾覆角度随着滑靴阻尼管长度直径比增大而减小,这是因为滑靴阻尼管长度直径比主要影响阻尼管的直径,阻尼管直径减小,液阻增大,油膜压力损失增加,促使滑靴两侧的压力分布差减小,导致滑靴倾覆角度减小。从图 6.22b 可以看出,油膜厚度随滑靴阻尼管长度直径比的增大而降低,这是因为油膜压力损失随滑靴阻尼管长度

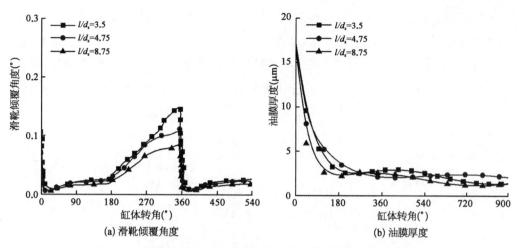

(a) 滑靴倾覆角度

(b) 油膜厚度

图 6.22   不同滑靴阻尼管长度直径比下滑靴倾覆角度和油膜厚度

直径比的增加而增大,促使滑靴的油膜支承反力小于滑靴的正向压紧力,油膜的挤压效应增强,导致油膜厚度降低。

图 6.23 所示为不同滑靴阻尼管长度直径比下滑靴副泄漏流量和摩擦力矩。从图 6.23a 可以看出,泄漏流量随滑靴阻尼管长度直径比的增大而降低,这是因为油膜厚度随滑靴阻尼管长度直径比的增大而降低,液阻逐渐增大,油膜压力损失逐渐增加,油液流速降低,导致泄漏流量减小。从图 6.23b 可以看出,摩擦力矩随滑靴阻尼管长度直径比的增大而增加,这是因为油膜压力损失随滑靴阻尼管长度直径比的增大而增加,在某种程度上增大滑靴所受的正向压紧力,油膜厚度变薄,导致摩擦力矩增大。

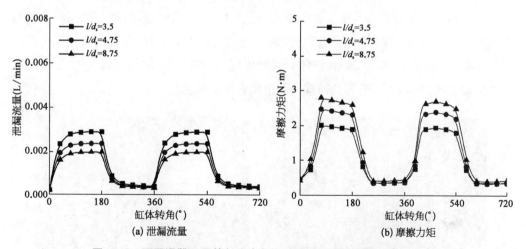

(a) 泄漏流量

(b) 摩擦力矩

图 6.23   不同滑靴阻尼管长度直径比下滑靴副泄漏流量与摩擦力矩

图 6.24 所示为不同滑靴阻尼管长度直径比下油膜厚度对滑靴副泄漏流量和摩擦力矩的影响。从图 6.24a 可以看出,泄漏流量随油膜厚度的增大而增加,并随滑靴阻尼管长度直径比的增大呈单调递减趋势。这些特征说明通过减小阻尼孔直径的方式来增

大滑靴阻尼管长度直径比,导致油液的液阻增大,油液压力损失增加,油膜厚度变薄,泄漏流量减小。从图 6.24b 可以看出,摩擦力矩随油膜厚度的增大而减小,但随滑靴阻尼管长度直径比的增大而增大,其原因是油膜压力损失随滑靴阻尼管长度直径比的增大而增加,导致滑靴的油膜支承反力小于滑靴所受的正向压紧力,增强油液的挤压效应,促使油液剪切应力因油膜厚度变薄而增大,摩擦力矩随之增加。

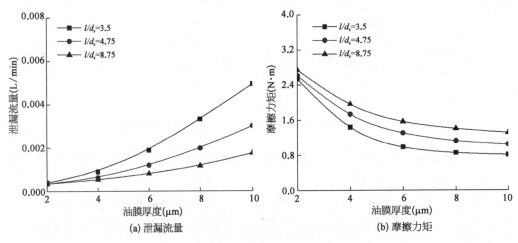

图 6.24 不同滑靴阻尼管长度直径比下油膜厚度对滑靴副泄漏流量和摩擦力矩的影响

6.6 滑靴副磨损实验

可以通过对滑靴副进行耐久性能试验,探究滑靴副楔形油膜特性与磨损行为的映射关系。以下为在 250 kW 液压综合性能实验台上,对 A4VTG90 泵滑靴副进行耐久性能实验,如图 6.25 所示。A4VTG90 泵具体技术参数见表 6.1,该泵为闭式泵,主要用于混凝土搅拌车、压路机以及摊铺机等道路养护工程机械。

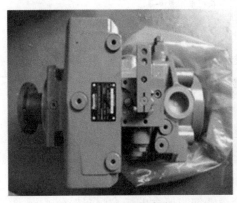 

(a) A4VTG90测试泵   (b) 测试装置

图 6.25 250 kW 液压综合性能实验台

表 6.1　测试泵的技术参数

型　　号	A4VTG90
排量（ml/r）	90
最大流量（L/min）	275
额定压力（MPa）	40
峰值压力（MPa）	42
最高转速（r/min）	3 050
最大功率（kW）	183
最大扭矩（N·m）	573

耐久性能实验步骤如下：环境温度为室温，进油口温度为（50±4）℃，进口压力为 0.06～0.2 MPa，回油压力不大于 0.18 MPa，出口压力为管阻压力，柱塞泵的初始转速从 0 上升至 1 000 r/min，工作时间不能少于 1 min，并按表 6.2 进行磨合实验。完成磨合实验后，斜盘倾角设置为 16°，调节泵的出口压力和转速分别为 21 MPa 和 1 500 r/min，连续运行 250 h。最后，轴向柱塞泵进行拆机分解，观察滑靴和斜盘的表面磨损情况，与理论结果相互验证。

表 6.2　轴向柱塞泵的磨合实验

时间(min) 转速(r/min)	出口压力(MPa)		
	10	15	21
1 000	2	5	5
1 450	3	3	2
2 100	2	2	2

图 6.26 所示为实验后滑靴的表面磨损照片。从图 6.26 可以看出，滑靴的边缘处出现磨损发黑痕迹，这是因为滑靴底面油膜压力的分布力矩不平衡，滑靴产生倾覆角度，油膜厚度变薄，滑靴与斜盘表面发生金属接触，导致滑靴外缘出现较大面积的磨损，滑靴的支承面积减小，加剧滑靴表面出现磨损发黑以及金属剥落等现象。这些特征说明滑靴与斜盘会形成微小夹角，并随着滑靴相对运动的增大而增加，导致油膜压力场分布力矩的不均匀性，这是滑靴发生偏摩磨损的主要原因，最终表现为滑靴表面形成弧形磨损轮廓，间接地验证了理论模型的可靠性。

图 6.27 所示为实验后斜盘的表面磨损照片。由图 6.27a 可以看出，斜盘的表面磨损分为低压区磨损和高压区磨损两大类。低压区磨损是指斜盘处于泵的吸油区时的表面磨损情况。由于该区域所受的滑靴作用力较小，滑靴与斜盘之间发生轻微摩擦，所以斜盘表面呈现较高的光泽度。高压区磨损是指斜盘处于泵的排油区时的表面磨损情

金属剥落磨损

图 6.26　实验后滑靴的表面磨损照片

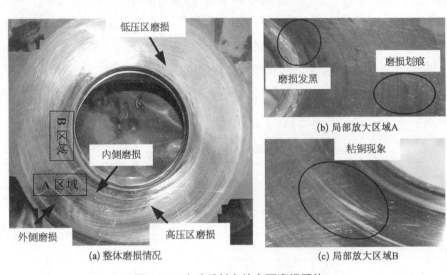

低压区磨损

B区域

内侧磨损

A区域

外侧磨损

高压区磨损

(a) 整体磨损情况

磨损发黑

磨损划痕

(b) 局部放大区域A

粘铜现象

(c) 局部放大区域B

图 6.27　实验后斜盘的表面磨损照片

况。从斜盘的表面磨损痕迹可知,当滑靴在泵的排油区时,滑靴所受的正向压紧力较大,油膜厚度变薄,滑靴与斜盘发生金属接触,使得斜盘内侧和外侧均出现较严重的磨损现象。

图 6.27b 所示为斜盘在 A 区域的放大图,该区域为斜盘的严重磨损区,斜盘的内侧磨损呈现出磨损发黑痕迹,而斜盘的外侧磨损则出现较为明显的磨损划痕,这与滑靴在斜盘表面的运动轨迹以及滑靴的倾覆效应有关,促使滑靴发生偏摩磨损。图 6.27c 所示为斜盘在 B 区域的放大图。斜盘在 B 区域内出现粘铜现象,该现象可以解释为滑靴处于泵的排油区时所受的正向压紧力较大,油膜厚度比较薄,滑靴与斜盘发生金属接触,导致滑靴表面的铜层发生剥落,经过滑靴与斜盘之间的相互碾压,最终铜层颗粒物被黏附在斜盘表面。

第 7 章

基于功率损失的滑靴副流固耦合传热特性

随着轴向柱塞泵高速、高压、大容量和长寿命的发展要求,滑靴副工作条件愈加恶劣。滑靴副产生大量热,导致柱塞泵的温度特性恶劣。功率损失是轴向柱塞泵发热的主要来源,与摩擦副产热机制和界面传热特征有关。结合泄漏功率损失、黏性摩擦功率损失以及油膜温升,讨论弹性形变、工况和结构参数等因素对滑靴副微观传热特性的影响,有助于理解滑靴副在工作过程中的能量转换与传递行为以及流固耦合界面的微观传热特性。

7.1　滑靴副流固耦合传热过程

当滑靴在斜盘上高速运动时,滑靴副产生一定的油液流动,产生的功率损失转换成油膜内能,引起油膜温度升高。因此,功率损失是滑靴副热量产生的主要来源。

图 7.1 所示为滑靴副热量传递示意图。油液进入滑靴油腔后,由于油液黏性耗散,产生热量导致温度升高,此时热量向周围传递。一部分热量在油液内部进行传递和交换,并以油液流动形式将热量带走,油液温度上升为 T_{out}。在滑靴、斜盘与油膜的接触面上,热量由高温物体传递给低温物体,使得滑靴和斜盘的温度升高,斜盘的传入热量为 Q_a,滑靴的传入热量为 Q_j。在固体零件与壳体内腔油液的接触表面,热量通过零件外表面向周围壳体内腔油液进行散热。

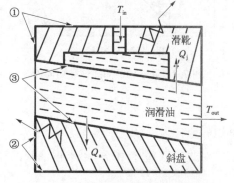

图 7.1　滑靴副热量传递示意图

根据换热表面状态和传热机制不同,滑靴副的换热面可以分为三类,见表 7.1。由此可见,在理想情况下,由于换热表面的换热强度不同,滑靴稳定运行一段时间后,滑靴副产生的热量与壳体内腔油液耗散的热量相等,达到热平衡状态,所以滑靴底面油液温度保持恒定。

表 7.1　换热面分类

标　号	说　　　　明	主要换热类型
①	滑靴外表面与壳体内腔油液的换热表面	强迫对流
②	斜盘外表面与壳体内腔油液的换热表面	自然对流
③	润滑油与滑靴、斜盘之间的换热表面	强迫对流

7.2　滑靴副流固耦合传热模型

7.2.1　滑靴副功率损失模型

滑靴底面油液受到压力差和黏性剪切作用,油液流动产生功率损失,转换成油液内能,表现为油膜温度升高,引起油液黏度下降,油膜厚度变薄,降低油膜的承载能力。图 7.2 所示为油液的径向流速和切向流速。油液的径向流速与压力流作用有关,而油液的切向流速与剪切流作用有关。由此可见,油液流动过程中,流速是影响滑靴副功率损失的主要参数。

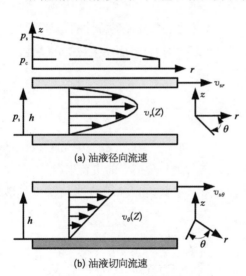

(a) 油液径向流速

(b) 油液切向流速

图 7.2　油液的径向流速和切向流速

根据简化的 N‐S 方程,在圆柱坐标系下油液的径向流速和切向流速分别为

$$\begin{cases} -\dfrac{\partial p}{\partial r} + \mu\,\dfrac{\partial v_{\mathrm{r}}}{\partial z^2} = 0 \\[2mm] \mu\,\dfrac{\partial^2 v_{\theta}}{\partial z^2} = 0 \end{cases} \tag{7.1}$$

其边界条件为 $v_r(0) = 0$, $v_r(h) = v_{\mathrm{sr}}$, $v_\theta(0) = 0$, $v_\theta(h) = v_{s\theta}$。

对式(7.1)进行积分,可求得油膜的径向流速和切向流速分别为

$$\begin{cases} v_r = \dfrac{1}{2\mu}\,\dfrac{\partial p}{\partial r}(z^2 - zh) + \dfrac{v_{\mathrm{sr}}}{h}z \\[2mm] v_\theta = \dfrac{1}{2\mu}(z^2 - zh) + \dfrac{v_{s\theta}}{h}z \end{cases} \tag{7.2}$$

油膜的径向应力和切向应力分别为

126

液压柱塞泵热分析基础理论及应用

$$\begin{cases} \tau_r = \dfrac{\partial p}{\partial r}\dfrac{h}{2} + \mu\dfrac{v_{sr}}{h} \\[3mm] \tau_\theta = \dfrac{\partial p}{r\partial \theta}\dfrac{h}{2} + \mu\dfrac{v_{s\theta}}{h} \end{cases} \tag{7.3}$$

滑靴副油膜因剪切流作用产生的黏性摩擦功率损失为

$$W_{s1} = \int_0^{2\pi}\int_{r_0}^{R}(v_r\tau_r + v_\theta\tau_\theta)2\pi r\,\mathrm{d}r\,\mathrm{d}\theta \tag{7.4}$$

式中，W_{s1} 为黏性摩擦功率损失。

滑靴副油膜因压差流作用产生的泄漏功率损失为

$$W_{s2} = (p_s - p_c)\int_0^{2\pi}\int_0^{h}v_r R\,\mathrm{d}z\,\mathrm{d}\theta \tag{7.5}$$

式中，W_{s2} 为泄漏流量功率损失；p_s 为滑靴中心油腔压力；p_c 为壳体油腔压力。

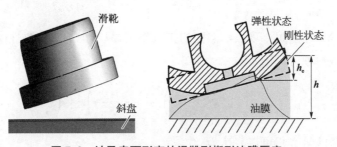

实际工况下，滑靴受到柱塞腔的正向压紧力较大，滑靴与斜盘发生相互接触，接触区的正应力分布可能引起局部弹性变形，改变滑靴底面油膜厚度，影响油膜的流动速度和剪切应力。图 7.3 所示为计及表面形变的滑靴副楔形油膜厚度。虚线为滑靴处于刚性状态，实线为滑靴处于弹性状态。在倾覆力矩作用下，滑靴相对于斜盘发生倾覆，促使滑靴和斜盘之间形成楔形油膜。

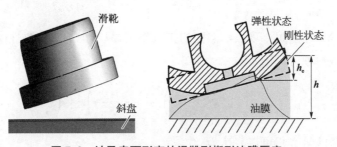

图 7.3　计及表面形变的滑靴副楔形油膜厚度

考虑滑靴弹性变形的影响，式(6.23)可以改写成

$$h(r, \theta) = \frac{r\cos\theta}{3R}(2h_1 - h_2 - h_3) + \frac{r\sin\theta}{\sqrt{3}R}(h_2 - h_3) + \frac{1}{3}(h_1 + h_2 + h_3) + h_e \tag{7.6}$$

式中，h_e 为弹性变形。

其中，滑靴底面任意一点的弹性形变可表示为

$$h_e = \frac{4(1 - v_e^2)R}{\pi h_0}\int_{r_0}^{R}\int_0^{\frac{\pi}{2}}\frac{p}{E\sqrt{1 - k^2\sin^2\theta}}\,\mathrm{d}\theta\,\mathrm{d}r \tag{7.7}$$

式中,E 为弹性模量;k 为任意受力点与变形点之间的半径比;ν_e 为泊松比。

7.2.2 滑靴副微观传热模型

滑靴副在工作过程中,润滑油膜受到摩擦黏滞作用而发热,促使油膜温度升高,其中一部分热量通过对流换热方式进入滑靴,引起滑靴温度升高。由于式(6.29)中油膜压力控制方程包含油液的黏性项,油液的黏度受到温度的影响比较显著,所以需要建立滑靴副的油膜能量方程。考虑油膜温度边界条件的影响,忽略黏性耗散作用的稳态低速流,则油膜的三维能量方程为

$$\rho c_p V \cdot \nabla T = \nabla \cdot (\lambda \nabla T) + \mu \Phi_D \tag{7.8}$$

式(7.8)等号左边表示因油膜速度变化所产生的热能,考虑瞬态温度的影响,引入温度随时间的变化项,因此等号左侧项可以表达为

$$\rho c_p V \cdot \nabla T = \rho c_p \left(\frac{\partial T}{\partial t} + v_r \frac{\partial T}{\partial r} + v_\theta \frac{\partial T}{\partial \theta} \right) \tag{7.9}$$

根据傅里叶传热定律,式(7.8)等号右边第一项代表流体中的热传导作用,可以表达为

$$\nabla \cdot (\lambda \nabla T) = \lambda \left(\frac{\partial^2 T}{\partial r^2} + \frac{\partial^2 T}{\partial \theta^2} + \frac{\partial^2 T}{\partial z^2} \right) \tag{7.10}$$

式(7.8)等号右边第二项表示热能的扩散作用,只考虑油膜纯黏性摩擦对油液温度的影响,因此该源项方程满足

$$\Phi_D = \left(\frac{\partial v_r}{\partial z} \right)^2 + \left(\frac{\partial v_\theta}{\partial z} \right)^2 + \frac{4}{3} \left(\frac{v_r}{r} \right)^2 + \left(\frac{v_\theta}{r} \right)^2 \tag{7.11}$$

综上所述,油膜能量方程可以表达为

$$c_p \rho \left(\frac{\partial T}{\partial t} + v_r \frac{\partial T}{\partial r} + v_\theta \frac{\partial T}{\partial \theta} \right)$$
$$= \lambda_o \left(\frac{\partial^2 T}{\partial r^2} + \frac{\partial^2 T}{\partial \theta^2} + \frac{\partial^2 T}{\partial z^2} \right) + \mu \left[\left(\frac{\partial v_r}{\partial z} \right)^2 + \left(\frac{\partial v_\theta}{\partial z} \right)^2 + \frac{4}{3} \left(\frac{v_r}{r} \right)^2 + \left(\frac{v_\theta}{r} \right)^2 \right] \tag{7.12}$$

式中,λ_o 为油液热传导系数;T 为油膜温度;c_p 为油液的比热容;z 为高度。

油膜能量方程的热边界条件如下:图 7.4 所示为滑靴副的热边界条件。油膜的径向温度边界主要集中在滑靴中心油腔,为入口油液温度,其表达式为

$$T \mid_{\Gamma = \Gamma_1} = T_{in} \mid_{r = r_0} \tag{7.13}$$

液压柱塞泵热分析基础理论及应用

式中，Γ_1 为滑靴中心油腔与密封带的边界面；T_{in} 为入口油液温度。

油膜的周向温度边界为油膜与壳体内腔油液的耦合界面，其表达式为

$$\frac{\partial T}{\partial r}\Big|_{\Gamma = \Gamma_2} = \frac{k_0}{h}(T - T_c)\Big|_{r=R} \quad (7.14)$$

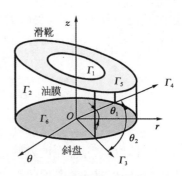

图 7.4　滑靴副的热边界条件

式中，Γ_2 为油膜与壳体内腔油液的接触面；k_0 为油液换热系数；T_c 为壳体回油温度。

油膜在圆周方向上的热量传递过程可以看作连续热流传导过程，其表达式为

$$\frac{\partial T}{\partial \theta}\Big|_{\Gamma = \Gamma_3 = \Gamma_4} = \frac{\partial T}{\partial \theta}\Big|_{\theta_1 = 0} = \frac{\partial T}{\partial \theta}\Big|_{\theta_2 = 2\pi} \quad (7.15)$$

式中，Γ_3 为 θ_1 处油膜界面；Γ_4 为 θ_2 处油膜界面。

由于滑靴副的一部分热量通过对流换热的形式进入滑靴和斜盘，所以需要求解描述滑靴与斜盘的固体热传导方程。在实际工况下，滑靴与斜盘的内部无热源，且只考虑稳态传热过程，则固体热传导方程可简化为

$$\begin{cases} \dfrac{1}{r}\dfrac{\partial T_s}{\partial r} + \dfrac{\partial^2 T_s}{\partial r^2} + \dfrac{1}{r^2}\dfrac{\partial^2 T_s}{\partial \theta^2} + \dfrac{\partial^2 T_s}{\partial z^2} = 0 \\[3mm] \dfrac{1}{r}\dfrac{\partial T_{sp}}{\partial r} + \dfrac{\partial^2 T_{sp}}{\partial r^2} + \dfrac{1}{r^2}\dfrac{\partial^2 T_{sp}}{\partial \theta^2} + \dfrac{\partial^2 T_{sp}}{\partial z^2} = 0 \end{cases} \quad (7.16)$$

式中，T_s 为滑靴温度；T_{sp} 为斜盘温度。

由于滑靴、斜盘与油膜之间的交界面都采用对流换热边界条件，如图 7.4 所示，所以滑靴的热边界条件为

1）滑靴中心油腔与油膜的接触面

$$\frac{\partial T_s}{\partial r}\Big|_{\Gamma = \Gamma_1} = k_1(T_{in} - T_s)\Big|_{r=r_0} \quad (7.17)$$

式中，k_1 为滑靴导热系数。

2）滑靴外径与壳体油液的接触面

$$\frac{\partial T_s}{\partial r}\Big|_{\Gamma = \Gamma_2} = \frac{k_1}{h}(T_s - T_c)\Big|_{r=R} \quad (7.18)$$

3）滑靴密封带与油膜的接触面

$$\frac{\partial T_s}{\partial z}\Big|_{\Gamma = \Gamma_5} = \frac{k_1}{h}(T_s - T_f)\Big|_{\Gamma = \Gamma_5} \quad (7.19)$$

式中，Γ_5 为滑靴密封带与油膜的接触面。

斜盘的热边界条件为

$$\frac{\partial T_{sp}}{\partial z}\bigg|_{\Gamma=\Gamma_6} = \frac{k_2}{h}(T_{sp}-T)\bigg|_{\Gamma=\Gamma_6} \tag{7.20}$$

式中，Γ_6 为斜盘与油膜的接触面；k_2 为斜盘导热系数。

另外，以 32 号液压油为例，在常压工况下，由于压力对油液黏度的影响比较小，所以只考虑温度对油液黏度的影响，见表 7.2，油液的黏温表达式为

$$\mu = 0.092e^{-0.031T_f} \tag{7.21}$$

表 7.2 不同温度下液压油的黏度

油液温度(℃)	20	30	40	50	60	75
油液黏度($\times 10^{-2}$ Pa·s)	6.75	4.19	7.19	2.21	1.57	1.21

7.3 模型方程的离散化及求解方法

7.3.1 能量方程的离散化处理

油膜能量方程是一个椭圆形偏微分方程，包含非稳态项、对流项、扩散项和源项，属于非稳态对流扩散问题，不可能求出该方程的解析解。因此，本节采用有限体积法对能量方程进行离散化处理，将偏微分方程转化为代数方程组。如图 6.7 所示的计算区域，对式(7.8)的两端进行积分，其表达式为

$$\int_V [\rho c_p V \cdot \nabla T - \nabla \cdot (\lambda \nabla T)] dV = \int_V \mu \Phi_D dV \tag{7.22}$$

同时，利用高斯定理将式(7.22)的体积分转化成该区域闭合曲面上的面积分，其表达式为

$$\int_A [\rho c_p V \cdot T - (\lambda \nabla T)] dA = \int_V \mu \Phi_D dV \tag{7.23}$$

将式(7.23)进行结构化网格划分，则控制体单元的温度梯度可表示为

$$\sum_i \rho c_p (V_i T_i) A_i - \sum_i \lambda_i (\nabla T)_i A_i = \mu \Phi_D \Delta V \tag{7.24}$$

假设油膜控制体的导热系数处于稳定状态，在单位时间内油膜控制体的总能量增量表示为

$$\rho c_{\mathrm{p}} v_{\theta} r \Delta\theta\Delta z(T_{\mathrm{e}} - T_{\mathrm{w}}) + \rho c_{\mathrm{p}} v_{r} \Delta r \Delta z(T_{\mathrm{n}} - T_{\mathrm{s}})$$

$$= \frac{\lambda}{r}\left(\frac{\partial T}{\partial\theta}\right)_{\mathrm{e}}\Delta r\Delta z - \frac{\lambda}{r}\left(\frac{\partial T}{\partial\theta}\right)_{\mathrm{w}}\Delta r + \cdots - \lambda\left(\frac{\partial T}{\partial\theta}\right)_{\mathrm{n}}r\Delta\theta - \lambda\left(\frac{\partial T}{\partial\theta}\right)_{\mathrm{s}}r\Delta\theta + \mu\Phi_{\mathrm{D}}\Delta V$$

$$(7.25)$$

根据油膜体内能增量的离散化方程,单位时间内油膜控制体的导热系数为

$$\alpha_{\mathrm{p}} = \alpha_{\mathrm{e}} + \alpha_{\mathrm{w}} + \alpha_{\mathrm{n}} + \alpha_{\mathrm{s}} + \frac{\rho r \Delta r \Delta\theta}{t} \qquad (7.26)$$

单位时间内油膜控制体的源项表示为

$$b = \frac{\mu}{c_{\mathrm{p}}}\left[\left(\frac{\partial v_{r}}{\partial z}\right)^{2} + \left(\frac{\partial v_{\theta}}{\partial z}\right)^{2} + \frac{4}{3}\left(\frac{v_{r}}{r}\right)^{2} + \left(\frac{v_{\theta}}{r}\right)^{2}\right]r\Delta r\Delta\theta + \alpha_{\mathrm{p}}^{0}T_{0} \quad (7.27)$$

将通过界面的流量 F 以及界面的扩散系数(扩导)D 定义为

$$\begin{cases} F_{\theta} = \rho c_{\mathrm{p}} v_{\theta} r \Delta\theta\Delta z, \ F_{r} = \rho c_{\mathrm{p}} v_{r} \Delta r \Delta z \\ D_{\mathrm{e}} = \frac{\lambda}{r}\frac{\Delta r}{(\delta\theta)_{\mathrm{e}}}, \ D_{\mathrm{w}} = \frac{\lambda}{r}\frac{\Delta r}{(\delta\theta)_{\mathrm{w}}} \\ D_{\mathrm{n}} = \lambda\frac{r\Delta\theta}{(\delta r)_{\mathrm{n}}}, \ D_{\mathrm{s}} = \lambda\frac{r\Delta\theta}{(\delta r)_{\mathrm{s}}} \end{cases} \qquad (7.28)$$

油膜体内能增量离散化方程的各个节点导热系数为

$$\begin{cases} \alpha_{\mathrm{e}} = D_{\mathrm{e}}A\left(\left|\frac{F_{\mathrm{e}}}{D_{\mathrm{e}}}\right|\right) + \max(-F_{\theta},\ 0) \\ \alpha_{\mathrm{w}} = D_{\mathrm{w}}A\left(\left|\frac{F_{\mathrm{w}}}{D_{\mathrm{w}}}\right|\right) + \max(F_{\theta},\ 0) \\ \alpha_{\mathrm{n}} = D_{\mathrm{n}}A\left(\left|\frac{F_{\mathrm{n}}}{D_{\mathrm{n}}}\right|\right) + \max(-F_{r},\ 0) \\ \alpha_{\mathrm{s}} = D_{\mathrm{s}}A\left(\left|\frac{F_{\mathrm{s}}}{D_{\mathrm{s}}}\right|\right) + \max(F_{r},\ 0) \end{cases} \qquad (7.29)$$

联立式(7.26)~式(7.29),采用有限体积法全隐模式对能量方程进行离散化

$$\alpha_{\mathrm{p}}T_{\mathrm{p}} = \alpha_{\mathrm{e}}T_{\mathrm{e}} + \alpha_{\mathrm{w}}T_{\mathrm{w}} + \alpha_{\mathrm{s}}T_{\mathrm{s}} + \alpha_{\mathrm{n}}T_{\mathrm{n}} + b \qquad (7.30)$$

7.3.2 固体热传导方程的离散化处理

本节采用质量守恒的七点差分法对式(7.16)进行离散化处理。因此,将式(7.16)改写成拉普拉斯方程的一般格式为

$$\Delta T = \frac{1}{r}\frac{\partial T}{\partial r} + \frac{\partial^2 T}{\partial r^2} + \frac{1}{r^2}\frac{\partial^2 T}{\partial \theta^2} + \frac{\partial^2 T}{\partial z^2} = 0 \tag{7.31}$$

在圆柱坐标系下,滑靴密封带的计算区域获取等间距的结构化网格,$\Delta z = k_1$, $\Delta r = k_2$, $\Delta \theta = k_3$。同时,在控制体单元中任意取一点 (z_0, r_0, θ_0),将式(7.31)在该点 (z_0, r_0, θ_0) 处构造泰勒级数的三阶展开式。

(1)拉普拉斯方程沿 z 方向的展开式为

$$\begin{cases} T_{(z_0-k_1, r_0, \theta_0)} = T_1 = T_0 - \left(\frac{\partial T}{\partial z}\right)_0 k_1 + \frac{1}{2}\left(\frac{\partial^2 T}{\partial z^2}\right)_0 (k_1)^2 - \frac{1}{6}\left(\frac{\partial^3 T}{\partial z^3}\right)(k_1)^3 + \cdots \\[2mm] T_{(z_0+k_1, r_0, \theta_0)} = T_2 = T_0 + \left(\frac{\partial T}{\partial z}\right)_0 k_1 + \frac{1}{2}\left(\frac{\partial^2 T}{\partial z^2}\right)_0 (k_1)^2 + \frac{1}{6}\left(\frac{\partial^3 T}{\partial z^3}\right)(k_1)^3 + \cdots \end{cases} \tag{7.32}$$

(2)拉普拉斯方程沿 r 方向的展开式为

$$\begin{cases} T_{(z_0, r_0-k_2, \theta_0)} = T_3 = T_0 - \left(\frac{\partial T}{\partial r}\right)_0 k_2 + \frac{1}{2}\left(\frac{\partial^2 T}{\partial r^2}\right)_0 (k_2)^2 - \frac{1}{6}\left(\frac{\partial^3 T}{\partial r^3}\right)(k_2)^3 + \cdots \\[2mm] T_{(z_0, r_0+k_2, \theta_0)} = T_4 = T_0 + \left(\frac{\partial T}{\partial r}\right)_0 k_2 + \frac{1}{2}\left(\frac{\partial^2 T}{\partial r^2}\right)_0 (k_2)^2 + \frac{1}{6}\left(\frac{\partial^3 T}{\partial r^3}\right)(k_2)^3 + \cdots \end{cases} \tag{7.33}$$

(3)拉普拉斯方程沿 θ 方向的展开式为

$$\begin{cases} T_{(z_0, r_0, \theta_0+k_3)} = T_5 = T_0 + \left(\frac{\partial T}{\partial \theta}\right)_0 k_3 + \frac{1}{2}\left(\frac{\partial^2 T}{\partial \theta^2}\right)_0 (k_3)^2 + \frac{1}{6}\left(\frac{\partial^3 T}{\partial \theta^3}\right)(k_3)^3 + \cdots \\[2mm] T_{(z_0, r_0, \theta_0-k_3)} = T_6 = T_0 - \left(\frac{\partial T}{\partial \theta}\right)_0 k_3 + \frac{1}{2}\left(\frac{\partial^2 T}{\partial \theta^2}\right)_0 (k_3)^2 - \frac{1}{6}\left(\frac{\partial^3 T}{\partial \theta^3}\right)(k_3)^3 + \cdots \end{cases} \tag{7.34}$$

由式(7.32)~式(7.34)可得

$$\begin{cases} \left(\frac{\partial^2 T}{\partial z^2}\right)_0 = \frac{1}{k_1^2}T_1 + \frac{1}{k_1^2}T_2 - \frac{2}{k_1^2}T_0 + O(k_1^2) \\[3mm] \left(\frac{\partial^2 T}{\partial r^2}\right)_0 = \frac{1}{k_2^2}T_3 + \frac{1}{k_2^2}T_4 - \frac{2}{k_2^2}T_0 + O(k_2^2) \\[3mm] \left(\frac{1}{r}\frac{\partial T}{\partial r}\right)_0 = -\frac{1}{2r_0 k_2}T_3 + \frac{1}{2r_0 k_2}T_4 + O(k_2^2) \\[3mm] \left(\frac{1}{r^2}\frac{\partial^2 T}{\partial \theta^2}\right)_0 = \frac{1}{r_0^2 k_3^2}T_5 + \frac{1}{r_0^2 k_3^2}T_6 - \frac{2}{r_0^2 k_3^2}T_0 + O(k_3^2) \end{cases} \tag{7.35}$$

式中，$O(k_1^2)$、$O(k_2^2)$、$O(k_3^2)$分别为k_1、k_2和k_3的高阶小量。

将式(7.35)代入圆柱坐标系下三维拉普拉斯方程的七点差分公式为

$$C_1 T_1 + C_2 T_2 + C_3 T_3 + C_4 T_4 + C_5 T_5 + C_6 T_6 = C_0 T_0 \qquad (7.36)$$

其中 $\qquad C_1 = C_2 = k^{-2}$, $C_3 = k^{-2}(1 - 2k_2 r_0)$, $C_4 = k^{-2}(1 + 2k_2 r_0)$,

$$C_5 = C_6 = r_0^{-2} k_3^{-2}, \ C_0 = C_1 + C_2 + C_3 + C_4$$

因此，将式(7.36)改写成离散化的固体热传导方程如下。

(1) 离散化的滑靴热传导方程

$$C_1 \left(T_s\right)_{z_0-k_1, r_0, \theta_0} + C_2 \left(T_s\right)_{z_0+k_1, r_0, \theta_0} + C_3 \left(T_s\right)_{z_0, r_0-k_2, \theta_0} + C_4 \left(T_s\right)_{z_0, r_0+k_2, \theta_0}$$
$$+ C_5 \left(T_s\right)_{z_0, r_0, \theta_0+k_3} + C_6 \left(T_s\right)_{z_0, r_0, \theta_0-k_3} = C_0 T_0 \qquad (7.37)$$

(2) 离散化的斜盘热传导方程

$$C_1 \left(T_{sp}\right)_{z_0-k_1, r_0, \theta_0} + C_2 \left(T_{sp}\right)_{z_0+k_1, r_0, \theta_0} + C_3 \left(T_{sp}\right)_{z_0, r_0-k_2, \theta_0} + C_4 \left(T_{sp}\right)_{z_0, r_0+k_2, \theta_0}$$
$$+ C_5 \left(T_{sp}\right)_{z_0, r_0, \theta_0+k_3} + C_6 \left(T_{sp}\right)_{z_0, r_0, \theta_0-k_3} = C_0 T_0 \qquad (7.38)$$

7.3.3　离散方程的数值求解

式(7.30)、式(7.37)和式(7.38)为离散化的线性代数方程组，可以通过超松弛(successive over relaxation，SOR)迭代法解法求解上述方程组，选取合适的超松弛因子，其收敛性和收敛速度都优于前面所述的迭代方法。因此，能量方程和固体热传导方程的 SOR 格式为

1) 能量方程

$$T_p^n = T_p^{n-1} + \alpha_{SOR}\left[\left(\sum_{i=1}^n a_i T_i + b\right)/a_p - T_p^{n-1}\right] \qquad (7.39)$$

2) 固体热传导方程

$$(T_s)_{z_0, r_0, \theta_0}^{n+1} = (1 - \alpha_{SOR})(T_s)_{z_0, r_0, \theta_0}^n$$
$$- \frac{\alpha_{SOR}}{C_0}\begin{bmatrix} C_1 (T_s)_{z_0-k_1, r_0, \theta_0}^n + C_2 (T_s)_{z_0+k_1, r_0, \theta_0}^{n+1} + C_3 (T_s)_{z_0, r_0-k_2, \theta_0}^n + \\ C_4 (T_s)_{z_0, r_0+k_2, \theta_0}^{n+1} + C_5 (T_s)_{z_0, r_0, \theta_0+k_3}^n + C_6 (T_s)_{z_0, r_0, \theta_0-k_3}^{n-1} \end{bmatrix}$$

$$(7.40)$$

$$(T_{sp})_{z_0, r_0, \theta_0}^{n+1} = (1 - \alpha_{SOR})(T_s)_{z_0, r_0, \theta_0}^n$$
$$- \frac{\alpha_{SOR}}{C_0}\begin{bmatrix} C_1 (T_{sp})_{z_0-k_1, r_0, \theta_0}^n + C_2 (T_{sp})_{z_0+k_1, r_0, \theta_0}^{n+1} + C_3 (T_{sp})_{z_0, r_0-k_2, \theta_0}^n + \\ C_4 (T_{sp})_{z_0, r_0+k_2, \theta_0}^{n+1} + C_5 (T_{sp})_{z_0, r_0, \theta_0+k_3}^n + C_6 (T_{sp})_{z_0, r_0, \theta_0-k_3}^{n-1} \end{bmatrix}$$

$$(7.41)$$

式中，α_{SOR}为超松弛因子。

7.4　滑靴副功率损失计算与实验

7.4.1　油膜温度的计算

图 7.5 所示为滑靴副流固耦合传热特性的计算流程图。该流程图包含油膜厚度、压力以及温度的计算模块。其中,油膜厚度和压力的计算模块,已经在第 6 章进行详细介绍,在此不再赘述。油膜温度的计算模块,具体计算步骤如下:① 计算油液的流速和剪切应力;② 计算滑靴副的功率损失;③ 超松弛迭代法求解能量方程和固体热传导方程,分别计算油膜温度和固体表面温度,直至节点温度的计算残差小于 0.001,满足数值计算的收敛条件。

液压柱塞泵热分析基础理论及应用

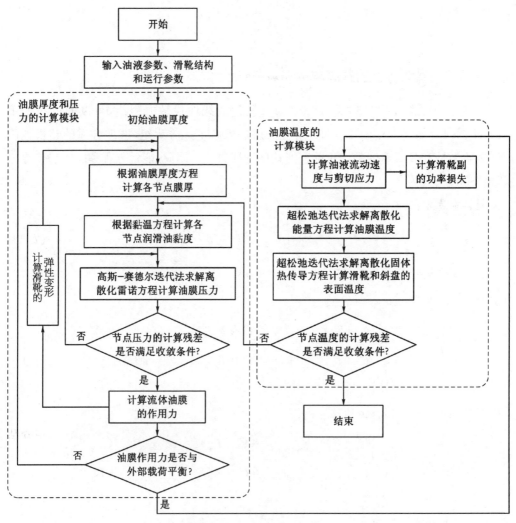

图 7.5　滑靴副流固耦合传热特性的计算流程图

7.4.2　功率损失实验方法

滑靴副泄漏功率损失实验的具体步骤如下：① 环境温度为室温，进油口温度为(50±4)℃，进口压力 0.06～0.2 MPa，回油压力不大于 0.18 MPa，出口压力为管阻压力；② 当主轴转速分别为 1 500 r/min 和 2 000 r/min 时，柱塞泵的工作压力分别为5 MPa、10 MPa、15 MPa、21 MPa，分别测量柱塞泵的泄漏流量；③ 当斜盘倾角为 0°时，根据上述②所给出的各压力点，分别测量柱塞泵的泄漏流量；④ 当斜盘倾角为 16°时，根据上述②所给出的各压力点，分别测量柱塞泵的泄漏流量；⑤ 由于吸排油过程中滑靴副的泄漏功率可以近似等于此时泵的泄漏功率减去未吸排油时泵的泄漏功率，所以通过③和④所测量的泄漏流量，换算成泄漏功率损失，两者数据求差，获得滑靴副的泄漏功率损失。

滑靴副黏性摩擦功率损失实验的具体步骤如下：当柱塞泵的工作压力分别为 7.5 MPa 和 10 MPa，且转速从 1 000 r/min 升高到 2 000 r/min 时，分别测量斜盘倾角为 0°和 16°时液压泵的实际输入扭矩，分别与柱塞泵的理论扭矩相减，并换算成实际摩擦功率损失，两组数据求差，获得吸排油过程中滑靴副的摩擦功率损失。

7.4.3　滑靴副功率损失特征

图 7.6 所示为不同工况下滑靴副的功率损失与实验结果对比。图 7.6a 所示为泄漏功率损失与实验结果对比。当主轴转速为 2 000 r/min，且柱塞腔压力从 5 MPa 升高到 21 MPa 时，实际泄漏功率损失从 2.5 W 增加到 30.5 W，而九个滑靴的理论功率损失从 1.3 W 增加到 9.45 W。当柱塞腔压力为 15 MPa，且主轴转速从 1500 r/min 升高到 2 000 r/min 时，实际泄漏功率损失从 11.7 W 增加到 15.1 W，与理论结果相比，增加幅度为 6.5～9.2 W。这些特征说明滑靴副泄漏功率损失随主轴转速和柱塞腔压力增大而增大，降低柱塞泵的容积效率。其次，随着柱塞腔压力的增大，实验结果与理论结果的偏差逐渐增大，其原因是在高压高速工况下，斜盘倾角为 16°时所测量泵的泄漏流量与斜盘倾角为 0°时所测量的泄漏流量之间的差值包含了柱塞副的泄漏流量，对滑靴副的泄漏功率计算产生误差，导致吸排油过程中滑靴副的实际泄漏流量偏大。

图 7.6b 所示为黏性摩擦功率损失与实验结果对比。当柱塞腔压力为 10 MPa，且主轴转速从 1 000 r/min 升高到 2 000 r/min 时，实际黏性摩擦功率从 82 W 增加到162 W，增加幅度为 80 W，而理论黏性摩擦功率从 71.3 W 增加到 154 W，变化趋势基本相同，但是数值存在差异，其原因是实际摩擦功率损失包含滚动轴承和滑靴球铰处的摩擦功率损失，导致测试结果存在一定的误差。当主轴转速为 1 500 r/min，且柱塞腔压力从 7.5 MPa 升高到 10 MPa 时，理论滑靴副黏性摩擦功率损失从 88.6 W 增加到92.3 W，与理论结果相比，数值相差 4.4～15.7 W，这些特征说明滑靴副黏性摩擦功率

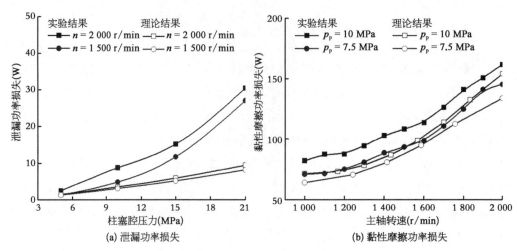

图 7.6 不同工况下滑靴副的功率损失与实验结果的对比

损失随柱塞腔压力的增大而增大,降低轴向柱塞泵的机械效率。与图 7.6a 相比,可知黏性摩擦功率损失是滑靴副功率损失的主要来源,且主轴转速的升高对滑靴副黏性摩擦功率损失的影响较为显著。

7.4.4 油膜温度的分布特征

油膜温度场是滑靴副油膜特性的一个重要评价指标,直观地表示了油液能量耗散,是滑靴副摩擦磨损分布和强度的直接衡量标准。由于柱塞泵的壳体内腔结构紧凑,内部旋转部件众多,所以在其内部布置温度传感器一直是个难题。因此,本节没有采用直接测量方法获取相关的油膜温度数据,而是采用比较分析方法验证滑靴副微观传热模型的正确性,首先将滑靴副油膜温度进行了求解,并将计算结果与 Kazama 的实验结果进行比较,分析油膜温度的分布特征。

图 7.7 所示为整个工作周期下滑靴副油膜温度场。当滑靴处于泵的排油区时,滑靴所受的正向压紧力较大,滑靴两侧的油膜压力差较小,促使滑靴的倾覆角度减小,导致油膜温度沿滑靴半径方向的递减梯度降低,油膜温度为 $47.5 \sim 50℃$。其中,颜色较深处为最高油膜温度,说明该区域的油膜厚度最小,容易发生偏摩磨损,而颜色较浅处为滑靴边缘,其原因是油膜与滑靴副之间进行对流换热,油膜温度沿半径方向存在温度差,但是滑靴中心油腔与边缘处的温度差不超过 $2.5℃$。当滑靴处于泵的吸油区时,滑靴所受的正向压紧力减小,增强滑靴的动压效应,增大滑靴的倾覆角度,增加油液流速,此时油膜温度沿半径方向的温差增大,滑靴边缘处的油膜温度为 $46℃$。这些特征表明滑靴副的泄漏流量和黏性摩擦随柱塞腔压力的减小而降低,促使功率损失降低,油液的内能减小,表现为油膜温度降低。

图 7.8 所示为滑靴副油膜温度与 Kazama 实验结果的比较。从图 7.8 可知,在相同工况($p_p = 20$ MPa,$n = 1\ 600$ r/min)下,理论油膜温度随缸体转角呈周期性变化,

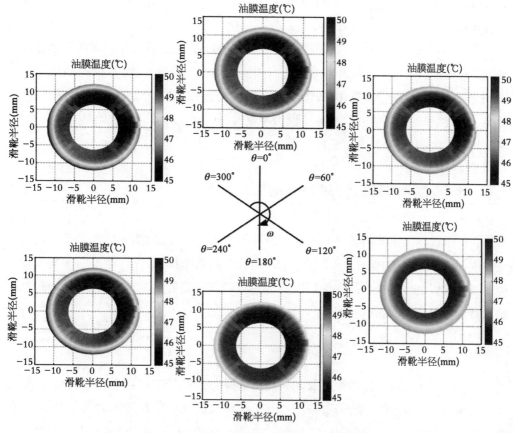

图 7.7　整个工作周期下滑靴副油膜温度场

与 Kazama 实验结果的变化趋势接近，数值相差为 0.1～0.3℃，其原因是 Kazama 采用剩余压紧力法设计了一个斜盘转动而缸体固定的柱塞泵简易装置，这个装置的缺点是滑靴因随缸体固定不动而缺少离心力，无法反映滑靴倾覆角度对油膜温升的影响，导致油膜温度趋于平滑，温度波动范围较小，而本节所建立的数学模型考虑了滑靴倾覆运动的影响，对压力控制方程进行了修正，计算结果优于前者。当滑靴处于泵的排油区时，油液温度从 46℃上升到 50℃，这说明滑靴所受的正向压紧力增大，滑靴因泄漏和黏性摩擦产生的功耗损失增大，引起油液温度升高。当滑靴处于泵的吸油区时，油液温度从 50℃下降到 46℃，这说明

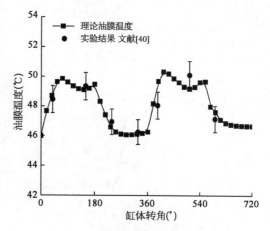

**图 7.8　滑靴副油膜温度与 Kazama
实验结果的比较**

滑靴所受的正向压紧力减小,滑靴的倾覆角度随油液动压效应增强而急剧增加,导致滑靴持续处于不稳定承载状态,油膜厚度增大,引起功耗损失降低,表现为油液温度降低。与文献[40]相比,理论油膜温度的波动趋势更加显著,尤其滑靴处于泵的吸排油过渡区时,油膜温度下降4℃,其原因是滑靴底面油液的附加压力场增大,油液的动压效应增强,油膜厚度增大,油液流速增加,促使油液黏性耗散所产生的热量绝大部分被润滑油带走,导致油膜温度下降。这些特征说明滑靴的动压效应与滑靴副功耗损失密切相关,影响油膜温度的变化趋势,应予以重视。

7.5 滑靴副流固耦合传热特性的影响因素

在以滑靴副为主体的热量产生及热传导系统中,滑靴副的功率损失全部转换成油液内能,表现为油膜温度升高。因此,本节结合泄漏功率损失、黏性摩擦功率损失以及油膜温升等微观传热特性的评价指标,分析弹性形变、载荷工况、结构参数等因素对滑靴副微观传热特性的影响机制。

7.5.1 滑靴表面弹性形变的影响

图 7.9 所示为滑靴副泄漏流量和泄漏功率损失。从图 7.9a 可以明显看出,滑靴处于泵的排油区时,滑靴所受的正向压紧力较大,滑靴底面形成较大的油膜压力场,引起油液流速增加,导致泄漏流量增大,泄漏流量为 0.003 1 L/min。滑靴处于泵的吸油区时,滑靴所受的正向压紧力减小,泄漏流量为 0.000 5 L/min。如果滑靴发生弹性变形,滑靴底面油膜的挤压承载效应呈现为不稳定状态,无法形成均匀的油膜厚度,导致泄漏流量增加。相比于刚性滑靴,弹性变形对滑靴副泄漏流量的影响较小,泄漏流量的增加

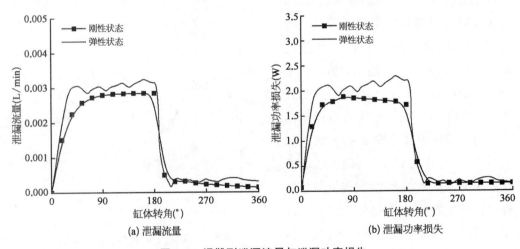

图 7.9 滑靴副泄漏流量与泄漏功率损失

量为 0.001 L/min。图 7.9b 所示为单个滑靴的泄漏功率损失。当滑靴处于泵的排油区时,弹性状态下滑靴副泄漏功率损失为 1.93~2.3 W,明显高于刚性滑靴,两者的数值相差 0.04~0.55 W,原因可能是式(7.6)中的弹性变形项不为零,引起式(7.2)中的油液径向流速项增大,导致滑靴副泄漏功率损失因泄漏流量的增加而增大,影响柱塞泵的容积效率。

  图 7.10 所示为滑靴副摩擦力矩和黏性摩擦功率损失。从图 7.10a 可以看出,滑靴处于泵的排油区时,弹性形变对滑靴副摩擦力矩的影响小于刚性滑靴的影响,且摩擦力矩存在较小的幅度波动,其原因是油膜厚度随滑靴表面弹性变形的增加而增大,导致式(7.3)中的油膜的剪切应力因油膜厚度项的增大而减小,黏性摩擦力降低,摩擦力矩随之减小。同时,弹性状态下滑靴底面油膜厚度受到柱塞腔压力的影响比较显著,容易引起摩擦力矩产生波动,导致滑靴的承载稳定性降低。当滑靴处于泵的吸油区时,摩擦力矩因滑靴所受的正向压紧力减小而降低,与刚性滑靴相比,弹性状态下滑靴副摩擦力矩为 0.25 N·m,两者的摩擦力矩近似相等。图 7.10b 所示为滑靴副黏性摩擦功率损失。当滑靴处于泵的排油区时,弹性状态下滑靴副黏性摩擦功率损失为 228.5~240.3 W,略低于刚性滑靴,两者的数值相差 0.8~9.3 W,原因可能是油膜的剪切应力因油膜厚度变小而增大,导致黏性摩擦功率损失增加。与刚性滑靴相比,弹性变形状态下滑靴底面容易形成较大的油膜厚度,但是油膜的承载稳定性较差,降低油膜的剪切应力,导致黏性摩擦功率损失呈现振荡波动趋势。当滑靴处于泵的吸油区时,滑靴表面的弹性变形因油膜压力的减小而降低,且油膜的剪切应力和径向流速随柱塞腔压力的减小而降低,导致黏性摩擦功率损失从 235 W 减小到 168 W,两者的数值略有不同。与图 7.9b 相比,在相同工况下,滑靴因油膜剪切造成的功率损失要远大于滑靴因压差泄漏造成的功率损失,这说明滑靴副功率损失以黏性摩擦为主,在柱塞泵的功率损失中所占比例较大,影响柱塞泵的机械效率。

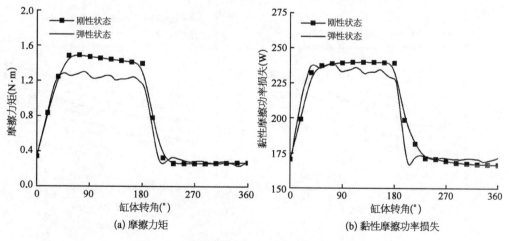

(a) 摩擦力矩   (b) 黏性摩擦功率损失

图 7.10 滑靴副摩擦力矩与黏性摩擦功率损失

图 7.11 所示为滑靴弹性形变对油膜温度的影响。由图 7.11 可知，无论滑靴是否处于弹性状态，滑靴底面油膜温升随缸体转角呈周期性变化，变化趋势相同，但数值略有差别，主要区别集中在泵的排油区。与刚性滑靴相比，弹性滑靴处于泵的排油区时，最高油膜温度为 49.7℃，小于刚性滑靴对油膜温度的影响，两者温度相差 0.3℃，其原因是弹性形变加剧了滑靴底面形成不均匀的油膜厚度，导致泄漏流量增加，但是泄漏功率损失的增量较小，而油液剪切应力因油膜厚度增大而降低，在某种程度上抑制黏性摩擦功率损失增加，油膜厚度增大带来的黏性摩擦功率损失减小弥补了泄漏功率损失的增加量，导致油膜温度降低，这也说明本节方法考虑了滑靴弹性形变的影响，对功率损失方程和微观传热方程进行了修正，计算方法更符合实际工况的要求。

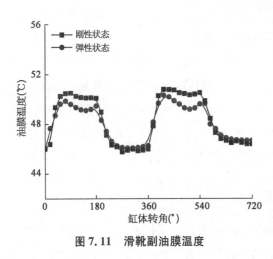

图 7.11　滑靴副油膜温度

7.5.2　滑靴半径比的影响

图 7.12 所示为滑靴半径比对滑靴副泄漏流量和摩擦力矩的影响。由图 7.12a 可以看出，泄漏流量随着滑靴半径比或柱塞腔压力的增加而显著增大，这说明滑靴的密封面积因滑靴半径比增大而增加，滑靴两侧的油膜压力差减小，但是随着柱塞腔压力的增加，补偿油膜压力差因密封面积增大所造成的减小量，促使油液流速增大，引起泄漏流量增加。当滑靴半径比为 1.6 时，主轴转速对泄漏流量的影响大于柱塞腔压力的影响。

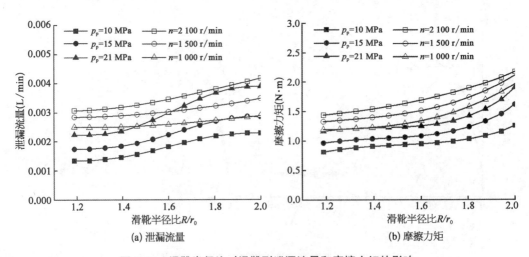

(a) 泄漏流量　　　　　　　　　(b) 摩擦力矩

图 7.12　滑靴半径比对滑靴副泄漏流量和摩擦力矩的影响

液压柱塞泵热分析基础理论及应用

当主轴转速从 1 000 r/min 升高到 2 100 r/min 时,泄漏流量从 0.002 4 L/min 增加到 0.003 2 L/min,其原因是随着主轴转速的升高,促使油液流速因滑靴运动速度的增大而增加,导致泄漏流量增大。由图 7.12b 可知,不同压力和转速条件下摩擦力矩的增加幅度不尽相同,但是主轴转速对摩擦力矩的影响比较显著,并随滑靴半径比增加而增大。综上,滑靴的半径比与滑靴的密封面积和油液流速成正比,促使泄漏流量和摩擦力矩随滑靴半径比的增大而增大,呈单调递增关系。

图 7.13 所示为滑靴半径比对滑靴副功率损失的影响。从图 7.13a 可知,当滑靴的半径比为 1.6 时,泄漏功率损失随柱塞腔压力和主轴转速呈单调递增关系,但是泄漏功率损失的变化幅度比较小,增量为 0.1～0.5 W,其原因是随着柱塞腔压力和主轴转速的增大,滑靴沿半径方向的两端压差增大,且油液动压效应显著,导致油液流速因油膜厚度的增大而增加,但是泄漏功率损失的增量比较平缓。从图 7.13b 可以看出,与泄漏功率损失相比,在相同压力和转速条件下,滑靴副黏性摩擦功率损失受到滑靴半径比的影响比较显著,其原因是黏性摩擦功率损失随油膜剪切应力的作用力臂增加而增大。当滑靴的半径比为 1.6 时,黏性摩擦功率损失随柱塞腔压力和主轴转速的增加而增大,增加幅度为 15～44 W,明显高于泄漏功率损失。

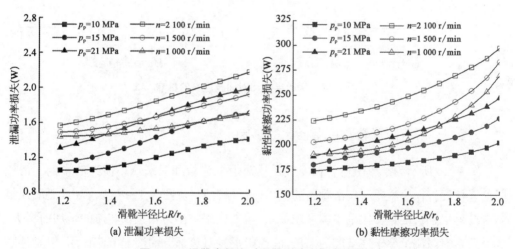

(a) 泄漏功率损失　　　　　　　　(b) 黏性摩擦功率损失

图 7.13　滑靴半径比对滑靴副功率损失的影响

综上所述,在保证滑靴底面能够形成饱和润滑油膜的情况下,滑靴副因泄漏和黏性摩擦所产生的功率损失与滑靴半径比呈单调递增关系,因此滑靴半径比取 1.2～1.6 较为合适,此时泄漏流量适中,摩擦力矩较小,滑靴副功率损失降低,提高滑靴副的承载性能与使用寿命。

图 7.14 所示为滑靴半径比对油膜温度的影响。从图 7.14a 可以看出,当柱塞腔压力从 6 MPa 增加到 21 MPa 时,油膜温度从 47℃升高到 50℃,且随滑靴半径比的增大而升高,温度的升高幅度为 0.2～0.4℃。当滑靴半径比大于 1.5 时,随着柱塞腔压力

增大,油膜温度的上升幅度明显增加,其原因是油膜压力因滑靴半径比所引起的密封面积增大而降低,但是油膜压力与柱塞腔压力呈负相关,补偿油膜压力因滑靴密封面积的增大所造成的减小量,引起油液流速增加,油液压差流动和剪切流动增强,导致泄漏功耗和黏性摩擦功耗损失增加,表现为油膜温度升高。从图 7.14b 可以看出,当主轴转速从 300 r/min 增加到 2 100 r/min 时,油膜温度随主轴转速呈单调递增关系,油液温度从 47.5℃ 升高到 50℃,其原因是滑靴的运动速度与主轴转速呈正相关,引起油液流速增加,导致滑靴副因泄漏和黏性摩擦所产生的功率损失增大,并转换为油液内能,表现为油液温度升高。

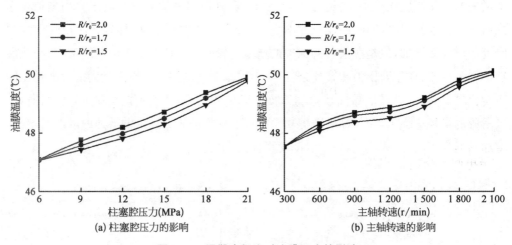

(a) 柱塞腔压力的影响 (b) 主轴转速的影响

图 7.14 滑靴半径比对油膜温度的影响

7.5.3 滑靴阻尼管长度直径比的影响

图 7.15 所示为滑靴阻尼管长度直径比对泄漏流量和泄漏功率损失的影响。滑靴阻尼管长度直径比主要影响滑靴副的压力-流量特性。从图 7.15a 可以看出,泄漏流量与滑靴阻尼管长度直径比呈单调递减关系,但随柱塞腔压力和主轴转速的增加而增大,其原因是泄漏流量源于柱塞腔的高压油,而阻尼管对该部分油液起节流作用,但是油膜的动压效应随着柱塞腔压力或主轴转速的增大而增强,油液流速增加,补偿泄漏流量因阻尼管节流损失所造成的减小量。由此可知,滑靴阻尼管长度直径比的增大有利于减少泄漏流量,且当滑靴阻尼孔长度直径比大于 3 时,泄漏流量的下降趋势明显加快。从图 7.15b 可以看出,摩擦力矩随滑靴阻尼管长度直径比的增大而增大,随柱塞腔压力增大而减小,随主轴转速增大而增大,摩擦力矩的增加幅度为 0.17~0.6 N·m,其原因是滑靴底面油膜支承反力随滑靴阻尼管长度直径比的增大而降低,无法平衡滑靴所受的正向压紧力,促使油膜厚度因油膜挤压效增强而变小,但是随着柱塞腔压力和主轴转速增加,滑靴沿半径方向的两端压力差逐渐增大,且油液流速增大,补偿油膜的剪切应力

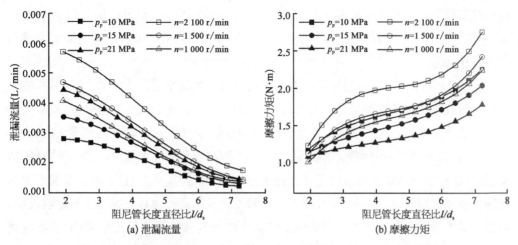

图 7.15　滑靴阻尼管长度直径比对滑靴副泄漏流量与摩擦力矩的影响

因油膜厚度变小所带来的减小量,导致摩擦力矩增大。

　　图 7.16 所示为滑靴阻尼管长度直径比对滑靴副功率损失的影响。从图 7.16a 可以看出,当阻尼管长度直径比从 2 升高到 7.3 时,泄漏功率损失与滑靴阻尼管长度直径比呈单调递减关系,其值变化范围为 0.6~3.5 W,其原因是滑靴副泄漏流量源于柱塞腔的高压油,且滑靴的阻尼管对高压油起到节流作用,导致泄漏功率损失降低。从图 7.16b 可以看出,当阻尼管长度直径比为 4 时,随着柱塞腔压力和主轴转速的增大,黏性摩擦功率损失的上升幅度分别约为 55 W 和 20 W,与泄漏功率损失相比,黏性摩擦功率损失占据主导地位,其原因是滑靴底面油膜压力与阻尼管长度直径比呈单调递减趋势,明显小于滑靴所受的正向压紧力,油膜挤压效应增强,油膜厚度变小,泄漏功率损失降低,但是油液剪切应力随油膜厚度减小而增大,引起黏性摩擦功率损失增加。由此可知,滑靴阻尼管长度直径比与泄漏功率损失成反比,与黏性摩擦功率损失成正比,因

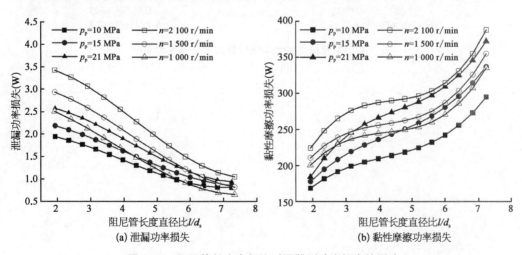

图 7.16　阻尼管长度直径比对滑靴副功率损失的影响

此滑靴阻尼管长度直径比取 4～5 比较合适。另外,为了避免滑靴的阻尼管被油液堵塞,阻尼管的直径不宜设计太小,一般取 0.4～1 mm,有利于解决阻尼管的加工困难和工作可靠性差的问题。

图 7.17 所示为滑靴阻尼管长度直径比对油膜温度的影响。从图 7.17a 可知,油膜温度随滑靴阻尼管长度直径比的增大而升高,并随柱塞腔压力的增加而升高,其原因是滑靴阻尼管长度直径比的增大促使滑靴底面的油膜压力损失增加,小于滑靴所受的正向压紧力,油膜挤压效应增强,油膜厚度变小,导致油膜剪切应力增大,增加黏性摩擦功率损失,最终表现为油膜温度的上升趋势明显加快。从图 7.17b 可知,油膜温度与主轴转速呈单调递增关系,不同主轴转速下滑靴阻尼管长度直径比对油膜温度的影响较小,其原因是滑靴因泄漏和黏性摩擦所产生的功率损失与油液流速呈正相关,而油液流速与主轴转速成正比,但是随着滑靴阻尼管长度直径比的减小,滑靴油腔压力增大,导致泄漏流量减少,泄漏功率损失降低,引起油液内能降低,抑制油膜温度升高。由此可知,滑靴阻尼管长度直径比增大带来的功率损失减少不足以补偿由主轴转速提高所带来的功率损失增大,最终表现为油液温度升高。

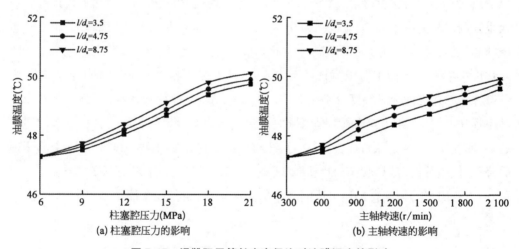

(a) 柱塞腔压力的影响　　　　　　(b) 主轴转速的影响

图 7.17　滑靴阻尼管长度直径比对油膜温度的影响

第 8 章

基于动态热平衡的滑靴副热流体润滑特性

滑靴副工作时油膜运动机械能转换成热能,实现热量产生和传递的动态热平衡,是滑靴副保持正常润滑工作的关键。功率损失法的建模思想认为油液流过摩擦副时所产生的功率损失全部转换为热量被润滑油吸收,不考虑流体的内能,忽略了热力学系统中单位质量的工质流动所携带的能量,存在系统性误差。基于热力学第一定律,建立滑靴副热流体润滑的分布参数模型,采用控制体分析方法,考虑对偶材料的热变形,分析材料性能、工作条件对滑靴副热平衡间隙、油膜温度、油膜支承刚度以及壳体回油温度的影响。

8.1 滑靴副热流体润滑特性的控制体建模方法

滑靴副热流体动力润滑特性基于滑靴微运动下的油膜动力学方程,求解过程比较烦琐。滑靴副热流体润滑特性的控制体建模方法,利用油膜控制体的能量守恒,引入油膜、滑靴和斜盘之间的热传递关系,以及对偶材料热变形的影响,建立滑靴副热平衡间隙模型,分析滑靴副热流体润滑特性,避免了复杂的数学求导,计算大为简便。

8.1.1 滑靴副控制体热力学模型

由于滑靴、斜盘以及油膜之间存在热交换,满足能量守恒定律,因此将油膜等效为控制体,利用热力学第一定律建立开放式热力学模型。图 8.1 所示为滑靴副油膜控制体模型。该油膜控制体模型可以与外界进行热交换,可以输入或者输出轴功,控制边界可以移动。油膜控制体的能量守恒方程为

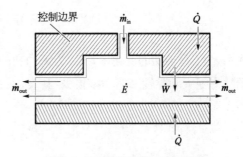

图 8.1　滑靴副油膜控制体模型

$$\dot{Q} = \dot{E} + \dot{W} + \sum \dot{m}_{out} h_{out} - \sum \dot{m}_{in} h_{in} \tag{8.1}$$

式中，$\dot{E}$ 为控制体内的能量变化量；$\dot{W}$ 为控制体做功的功率；$\dot{m}$ 为流经控制体的质量流量；h 为流体的焓值；out、in 分别表示控制体的出口和进口。

单位时间控制体内能量的变化率可表示为

$$\frac{\mathrm{d}E}{\mathrm{d}t} = \frac{\mathrm{d}(mu)}{\mathrm{d}t} = m \frac{\mathrm{d}u}{\mathrm{d}t} + u \frac{\mathrm{d}m}{\mathrm{d}t} \tag{8.2}$$

式中，m 为流体质量；u 为流体的比内能。

流体的焓值为

$$h = u + p_s v \tag{8.3}$$

式中，v 为流体比容。

单位时间内流体焓的变化率为

$$\frac{\partial h}{\partial t} = c_p \frac{\mathrm{d}T}{\mathrm{d}t} + (1 - \alpha_p T) v \frac{\mathrm{d}p_s}{\mathrm{d}t} \tag{8.4}$$

式中，α_p 为流体体积膨胀系数。

而单位时间内控制体的质量流量为

$$\frac{\mathrm{d}m}{\mathrm{d}t} = \sum \dot{m}_{in} - \sum \dot{m}_{out} \tag{8.5}$$

将式(8.3)～式(8.5)代入式(8.2)可得

$$\frac{\mathrm{d}T}{\mathrm{d}t} = \frac{1}{c_p m} \left[\begin{matrix} \sum \dot{m}_{in}(h_{in} - h) + \sum \dot{m}_{out}(h_{out} - h) + \\ \dot{Q} + \dot{W} - p_s \dfrac{\mathrm{d}V}{\mathrm{d}t} + m\alpha_p T v \dfrac{\mathrm{d}p_s}{\mathrm{d}t} \end{matrix} \right] \tag{8.6}$$

式中，V 为控制体的体积。

控制体做功的功率包括轴功和流动功，表示为

$$\dot{W} = \dot{W}_s + \dot{W}_b = \dot{W}_s + p_s \frac{\mathrm{d}V}{\mathrm{d}t} \tag{8.7}$$

式中，$\dot{W}_s$ 为轴功的变化率；$\dot{W}_b$ 为流动功的变化率。其中，流动功和轴功分别表示为泄漏功率损失和黏性摩擦功率损失，其表达式为

$$\dot{W}_s + \dot{W}_b = \frac{\pi \delta^3 (p_p - p_s)^2}{6\mu \ln(R/r_0)} + \frac{\mu \pi (R^2 - r_0^2)}{\delta} \left(\frac{\pi n}{30} R_f \right)^2 \tag{8.8}$$

一般认为控制体内的流体焓值与出口的流体焓值相同。其中，油膜控制体的质量

流量为泄漏流量,将式(8.7)代入式(8.6)整理可得

$$\frac{\mathrm{d}T}{\mathrm{d}t} = \frac{1}{c_p \rho q}\left[\rho q(h_{in} - h) + \dot{Q} + \dot{W}_s + \alpha_p T \upsilon \frac{\mathrm{d}p_s}{\mathrm{d}t}\right] \tag{8.9}$$

由式(8.2)可得焓变化计算式为

$$h_{in} - h = c_p(T_{in} - T) + (1 - \alpha_p T)\upsilon(p - p_s) \tag{8.10}$$

利用式(8.9)和式(8.10)对滑靴底面油膜温度的动态特性进行计算。

滑靴油腔压力与柱塞腔压力密切相关。柱塞泵内配流盘的吸排油过程使得柱塞腔压力呈现高低压变化趋势,导致滑靴油腔压力发生改变。根据可压缩性流体连续性方程,柱塞腔瞬时压力可表示为

$$p_p = \begin{cases} \dfrac{KA_p}{V_0 + A_p S_p} \cdot \dfrac{\mathrm{d}S_p}{\mathrm{d}\theta_s}(j \cdot \Delta\theta_s) & (0 \leqslant j \leqslant 10) \\ 21 & (10 \leqslant j \leqslant 170) \\ 21 - \dfrac{KA_p}{V_0 + A_p S_p} \cdot \dfrac{\mathrm{d}S_p}{\mathrm{d}\theta_s}(j \cdot \Delta\theta_s) & (170 \leqslant j \leqslant 180) \\ 0.2 & (180 \leqslant j \leqslant 360) \end{cases} \tag{8.11}$$

式中,V_0 为柱塞腔的初始容积;A_p 为柱塞腔面积;K 为体积弹性模量;j 为数量;θ_s 为主轴旋转角度;$\Delta\theta_s$ 为主轴旋转角度的增量。

在工作过程中,柱塞腔内高压油经过阻尼孔后进入滑靴的中心油腔,存在压降损失。根据细长孔流量计算公式,可得阻尼管的流量为

$$Q_s = \frac{\pi d_s^4}{128\mu l}(p_p - p_s) \tag{8.12}$$

滑靴副的压力-流量特性为

$$Q_s = \frac{\pi}{6\mu \ln(R/r_0)}\delta^3 p_s \tag{8.13}$$

将式(8.12)代入式(8.13),得到滑靴的静压支承特性方程为

$$\frac{p_s}{p_p} = \frac{1}{1 + \dfrac{128l}{3d_s^4 \ln(R/r_0)}\delta^3} \tag{8.14}$$

式中,δ 为滑靴副热平衡间隙。

需要确定油膜存在区域,给出相应的传热条件,求解滑靴副油膜控制热力学模型。图8.2所示为滑靴副的传热条件。根据牛顿冷却定律,滑靴的油室壁面和外缘壁面的

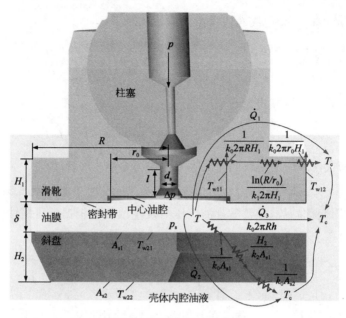

图 8.2　滑靴副的传热条件

温度关系为

$$\frac{T - T_{w11}}{\dfrac{1}{k_0 2\pi r_0 H_1}} = \frac{T_{w11} - T_{w12}}{\dfrac{\ln(R/r_0)}{k_1 2\pi H_1}} = \frac{T_{w12} - T_c}{\dfrac{1}{k_0 2\pi R H_1}} \tag{8.15}$$

因此,滑靴的传热速率为

$$\dot{Q}_1 = \frac{T - T_c}{\dfrac{1}{k_0 2\pi r_0 H_1} + \dfrac{\ln(R/r_0)}{k_1 2\pi H_1} + \dfrac{1}{k_0 2\pi R H_1}} \tag{8.16}$$

式中,T_{w11} 为滑靴中心油腔的壁面温度;T_{w12} 为滑靴外缘的壁面温度;H_1 为滑靴的凸台高度。

斜盘的内侧和外侧壁面温度的关系为

$$\frac{T - T_{w21}}{\dfrac{1}{k_0 A_{s1}}} = \frac{T_{w21} - T_{w22}}{\dfrac{H_2}{k_2 A_{s1}}} = \frac{T_{w22} - T_c}{\dfrac{1}{k_0 A_{s2}}} \tag{8.17}$$

因此,斜盘的传热速率为

$$\dot{Q}_2 = \frac{T - T_c}{\dfrac{1}{k_0 A_{s1}} + \dfrac{H_2}{k_2 A_{s1}} + \dfrac{1}{k_0 A_{s2}}} \tag{8.18}$$

式中,H_2 为斜盘高度;A_{s1} 为斜盘的内侧传热面积;A_{s2} 为斜盘的外侧传热面积;T_{w21} 为斜盘的内测温度;T_{w22} 为斜盘的外侧温度。

油膜与壳体内腔油液之间的传热速率为

$$\dot{Q}_3 = k_0 2\pi R\delta(T - T_c) \tag{8.19}$$

式中，δ 为油膜间隙。

油膜控制体的传热速率为

$$\dot{Q} = \dot{Q}_1 + \dot{Q}_2 + \dot{Q}_3 \tag{8.20}$$

8.1.2 滑靴副热平衡间隙模型

根据滑靴和斜盘的热量传递关系，可得滑靴与斜盘的温升表达式。

1）滑靴的温升表达式

$$\Delta T_{w1} = \frac{\mathrm{d}T_{w1}}{\mathrm{d}t} = \frac{\dot{Q}_1 - \dot{Q}_3 + \dot{W}_s}{c_1 m_1} \tag{8.21}$$

式中，ΔT_{w1} 为滑靴的温升；c_1 为滑靴的比热容；m_1 为滑靴质量。

2）斜盘的温升表达式

$$\Delta T_{w2} = \frac{\mathrm{d}T_{w2}}{\mathrm{d}t} = \frac{\dot{Q}_2 - \dot{Q}_3 + \dot{W}_s}{c_2 m_2} \tag{8.22}$$

式中，ΔT_{w2} 为斜盘的温升；c_2 为斜盘的比热容；m_2 为斜盘质量。

滑靴副热平衡间隙随材料的线膨胀系数不同而发生改变。滑靴副热平衡间隙为

$$\delta = H_1 \alpha_1 \Delta T_{w1} - H_2 \alpha_2 \Delta T_{w2} + h_0 \tag{8.23}$$

式中，h_0 为初始油膜厚度；α_1、α_2 为线膨胀系数。

8.1.3 滑靴副油膜支承刚度模型

根据滑靴副静压支承原理，油膜每单位厚度变化产生的静压支承能力的增量，称为油膜的支承刚度。任何形状静压支承结构的支承能力可表示为有效支承面积与油腔压力的乘积，则油膜支承刚度的表达式为

$$J = -\frac{\mathrm{d}W}{\mathrm{d}h} = \frac{3A_e p_s K_s h^2}{(1 + Kh^3)^2} \tag{8.24}$$

式中，J 为油膜支承刚度；A_e 为有效支承面积；K_s 为静压支承的结构参数。

8.2 模型验证

由于泵的内部空间紧凑，温度传感器的布置安装比较困难，直接测量滑靴底面油膜

温度在整个工作周期内的变化目前仍然是个难题。柱塞泵的壳体回油主要来自泵内各摩擦副的泄漏油液汇集,可以认为壳体回油温度与柱塞泵摩擦副发热存在一定的映射关系。此处采用测量泵壳体回油温度,对比探究滑靴副油膜温度与壳体回油温度的映射关系。这种实验方法的优点是不破坏滑靴底面油膜特征。

8.2.1 壳体回油温度测量实验

泵的壳体回油温度是反映摩擦副传热特征的主要指标。本节利用 250 kW 液压综合性能实验台对 A4VTG90 泵壳体回油温度进行实验测量,实验系统如图 6.25 所示。在泵的壳体回油管路上安装 K 型铠装热电偶式传感器,输出特性见表 8.1。温度传感器所采集的信号通过 NI USB-6218 型数据采集卡进入计算机,记录壳体回油口温度的实验数据。

表 8.1   温度传感器的输出特性

温度传感器	输 出 特 性
K 型铠装热电偶式传感器	温度范围:1～150℃,可调范围±2.5℃;输出电压信号:0～5 V;热响应时间:<3 s

壳体回油温度测量实验的具体步骤如下:① 液压系统温度控制在 40～50℃,回油压力不大于 0.2 MPa;② 柱塞泵的工作转速为 1 500 r/min 和 2 100 r/min 下,柱塞泵的出口压力分别为 8 MPa、10 MPa、15 MPa、21 MPa、26 MPa,分别测量泵的壳体回油温度;③ 柱塞泵的工作转速分别为 2 100 r/min、1 500 r/min、1 000 r/min、800 r/min、600 r/min、300 r/min,在上述②各压力点,分别测量泵的壳体回油温度。

8.2.2 壳体回油温度分布特征

图 8.3 所示为滑靴副油膜计算温度与壳体回油测量温度的比较。随着缸体转角的增大,滑靴副油膜温度与壳体回油温度呈周期变化,变化趋势基本相同,但是数值略有不同。最高油膜温度出现在泵的吸排油过渡区,与最高壳体回油温度所处的位置区域相同,这表明在柱塞腔的周期性压力载荷作用下,滑靴底面流体油膜的比内能和比容发生改变,引起流体油膜的焓值增加,在某种程度上造成滑靴副因黏性摩擦和泄漏所产生的热量较大,并以泄漏和对流换热的形

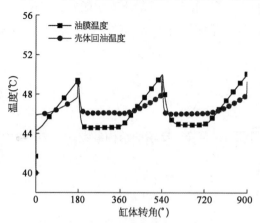

图 8.3   油膜温度与壳体回油温度的比较

式传递给壳体内腔油液,表现为壳体回油温度升高。由此可见,壳体回油温度间接反映了滑靴副油膜温度的变化规律。

图 8.4 所示为壳体回油温度的理论与实验结果比较。由图 8.4a 和图 8.4b 可知,与实验曲线相比,理论壳体回油温度比较陡峭,存在峰值温度,出现在泵的吸排油过渡区,这是因为实验测量数据中同时包含有柱塞副、配流副以及轴承发热的影响,且实验装置受到采样频率的限制,达不到对滑靴在每个角度时刻进行采样的要求,所获得的实验结果为壳体回油温度的平均温度,数值较为平缓。本章滑靴副热力学模型基于平行油膜假设推导,对壳体回油温度进行反求解,没有考虑滑靴倾覆的影响,所以实验结果与计算结果相比略有偏差,但趋势相同。

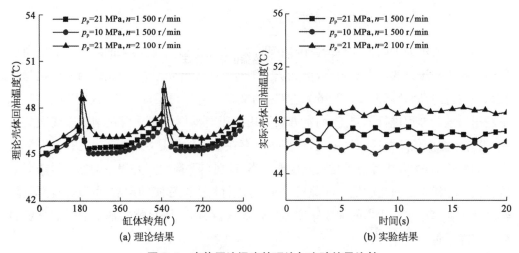

图 8.4 壳体回油温度的理论与实验结果比较

图 8.5 比较了不同工况下壳体回油温度分布的理论与实验结果。图 8.5a 所示的理论计算结果中,当柱塞泵处于高压高速工况时,壳体回油温度较高。此时滑靴副所产

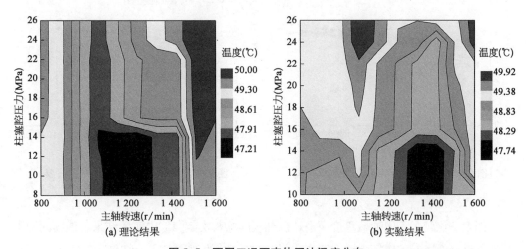

图 8.5 不同工况下壳体回油温度分布

生的热量较高,流体油膜的焓值增大。图 8.5b 所示为实验结果,与理论计算的变化趋势基本相同,但是数值略有不同,主要体现在泵处于低速高压或者高速低压的实际工况。在低速高压工况下,由于摩擦副油膜厚度分布的不均匀性,尤其滑靴副较为严重,摩擦副的黏性摩擦发热显著,并将所产生的热能增量以对流换热形式传递给壳体内腔,所以壳体回油温度升高,此时摩擦副的黏性摩擦占据主导地位。在高速低压工况下,由于摩擦副泄漏流量增大,尤其配流副最为严重,滑靴副次之,摩擦副因流动功所产生的热量以泄漏流量形式进入壳体内腔,增强摩擦副与壳体内腔油液之间的对流换热,所以抑制壳体回油温度升高。这些特征说明摩擦副因轴功和流动功所造成的流体焓值增量对柱塞泵发热的影响都显著,但体现在壳体回油温度上面略有不同。

8.2.3 滑靴副热平衡间隙特征

图 8.6 所示为不同工况下滑靴副油膜间隙与文献[43]实验结果的对比。滑靴副油膜间隙随工作压力的增大而减小,但是随主轴转速的升高而增大,与文献[43]变化趋势较为一致,油膜间隙相差 $1\sim2~\mu m$,这是因为文献[43]考虑了油液动压效应的影响,对油膜压力控制方程进行了修正,而本方法采用静压支承原理建立滑靴副热平衡间隙模型,没有考虑滑靴倾覆运动的影响,计算结果存在偏差。但是,文献[43]没有考虑滑靴变形的影响,而本方法考虑了材料热变形的影响,在热平衡间隙方程中增加材料热变形项。在设计滑靴与斜盘的配合间隙尺寸时,考虑材料受热膨胀的影响,可以通过滑靴副热平衡间隙模型选取适当的油膜厚度值进行校核,在热平衡间隙的基础上考虑一定的配合间隙余量。

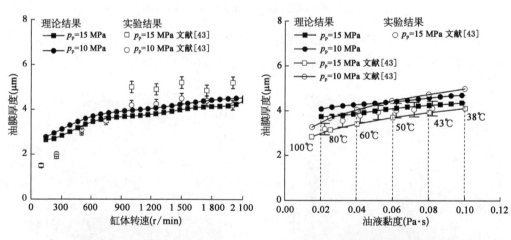

图 8.6　不同工况下滑靴副油膜间隙与　　　　图 8.7　不同油液黏度下滑靴副油膜
实验结果的比较　　　　　　　　　　　　　　　间隙与实验结果的比较

图 8.7 比较了不同油液黏度下滑靴副油膜间隙与文献[43]中实验结果。油膜间隙随油液黏度降低或者工作压力增大而变小,与文献[43]的理论和实验结果比较接近。当柱

塞腔压力为 15 MPa,且油液温度从 43℃升高到 80℃时,本方法所计算的油膜间隙为 7.7~8.4 μm,文献[43]所计算的油膜间隙为 7.1~7.9 μm,油膜间隙相差约 0.5 μm,而文献[43]的实验结果为 7.1~8.1 μm,数值略有不同,其原因是文献[43]没有考虑流体油膜焓值引起的热能增量,而本方法则考虑了该部分热能增量所引起的油膜温度升高,修正了滑靴底面油液黏度的变化规律、滑靴材料的热变形以及热平衡间隙。这些特征说明油液黏度受到滑靴副油膜控制体热量积累的影响比较显著,加剧滑靴副对偶材料的受热变形,降低热平衡间隙,容易造成滑靴副的黏着磨损。

8.3 滑靴副热流体润滑特性的影响因素

滑靴副油膜控制体所积累的热量大部分转换成热能,引起油液内能增加,造成油膜温度升高。随着油膜温度的升高,斜盘和滑靴发生热变形,降低滑靴副热平衡间隙,滑靴与斜盘之间的配合性能变差,易引起滑靴与斜盘的接触磨损。下面采用滑靴副油膜温度、壳体回油温度、热平衡间隙以及油膜刚度四个指标,讨论柱塞腔压力、主轴转速以及材料热物性等因素对滑靴副热流体润滑特性的影响机制。

8.3.1 柱塞腔压力的影响

图 8.8 所示为柱塞腔压力对油膜温度和壳体回油温度的影响。从图 8.8a 可以看出,当柱塞腔压力从 5 MPa 增加到 21 MPa 时,最高油膜温度从 47.9℃升高到 49.2℃。滑靴副油膜挤压效应随柱塞腔压力的增大而增强,油膜厚度变小,油液因轴功和流动功损失增加,导致流体焓值增大,产生大量热量。同时,泄漏流量随油膜厚度变小而降低,大部分热量无法以泄漏形式进行散热,造成热量积累,引起油膜温度升高。这些特征表

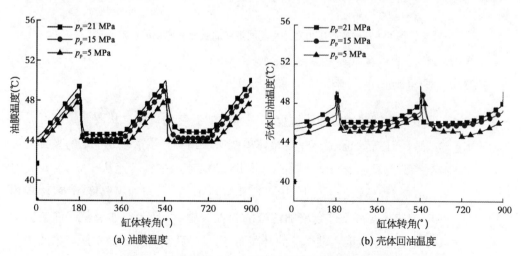

图 8.8 柱塞腔压力对油膜温度和壳体回油温度的影响

明柱塞腔压力与油膜温度存在耦合效应,流体焓值受柱塞腔压力的影响比较显著,直接影响油膜温度的变化规律。从图8.8b可以看出,壳体回油温度随柱塞腔压力的增加而逐渐增大,最高油液温度出现在泵的吸排油过渡区,其原因是滑靴副所产生的热量通过泄漏和对流换热的形式进入壳体内腔,引起壳体回油温度升高。

图8.9所示为柱塞腔压力对热平衡间隙和油膜支承刚度的影响。图8.9a中,热平衡间隙随柱塞腔压力的增加而减小,最小热平衡间隙从7.9 μm 降低到7.1 μm。滑靴油腔压力随柱塞腔压力增大,油膜挤压效应增强,流体油膜的焓值随之增大,油液内能增加,油液温度升高;同时滑靴和斜盘材料的热膨胀系数、热导率等热物性存在差异,影响滑靴与斜盘发生热变形,热平衡间隙减小。柱塞腔压力与油膜温度存在耦合效应,滑靴与斜盘的热变形对热平衡间隙产生一定的影响。从图8.9b可以看出,油膜支承刚度随缸体转角呈周期性变化,并随柱塞腔压力增加而增大,最大油膜支承刚度出现在泵的排油区,这说明油膜支承刚度与油膜厚度成反比,油膜支承刚度随油膜厚度变小而增大,有利于增加油膜的承载能力,促使滑靴与斜盘之间形成流体润滑,保证滑靴的运行平稳。

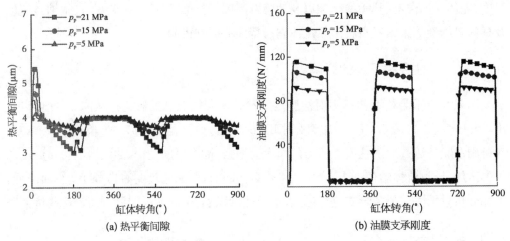

图8.9　柱塞腔压力对热平衡间隙和油膜支承刚度的影响

8.3.2　主轴转速的影响

图8.10所示为主轴转速对油膜温度和壳体回油温度的影响。从图8.10a可以看出,随着主轴转速的升高,油膜温度呈现整体单调递增趋势。当滑靴处于泵的吸排油过渡区时,油膜温度出现显著变化。从图8.10b可以看出,当主轴转速从1 000 r/min增加到2 100 r/min时,壳体回油温度从46.3℃升高到47.2℃,与油膜温度相比,两者相差0.8℃。主轴转速的升高不仅会增加油液的黏性摩擦,而且会增加滑靴组件的搅动发热,同时滑靴副泄漏流量因主轴转速的升高而增大,导致滑靴副因做功所产生的热量以泄漏流量的形式进入壳体内腔,引起壳体回油温度升高。

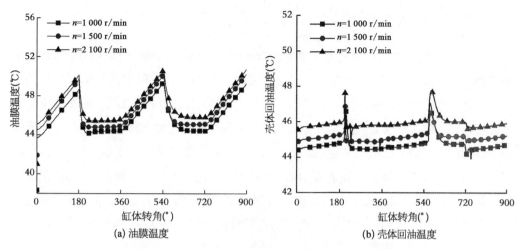

(a) 油膜温度

(b) 壳体回油温度

图 8.10　主轴转速对油膜温度和壳体回油温度的影响

　　图 8.11 所示为主轴转速对热平衡间隙和油膜支承刚度的影响。从图 8.11a 可知,当主轴转速从 1 000 r/min 升高到 2 100 r/min 时,滑靴副热平衡间隙与主轴转速呈正相关,且最小热平衡间隙从 3 μm 升高到 3.8 μm。滑靴和斜盘的热变形是影响热平衡间隙的主要因素,与传热速率以及油液温度相关。由于滑靴副的轴功和流动功与主轴转速成正比,增大油膜控制体的比内能,所以油膜温度升高,造成滑靴和斜盘的热变形,减小热平衡间隙。当滑靴在极小的油膜厚度下运行时,滑靴底部油液因温度升高而发生体积膨胀,产生热楔压力流动,导致间隙随主轴转速升高而增大,有利于滑靴副避免发生黏着磨损。从图 8.11b 可以看出,油膜支承刚度与主轴转速成反比,当主轴转速从 1 000 r/min 升高到 2 100 r/min 时,油膜支承刚度从 109 N/μm 减少到 86.7 N/μm,下降幅度为 20.4%。油膜间隙随主轴转速的升高而增大,油膜支承刚度降低,在某种程度上抑制滑靴的承载能力。

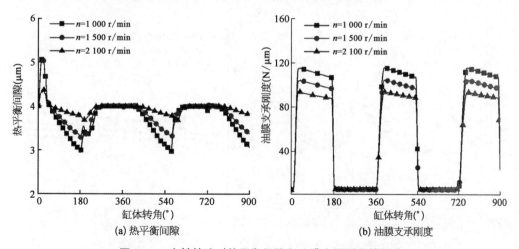

(a) 热平衡间隙

(b) 油膜支承刚度

图 8.11　主轴转速对热平衡间隙和油膜支承刚度的影响

8.3.3 材料热物性的影响

在高速高压工况下,如果滑靴与斜盘材料的工作性能不匹配,则滑靴副摩擦功耗增加,油膜温度升高,可导致滑靴表面出现烧靴现象。为了改善滑靴副的散热条件,目前主要采用两种设计方法:① 增加密封带的沟槽条数或者辅助支承油腔数目,提高油膜支承的稳定性;② 通过筛选对偶材料的配对方案,改善滑靴副的摩擦学性能。本节分析球墨铸铁(QT500-7)、铸造铜合金(ZCuSn10Pb11Ni3)以及多元复杂黄铜(ZY331608)材料的热物理性能对滑靴副油膜温度的影响。其中,多元复杂黄铜为铜合金材料,在普通铜中加入 1.5%～7.0% 的 Mn、1.0%～7.0% 的 Al 以及 0.5%～2.0% 的 Si,目的是增强滑靴的导热和减摩性能。表8.2所列为不同材料的热物理性能参数。

表 8.2　不同材料的热物理性能参数

性 能 参 数	球墨铸铁	铸造铜合金	多元复杂黄铜
密度 $\rho(g/cm^3)$	7.3	8.75	8.5
比热容[J/(kg·℃)]	460	377	390
热导率[W/(m·K)]	58.4	89	92
线膨胀系数 $\alpha_m(10^{-6}/℃)$	11	16	18.8

图8.12所示为滑靴材料对油膜温度和壳体回油温度的影响。从图8.12a可以看出,最高油膜温度由小到大排列依次为:47.9℃ (ZY331608)＜48.6℃ (ZCuSn10Pb11Ni3)＜49.7℃(QT500-7)。这说明滑靴材料的传热性能与油膜温度有关。当滑靴材料选用多元复杂黄铜时,热导率大,热阻较小,单位体积材料所携带的热量较大,散热速率较快,与其他两种材料相比,最高油膜温度的下降幅度为 1.8℃,起到良好的散热效果。

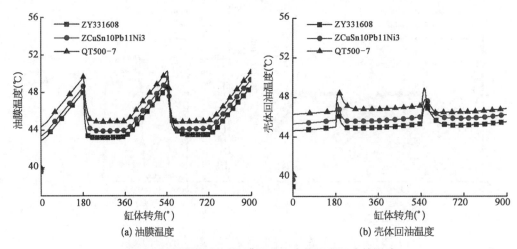

(a) 油膜温度　　　　　　　　(b) 壳体回油温度

图 8.12　滑靴材料对油膜温度和壳体回油温度的影响

而且多元复杂黄铜为耐磨损材料,滑靴表面不易发生黏着磨损,提高滑靴的使用寿命。从图8.12b可以看出,球墨铸铁的热导率小,滑靴副油膜控制体的热量传递给滑靴本体较少,大部分热量随间隙泄漏进入壳体内腔,使壳体回油温度升高,故壳体回油温度较高。

图8.13所示为滑靴材料对热平衡间隙和油膜支承刚度的影响。从图8.13a可以看出,斜盘采用球墨铸铁,滑靴采用其他不同材料,热平衡间隙从小到大排列依次为:$3.2\ \mu m(QT500-7) < 3.6\ \mu m(ZCuSn10Pb11Ni3) < 3.8\ \mu m(ZY331608)$。这些特征说明ZY331608的导热性能好,线膨胀系数大,材料的变形量较大,滑靴副达到热平衡时所需的热平衡间隙增大;而QT500-7的导热性能很差,材料的变形量很小,滑靴副的热平衡间隙显著减小。从式(8.21)和式(8.22)可知,对偶材料的热物理性能参数对滑靴副的热平衡性能影响比较显著,材料的线膨胀系数和热导率越大,则热平衡间隙越大。从图8.13b可知,当滑靴材料选用ZY331608时,油膜厚度随滑靴热形变的增大而增大,但是油膜支承刚度减小,最高油膜支承刚度为$89.2\ N/\mu m$。由此可见,选择热传导性能较好的滑靴材料有利于增大油膜厚度,但是不利于滑靴副的承载能力。

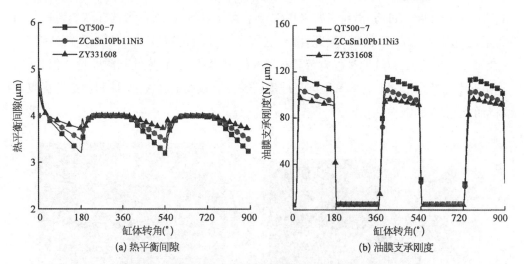

图8.13　滑靴材料对热平衡间隙和油膜支承刚度的影响

综上所述,油膜温度的升高有利于增强间隙油膜、滑靴和斜盘之间的热交换,使得斜盘和滑靴产生热变形,热平衡间隙减小,滑靴与斜盘之间的配合性能变差,造成滑靴运动不灵敏。因此,滑靴材料应当尽量选取线膨胀系数和热导率大的材料,对于斜盘则正好相反,有利于提高滑靴和斜盘之间的配合性能。

8.4　对偶材料热物性对滑靴副磨损特征的影响

当柱塞泵高速旋转时,滑靴和斜盘的相对运动速度较高,黏性摩擦所产生的热量急剧增加,与滑靴副界面处的磨损颗粒相互作用,进一步加剧滑靴表面的接触摩擦。接触摩擦对滑靴副对偶材料的耐磨损性能提出了更高的要求。对不同滑靴副对偶材料组合进行压力冲击实验,考察滑靴副磨损特征与对偶材料性能的映射关系。

8.4.1 压力冲击实验方法

为了验证对偶材料的耐磨损性能,本节利用 250 kW 液压综合性能实验台对 A4VTG90 轴向柱塞泵进行压力冲击实验,对滑靴和斜盘材料的摩擦学特性进行分析,讨论对偶材料的热物性与磨损特征的对应关系。

图 8.14 所示为轴向柱塞泵压力冲击实验。压力冲击实验的具体步骤为:环境温度为室温,进油口温度为(50±4)℃,进口压力为 0.06~0.2 MPa,回油压力不大于 0.18 MPa,转速为 3 500 r/min 的工况下,额定压力为 21 MPa,峰值压力为 26 MPa,冲击频率为 10 次/min,冲击循环次数为 10 万次。通过压力冲击实验后,观察不同材料配对方案下滑靴的磨损表面,从而确定滑靴和斜盘材料的配对方案。在高速高压工况下,由于滑靴和斜盘之间相互接触而产生局部的黏着磨损,所以滑靴和斜盘的配对材料应具有耐磨损性能。目前,滑靴主要采用铜合金类软材料,而斜盘则选择球墨铸铁材料,属于软/硬材料的配对方式。因此,滑靴选用多元复杂黄铜(ZY331608)和铸造铜合金(ZCuSn10Pb11Ni3),这两种材料都具有良好的力学性能、耐热性和耐磨性。斜盘材料选用球墨铸铁(QT500-7),其原因是球墨铸铁具有较高的强度、塑性和韧性等优点,且材料的耐磨性和减振性良好。

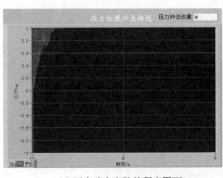
(a) 压力冲击实验的程序界面

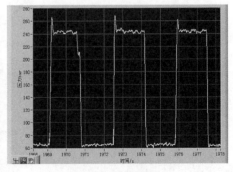
(b) 压力冲击曲线

图 8.14 轴向柱塞泵压力冲击实验

8.4.2 实验结果分析

表 8.3 给出了不同材料配对方案下滑靴材料的磨损量。本次实验使用精度为 0.1 mg 的分析天平测量实验前后滑靴的质量。在滑靴和斜盘的不同材料配对方案下,实验后滑靴的磨损量为 0.013 9~0.056 3 g。其中,当滑靴和斜盘材料分别选用 ZY331608 和

QT500-7时,滑靴的磨损量最小,反映了滑靴材料具有良好的耐磨损性能,其原因是多元复杂黄铜的热导率为 92 W/(m·K),而球墨铸铁的热导率为 58.4 W/(m·K)。多元复杂黄铜具有优良的导热性能,虽然多元复杂黄铜的比热容[390 J/(kg·℃)]小于球墨铸铁[460 J/(kg·℃)],但是多元复杂黄铜的密度大于球墨铸铁,在同等体积的条件下多元复杂黄铜的表面温度升高 1℃时所需吸收的热量与球墨铸铁相当,且多元复杂黄铜的线膨胀系数(18.8×10^{-6}/℃)大于球墨铸铁(11×10^{-6}/℃),促使滑靴的表面形变大于斜盘,增大滑靴与斜盘之间的热平衡间隙,从而减少滑靴的磨损量。

表 8.3   不同滑靴材料的磨损量测试结果

编 号	滑 靴 材 料	滑靴质量(g)		
		试验前	试验后	减少量
1	ZY331608	10.026 5	10.007 9	0.018 6
2	ZCuSn10Pb11Ni3	11.046 0	10.989 7	0.056 3

图 8.15 所示为不同材料下滑靴表面的磨损情况。由于滑靴副因油膜压力分布的力矩不均匀性所产生的倾覆角度较大,导致滑靴副的工作稳定性降低,促使滑靴与斜盘的局部区域发生金属接触现象,加剧滑靴的表面磨损。同时,滑靴和斜盘之间的接触形式为面接触,且接触应力与滑靴运动速度和柱塞腔压力成正比,导致滑靴底面很难形成油膜,局部区域会发生摩擦接触,接触区域的金属材料因高速运动而产生大量的热,加剧了滑靴表面的摩擦生热,引起滑靴材料的内部破损,导致滑靴产生黏着磨损现象。由此可见,滑靴副对偶材料的选择必须遵循导热性能好的原则,并且要具有较高的强度、较好的减摩性和耐磨性。因此,选择 ZY331608 与 QT500-7 作为滑靴和斜盘的对偶材料,这种材料配对组合能起到良好的摩擦学效果。

<table>
<tr><td align="center">试验前</td><td align="center">试验后</td><td align="center">试验前</td><td align="center">试验后</td></tr>
<tr><td colspan="2" align="center">(a) ZY331608</td><td colspan="2" align="center">(b) ZCuSn10Pb11Ni3</td></tr>
</table>

图 8.15   不同材料下滑靴表面磨损照片

第 9 章

配流副油膜热力学特性

目前广泛应用在柱塞泵上的配流方式大体可分为三种形式：轴配流、阀配流和端面配流。其中，采用端面配流形式的柱塞泵具有结构简单、体积小、重量轻，易于达到高压、高速及实现变量，可作马达使用，成本低、维修方便等优点。端面配流形式的柱塞泵中，旋转的缸体和配流盘形成一对摩擦副，需要承受巨大的压紧力，同时应具有密封作用和润滑性能。配流副设计的关键在于既要平衡压紧力，又要在摩擦副间形成适当的油膜，形成良好的密封，且满足泵高容积效率的要求。

本章采用简化的配流副结构，根据其工作原理，说明配流副油膜的压力、泄漏流量及温度分布的计算方法，为配流副的油膜设计提供参考。

9.1 配流副工作原理及油膜能量损失

9.1.1 配流副工作原理及其楔形油膜的形成

轴向柱塞泵中，配流盘通常固定在柱塞泵的后端盖上，配流盘和缸体之间存在一定的密封间隙，间隙中充满油液。传统配流盘设计中都采用平行圆盘模型来计算油膜的泄漏流量及其支承力，该模型认为油液从中心向半径方向流出(高压密封带)，或是从圆盘四周流入中心(低压密封带)。而实际工作过程中，由于柱塞泵的吸油和排油作用，配流盘的两个腰形槽产生较大的压差，因此配流盘与缸体之间的密封间隙油膜呈楔形状态。配流副基本结构原理如图 9.1 所示。

9.1.2 配流副油膜能量损失

柱塞泵内部结构复杂，工作过程中油液温升较大。泵内部的各种功率损失引起的发热造成油液温度上升，就配流副油膜而言，其温度的上升由流入流出配流副的油液功率损失决定。

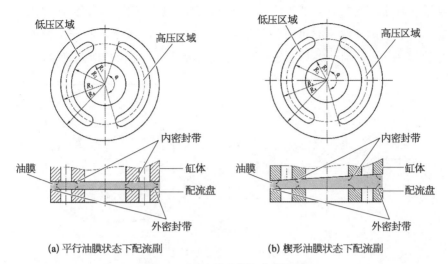

(a) 平行油膜状态下配流副　　　　　(b) 楔形油膜状态下配流副

图 9.1　配流副的基本结构原理

配流盘中油液流经配流缝隙时,产生压力损失,同时与壁面发生摩擦,产生的热量使得油液温度升高。以配流副油膜流体微元为控制体进行分析,能量变化如下。

1) 泄漏能量损失

配流副处的流量泄漏主要由配流副的工作压差引起,其中的能量损失将转换为热能进入控制体。

假设油膜为平行状态时,配流副的泄漏流量按下式计算

$$\begin{cases} q = \dfrac{\displaystyle\int_0^h \mu \, \mathrm{d}A}{c_e} = \dfrac{\varphi h^3 r}{6\mu c_e} \dfrac{\mathrm{d}p}{\mathrm{d}r} \\[2mm] \mathrm{d}A = 2r\varphi \, \mathrm{d}z \end{cases} \tag{9.1}$$

式中,h 为油膜厚度;μ 为液压油黏度;φ 为腰形槽包角。

配流副的泄漏流量是内密封带和外密封带的泄漏流量之和,即

$$q = q_{in} + q_{out} \tag{9.2}$$

故配流副总泄漏流量可表示为

$$q = \frac{\pi h^3}{6\mu} \left[\frac{1}{\ln(R_2/R_1)} + \frac{1}{\ln(R_4/R_3)} \right] \frac{\varphi}{2\pi} (p_s - p_0) \tag{9.3}$$

式中,p_s 为供油压力;p_0 为回油压力;R_1、R_2、R_3、R_4 分别为配流盘内孔半径、内密封带半径、外密封带半径和配流盘外圆半径。

配流副的总泄漏能量损失为

$$E_1 = q(p_s - p_0) = \frac{h^3 \varphi}{12\mu} \left[\frac{1}{\ln(R_2/R_1)} + \frac{1}{\ln(R_4/R_3)} \right] (p_s - p_0)^2 \tag{9.4}$$

实际工作中柱塞泵缸体处于浮动的状态，与配流盘形成一个夹角，配流副油膜呈楔形状态。计算油膜泄漏量时可将油膜划分成圆柱形油膜部分 q_1 和完全楔形油膜部分 q_2，如图 9.2 所示，分别计算两部分的泄漏流量，然后相加可得总泄漏流量。

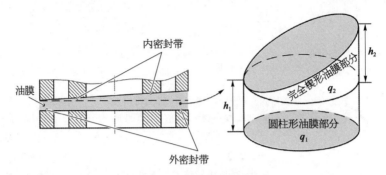

图 9.2　楔形油膜模型

由圆柱坐标系下的 N-S 方程及流量连续方程可得到油液径向流动的速度为

$$u = -\frac{(h-z)z}{2\mu}\frac{\mathrm{d}p}{\mathrm{d}r} \tag{9.5}$$

故楔形油膜圆柱形部分的泄漏流量 q_1 按下式计算

$$q_1 = \frac{\int_0^h u\,\mathrm{d}A}{c_\mathrm{e}} = -\frac{\varphi h^3 r}{6\mu c_\mathrm{e}}\frac{\mathrm{d}p}{\mathrm{d}r} \tag{9.6}$$

式中，$\mathrm{d}A = 2\varphi\mathrm{d}z$；$\varphi$ 为腰形槽对应的角度；c_e 为流量修正系数。

完全楔形油膜部分的泄漏流量 q_2 的表达式为

$$q_2 = \frac{\int_0^h u\,\mathrm{d}A}{c_\mathrm{e}} = \frac{r}{2\mu c_\mathrm{e}}\frac{\mathrm{d}p}{\mathrm{d}r}\int_{\varphi_1}^{\varphi_2}\int_0^{2rk\cos\theta}(2rkz\cos\theta - z^2)\mathrm{d}z\,\mathrm{d}\theta \tag{9.7}$$

式中，$\mathrm{d}A = r\mathrm{d}\theta\mathrm{d}z$；$k$ 为完全楔形油膜部分斜角的正切值，$k = h_2/2R_\mathrm{a}$。

故楔形工作状态时配流副油膜单位时间内泄漏流量的能量为

$$E_1 = (q_1 + q_2)\Delta p = -\frac{\varphi h^3 r}{6\mu c_\mathrm{e}}\frac{\mathrm{d}p}{\mathrm{d}r} + \frac{r}{2\mu c_\mathrm{e}}\frac{\mathrm{d}p}{\mathrm{d}r}\int_{\varphi_1}^{\varphi_2}\int_0^{2rk\cos\theta}(2rkz\cos\theta - z^2)\mathrm{d}z\,\mathrm{d}\theta\Delta p \tag{9.8}$$

2）黏性摩擦能量损失

考虑黏性摩擦能量损失时，将配流盘划分为内密封带、外密封带和隔断密封带进行计算，如图 9.3 所示。

正常工作时配流盘楔形油膜的厚度差不大，为简化计算，将配流副油膜处的油液视

为平行端面缝隙流动。根据牛顿内摩擦定律，配流盘和缸体之间的油膜切应力为

$$\tau = \mu \frac{\nu}{h} = \mu \frac{\omega r}{h} \qquad (9.9)$$

式中，μ 为油液动力黏度；h 为油膜平均厚度；ω 为轴向柱塞泵工作时的角速度。

单位时间内油膜控制体摩擦损失的能量为

$$E_2 = \int_{\theta_2}^{\theta_1} \int_{r_2}^{r_1} \tau \omega r^2 \mathrm{d}r \mathrm{d}\theta \qquad (9.10)$$

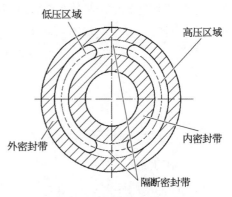

图 9.3　配流副密封带划分

计算时，当控制体在内、外密封带时，θ 的取值范围为 $(0 \sim \pi)$；当控制体在隔断密封带时，θ 的范围为 $\left(-\dfrac{\pi-\varphi}{2} \sim \dfrac{\pi-\varphi}{2}\right)$ 或 $\left(\dfrac{\pi+\varphi}{2} \sim \dfrac{3\pi-\varphi}{2}\right)$。

9.2　配流副楔形油膜特性

9.2.1　配流副楔形油膜厚度分布的计算

可采用与滑靴副油膜厚度计算相同的方法得到配流副油膜表面任意一点的油膜厚度。在配流副油膜同一半径处选取三个不同点，确定其厚度值，则可根据三点确定平面的几何原理求出配流副油膜上任意一点的油膜厚度。图 9.4 中任取油膜最外缘上三个相位相距 120° 的固定点，则任意点厚度可表达为

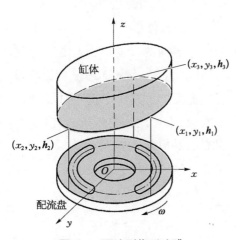

图 9.4　配流副楔形油膜

$$h(x, y) = \frac{h_3 - h_2}{\sqrt{3}R_a}x + \frac{2h_1 - h_2 - h_3}{3R_a}y$$

$$+ \frac{h_1 + h_2 + h_3}{3} \qquad (9.11)$$

式中，h_1、h_2、h_3 为固定点的油膜高度；R_a 为配流盘的最大半径。

将式(9.11)转换成柱坐标系下的方程进行计算，可得

$$h(r, \theta) = \frac{(h_2 - h_3)}{\sqrt{3}R_a}r\sin\theta + \frac{(2h_1 - h_2 - h_3)}{3R_a}r\cos\theta + \frac{h_1 + h_2 + h_3}{3} \qquad (9.12)$$

相对应任意点的厚度变化率可表示为

$$\frac{\partial h(r,\theta)}{\partial t} = \frac{r\sin\theta}{\sqrt{3}R_1}(h_2'-h_3') + \frac{r\cos\theta}{3R_1}(2h_1'-h_2'-h_3') + \frac{1}{3}(h_1'+h_2'+h_3')$$

(9.13)

9.2.2　配流副楔形油膜压力分布的计算

配流副的油膜厚度通常在 $8\sim22\ \mu m$，根据油膜润滑理论，做如下假设，以简化计算：

(1) 沿润滑膜厚度 h（一般 h 很小）方向上，忽略压力的变化，即 $\partial p/\partial y = 0$。

(2) 运动副表面的曲率半径与油膜厚度 h 相比要大得多，故可以不计表面运动速度方向的改变。

(3) 油液运动时的惯性力与黏性力相比可以忽略不计。

(4) 油液在间隙中的流动为层流。

(5) 油液是不可压缩的流体。

建立坐标如图 9.5 所示，表面 1 与表面 2 之间为流体润滑膜。表面 1 和表面 2 处于运动中。流体膜中任取点 P，对应三个坐标方向 x、y、z 的流速分别为 u、v、w。过 P 点做垂直于 xOy 平面的直线，分别交表面 l、表面 2 于 P_1、P_2 点，则如图所示 P 点油膜的厚度为 $h = h_2 - h_1$。

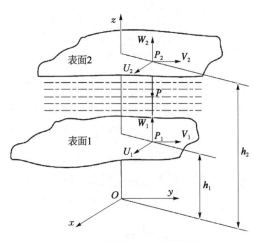

图 9.5　坐标系和固体表面

对于流体膜，z 方向的尺寸比 x 方向及 y 方向的尺度小若干个数量级，则与速度梯度 $\partial u/\partial z$、$\partial v/\partial z$ 相比较，其他速度梯度均为高阶小量，可以忽略。根据假设，不计流体的体积力、惯性力，可以得出对应 x 方向的应力及其变化关系。x 方向的受力分析可得

$$\frac{\partial \tau_x}{\partial z} = \frac{\partial p}{\partial x}$$

(9.14)

由牛顿黏性定律，$\tau_x = \mu\dfrac{\partial u}{\partial z}$，代入上式得

$$\frac{\partial p}{\partial x} = \frac{\partial}{\partial z}\left(\mu\frac{\partial u}{\partial z}\right)$$

(9.15)

同理，在 y 方向可得

$$\frac{\partial p}{\partial y} = \frac{\partial}{\partial z}\left(\mu \frac{\partial v}{\partial z}\right) \tag{9.16}$$

将方程式(9.15)和式(9.16)对 z 积分两次得

$$\mu = \frac{1}{2\mu} \frac{\partial p}{\partial z}z^2 + \frac{C_1}{\mu}z + C_2 \tag{9.17}$$

根据无滑动速度边界条件：$z = h_1$ 时，$u = U_1$；$z = h_2$ 时，$u = U_2$，得积分常数 C_1、C_2 为

$$\begin{cases} C_1 = \mu \dfrac{U_2 - U_1}{h_2 - h_1} - \dfrac{1}{2} \dfrac{\partial p}{\partial x}(h_2 + h_1) \\[3mm] C_2 = U_1 + \dfrac{1}{2\mu} \dfrac{\partial p}{\partial x}h_2 h_1 - h_1 \dfrac{U_2 - U_1}{h_2 - h_1} \end{cases} \tag{9.18}$$

代回式(9.17)，得

$$\begin{aligned} u = {} & \frac{1}{2\mu} \frac{\partial p}{\partial x}z^2 + \left[\frac{U_2 - U_1}{h_2 - h_1} - \frac{1}{2\mu} \frac{\partial p}{\partial x}(h_2 + h_1)\right]z \\ & + U_1 + \frac{1}{2\mu} \frac{\partial p}{\partial x}h_2 h_1 - h_1 \frac{U_2 - U_1}{h_2 - h_1} \end{aligned} \tag{9.19}$$

同理，可以得出 y 方向的流速为

$$\begin{aligned} v = {} & \frac{1}{2\mu} \frac{\partial p}{\partial y}z^2 + \left[\frac{V_2 - V_1}{h_2 - h_1} - \frac{1}{2\mu} \frac{\partial p}{\partial y}(h_2 + h_1)\right]z \\ & + V_1 + \frac{1}{2\mu} \frac{\partial p}{\partial y}h_2 h_1 - h_1 \frac{V_2 - V_1}{h_2 - h_1} \end{aligned} \tag{9.20}$$

定义 x 方向的体积流量为

$$q_x = \int_{h_1}^{h_2} u \, \mathrm{d}z \tag{9.21}$$

将式(9.19)代入，完成积分，且 $h = h_2 - h_1$，得

$$q_x = -\frac{h^3}{12\mu} \frac{\partial p}{\partial x} + \frac{1}{2}h(U_1 + U_2) \tag{9.22}$$

同理

$$q_y = -\frac{h^3}{12\mu} \frac{\partial p}{\partial y} + \frac{1}{2}h(V_1 + V_2) \tag{9.23}$$

记质量流量为 $m_x = \rho q_x$，$m_y = \rho q_y$，则有

$$\begin{cases} m_x = -\dfrac{\rho h^3}{12\mu} \dfrac{\partial p}{\partial x} + \dfrac{1}{2}\rho h\,(U_1 + U_2) \\[3mm] m_y = -\dfrac{\rho h^3}{12\mu} \dfrac{\partial p}{\partial x} + \dfrac{1}{2}\rho h\,(V_1 + V_2) \end{cases} \tag{9.24}$$

由流体力学知,一般流体的连续性方程为

$$\frac{\partial \rho}{\partial t} + \frac{\partial(\rho u)}{\partial x} + \frac{\partial(\rho v)}{\partial y} + \frac{\partial(\rho w)}{\partial z} = 0 \tag{9.25}$$

对变量 z 积分并应用无滑动速度边界条件:$z = h_1$ 时,$w = W_1$;$z = h_2$ 时,$w = W_2$,得

$$\rho W_2 - \rho W_1 = -\int_{h_1}^{h_2} \frac{\partial \rho}{\partial t} \mathrm{d}z - \int_{h_1}^{h_2} \frac{\partial(\rho u)}{\partial x} \mathrm{d}z - \int_{h_1}^{h_2} \frac{\partial(\rho v)}{\partial y} \mathrm{d}z \tag{9.26}$$

其中

$$\begin{cases} W_1 = -\dfrac{\partial h_1}{\partial t} + U_1 \dfrac{\partial h_1}{\partial x} + V_1 \dfrac{\partial h_1}{\partial y} \\[3mm] W_2 = -\dfrac{\partial h_2}{\partial t} + U_2 \dfrac{\partial h_2}{\partial x} + V_2 \dfrac{\partial h_2}{\partial y} \end{cases} \tag{9.27}$$

又由于

$$\int_{h_1}^{h_2} \frac{\partial}{\partial x} f(x,y,z)\mathrm{d}z = \frac{\partial}{\partial x} \int_{h_1}^{h_2} f(x,\ y,\ z)\mathrm{d}z - f(x,\ y,h_2) \frac{\partial h_2}{\partial x} + f(x,\ y,\ h_1) \frac{\partial h_1}{\partial x} \tag{9.28}$$

将该法则用于式(9.27),得

$$\begin{cases} \displaystyle\int_{h_1}^{h_2} \frac{\partial \rho}{\partial t} \mathrm{d}z = \frac{\partial(\rho h)}{\partial t} - \rho \frac{\partial h_2}{\partial t} + \rho \frac{\partial h_1}{\partial t} \\[4mm] \displaystyle\int_{h_1}^{h_2} \frac{\partial(\rho u)}{\partial x} \mathrm{d}z = \frac{\partial m_x}{\partial x} - \rho U_2 \frac{\partial h_2}{\partial x} + \rho U_1 \frac{\partial h_1}{\partial x} \\[4mm] \displaystyle\int_{h_1}^{h_2} \frac{\partial(\rho v)}{\partial y} \mathrm{d}z = \frac{\partial m_y}{\partial y} - \rho V_2 \frac{\partial h_2}{\partial y} + \rho V_1 \frac{\partial h_1}{\partial y} \end{cases} \tag{9.29}$$

将式(9.7)、式(9.8)分别代入式(9.27),化简积分后的连续方程为

$$\frac{\partial m_x}{\partial x} + \frac{\partial m_y}{\partial y} + \frac{\partial(\rho h)}{\partial t} = 0 \tag{9.30}$$

将式(9.24)代入式(9.30),整理得

$$\frac{\partial}{\partial x}\left(\frac{\rho h^3}{\mu}\frac{\partial p}{\partial x}\right)+\frac{\partial}{\partial y}\left(\frac{\rho h^3}{\mu}\frac{\partial p}{\partial y}\right)=12\frac{\partial}{\partial x}(\rho U_0 h)+12\frac{\partial}{\partial y}(\rho V_0 h)+12\frac{\partial(\rho h)}{\partial t}$$

$$(9.31)$$

其中 $$U_0=(U_1+U_2)/2,\ V_0=(V_1+V_2)/2$$

故由 N‐S 方程及流量连续方程可建立配流副油膜压力场控制方程,为

$$\frac{\partial}{\partial x}\left(\frac{h^3}{\mu}\frac{\partial p}{\partial x}\right)+\frac{\partial}{\partial y}\left(\frac{h^3}{\mu}\frac{\partial p}{\partial y}\right)=6\mu U\frac{\partial h}{\partial x}+12\mu\frac{\partial h}{\partial t} \tag{9.32}$$

式中,p 为密封带内的压力;h 为油膜厚度;μ 为液压油黏度;U 为配流盘表面油膜速度。

柱坐标下的控制方程式为

$$\frac{\partial}{\partial r}\left(\frac{rh^3}{\mu}\frac{\partial p}{\partial r}\right)+\frac{1}{r}\frac{\partial}{\partial \theta}\left(\frac{h^3}{\mu}\frac{\partial p}{\partial \theta}\right)=6\mu\omega r\frac{\partial h}{\partial \theta}+12\mu\frac{\partial h}{\partial t} \tag{9.33}$$

其中 $\dfrac{\partial h}{\partial r}$、$\dfrac{\partial h}{\partial \theta}$ 可由式(9.11)求得

$$\begin{cases}\dfrac{\partial h}{\partial r}=\dfrac{(h_2-h_3)}{\sqrt{3}R_a}\sin\theta+\dfrac{(2h_1-h_2-h_3)}{3R_a}\cos\theta\\[3mm]\dfrac{\partial h}{\partial \theta}=\dfrac{(h_2-h_3)}{\sqrt{3}R_a}r\cos\theta+\dfrac{(2h_1-h_2-h_3)}{3R_a}r\sin\theta\end{cases} \tag{9.34}$$

将油膜划分为网格,采用差分法解压力分布,如图 9.6 所示。用逐个节点上的压力值构成各阶差商,近似取代雷诺方程中的导数,将方程化为一组代数方程,由此解出各节点上的压力值。所得离散压力数值,近似表达了油膜中的压力分布。

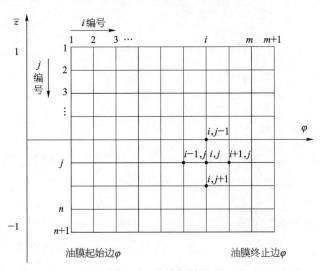

图 9.6 差分网格法

对无量纲化雷诺润滑方程式(9.33)进行离散化,将网络节点按所在的列数和行数顺序编号,沿 φ 方向的列用 i 编号,沿 z 方向的行数用 j 编号,每个节点的位置用 (i,j) 二维编号表示,如图 9.6 所示。设在 φ 方向共均匀划分为 m 格,i 的编号即从 l 到 $m+1$,每格宽度(步长)为 $\Delta\varphi = (\varphi_2 - \varphi_1)/m$;在 z 方向均分为 n 格,则 j 编号从 1 到 $n+l$,步长为 $\Delta z = 2/n$。为便于编程计算,取压力分布函数 $p(\varphi, z)$ 的两个自由变量的节点数为 40×40。任意点 $p(i,j)$ 的一阶和二阶偏导数都可由周围节点变量值表示。

对 $p(x_{i+1}, y_j)$ 进行泰勒展开

$$p(x_{i+1}, y_j) = p_{i,j} + \frac{\partial p}{\partial x}\bigg|_{i,j}\Delta x + \frac{1}{2}\frac{\partial^2 p}{\partial x^2}\bigg|_{i,j}\Delta x^2 + \frac{1}{6}\frac{\partial^3 p}{\partial x^3}\bigg|_{i,j}\Delta x^3 + \cdots$$

$$(9.35)$$

对 $p(x_{i-1}, y_j)$ 进行泰勒展开

$$p(x_{i-1}, y_j) = p_{i,j} - \frac{\partial p}{\partial x}\bigg|_{i,j}\Delta x + \frac{1}{2}\frac{\partial^2 p}{\partial x^2}\bigg|_{i,j}\Delta x^2 - \frac{1}{6}\frac{\partial^3 p}{\partial x^3}\bigg|_{i,j}\Delta x^3 + \cdots$$

$$(9.36)$$

采用中差分公式,则变量 p 在 $p(i,j)$ 点的偏导数为

$$\begin{cases} \left(\dfrac{\partial p}{\partial x}\right)_{i,j} = \dfrac{p_{i+1,j} - p_{i-1,j}}{2\Delta x} \\[2mm] \left(\dfrac{\partial p}{\partial y}\right)_{i,j} = \dfrac{p_{i,j+1} - p_{i,j-1}}{2\Delta y} \\[2mm] \left(\dfrac{\partial^2 p}{\partial x^2}\right)_{i,j} = \dfrac{p_{i+1,j} + p_{i-1,j} - 2p_{i,j}}{(\Delta x)^2} \\[2mm] \left(\dfrac{\partial^2 p}{\partial y^2}\right)_{i,j} = \dfrac{p_{i,j+1} + p_{i,j-1} - 2p_{i,j}}{(\Delta y)^2} \end{cases}$$

$$(9.37)$$

将雷诺方程写成二维二阶偏微分方程的标准形式

$$A\frac{\partial^2 p}{\partial x^2} + B\frac{\partial^2 p}{\partial y^2} + C\frac{\partial p}{\partial x} + D\frac{\partial p}{\partial y} = E$$

$$(9.38)$$

将式(9.37)代入式(9.38),各节点变量 $p_{i,j}$ 与相邻节点变量的关系式可写为

$$p_{i,j} = C_N p_{i,j+1} + C_S p_{i,j-1} + C_E p_{i+1,j} + C_W p_{i-1,j} + G \qquad (9.39)$$

式(9.38)适用于全部内节点 $(i = 2\sim m,\ j = 2\sim n)$,因此共有 $(m-1)\times(n-1)$ 个式(9.39)构成一组对于 $(m-1)\times(n-1)$ 个内节点 $p_{i,j}$ 值的线性非齐次代数方程,从而可解出各个内节点的 $p_{i,j}$ 值。其中各系数为

$$\begin{cases} C_{\text{N}} = \left(\dfrac{B}{\Delta y^2} + \dfrac{D}{2\Delta y} \right)/k \\[3mm] C_{\text{S}} = \left(\dfrac{B}{\Delta y^2} - \dfrac{D}{2\Delta y} \right)/k \\[3mm] C_{\text{E}} = \left(\dfrac{A}{\Delta x^2} + \dfrac{C}{2\Delta x} \right)/k \\[3mm] C_{\text{W}} = \left(\dfrac{A}{\Delta x^2} - \dfrac{C}{2\Delta x} \right)/k \\[3mm] G = -\dfrac{E}{k} \\[3mm] k = 2\left(\dfrac{A}{\Delta x^2} + \dfrac{B}{\Delta y^2} \right) \end{cases} \tag{9.40}$$

对方程式(9.38)求解得

$$\begin{cases} A = h^3 \\[3mm] B = \dfrac{h^3}{r^2} \\[3mm] C = \dfrac{h^3}{r} + 3h^2 \dfrac{\partial h}{\partial r} \\[3mm] D = \dfrac{3h^2}{r^2} \dfrac{\partial h}{\partial \varphi} \\[3mm] E = 6\mu\omega \dfrac{\partial h}{\partial \varphi} \end{cases} \tag{9.41}$$

该方程组的求解,多种数值迭代计算方法均适用,如牛顿迭代法、超松弛迭代法等,在此不做求解过程介绍。

9.2.3 配流副油膜厚度和压力计算示例

表9.1给出了某型配流盘结构尺寸参数值,根据该表各尺寸和参数值进行计算,得到此配流盘下的油膜厚度分布如图9.7~图9.9所示。

表9.1 油膜厚度计算主要参数表

配流盘最大半径 R_a (mm)	45
外密封带外半径 R_4 (mm)	44
外密封带内半径 R_3 (mm)	38.4
内密封带外半径 R_2 (mm)	25.6
内密封带内半径 R_1 (mm)	22
高压带腰形槽角度范围 φ (°)	−66~66
低压带腰形槽角度范围 φ (°)	114~246

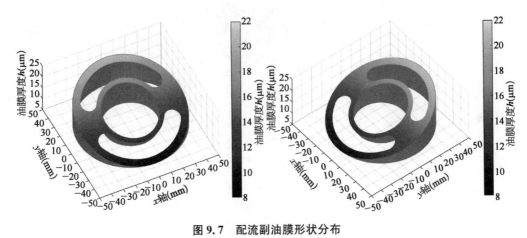

图 9.7 配流副油膜形状分布

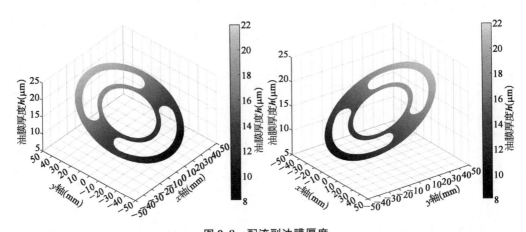

图 9.8 配流副油膜厚度

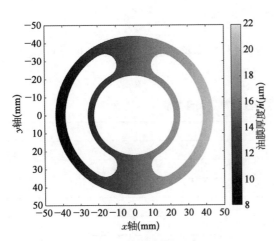

图 9.9 配流副油膜厚度二维分布

根据求解得到的油膜厚度值,可知该配流副油膜呈楔形状态分布,油膜厚度值最小为 8 μm,最大为 22 μm。

根据前述配流副油膜压力分布计算方法,设定柱塞泵的工作压力值 p 为 21 MPa,代入表 9.1 中的计算参数,采用中值有限差分法求解内外密封带区的压力场,计算结果如图 9.10 和图 9.11 所示。

由计算结果可知,由于腰形槽区域供油油液的压力作用,配流副的内

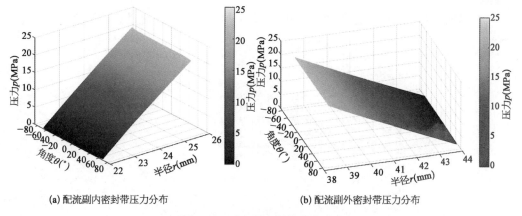

(a) 配流副内密封带压力分布　　　　　　　(b) 配流副外密封带压力分布

图 9.10　配流副密封带压力分布

外密封带处油膜的压力增加梯度较
大,油膜压力值在腰形槽区域达到供
油压力的最大值 21 MPa。

　　改变柱塞泵的工作压力值,令工
作压力分别为 28 MPa、35 MPa,在计
算结果中截取出腰形槽边界层的油膜
压力值,将三组压力值绘于图 9.12。

　　由图 9.12 可知,在腰形槽的边界
层上,油膜的最大压力等于柱塞泵的
供油压力,但由于腰形槽的入口与出

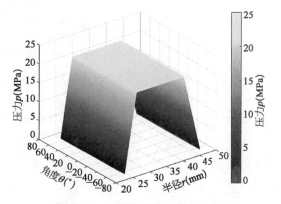

图 9.11　内外密封带区的压力场

口处受到配油过程中腰形槽不规则圆弧结构的影响,在高压区腰形槽入口处由于配流
过程排油高压的超调,使得该处的油膜压力略大于工作压力。同理,该腰形槽出口处的
油膜压力略低于工作压力,两处压力差均不大于 0.06 MPa。

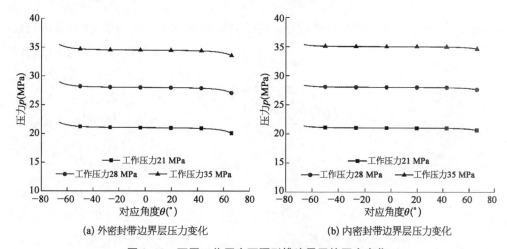

(a) 外密封带边界层压力变化　　　　　　　(b) 内密封带边界层压力变化

图 9.12　不同工作压力下腰形槽边界层的压力变化

根据配流副油膜泄漏流量的表达式,解出不同压力下泄漏流量和油膜厚度的关系,如图 9.13 所示。

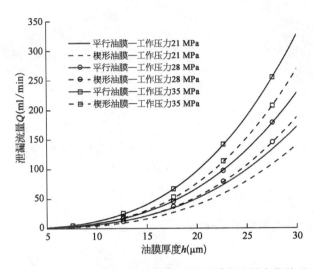

图 9.13 不同工作压力下泄流流量和油膜厚度的变化关系

由图 9.13 可知,密封带之间的压力差越大,则两种计算模型下的油液泄漏流量差值越大。当工作压力分别为 21 MPa、28 MPa 以及 35 MPa 的时候,20 μm 的油膜厚度对应的泄漏流量分别约为 40 ml/min、50 ml/min 和 70 ml/min,可见配流副的工作压力对油膜的泄漏流量影响较大。

9.3 配流副油膜温度计算模型及其温度场分布

9.3.1 配流副油膜温度场计算模型

图 9.14 所示为配流副的传热过程。配流副摩擦副主要由腰形槽、密封带所组成,将密封带等效为环形圆柱结构,在半径方向上存在温度梯度。在轴向柱塞泵的正常工作过程时,主要存在油液和缸体、油液和配流盘、油液内部以及缸体和配流盘与壳体中油液的传热过程。

由图 9.14 所示配流副的传热过程,根据牛顿冷却定律,配流盘的内壁面和外缘壁面温度的关系为

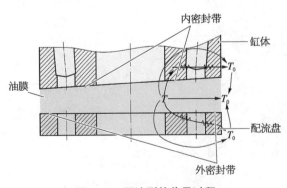

图 9.14 配流副热传导过程

$$\frac{T - T_{w11}}{\dfrac{1}{k_0 2\pi r_0 H_1}} = \frac{T_{w11} - T_{w12}}{\dfrac{\ln(R/r_0)}{k_1 2\pi H_1}} = \frac{T_{w12} - T_0}{\dfrac{1}{k_0 2\pi R H_1}} \tag{9.42}$$

因此,配流盘的传热速率为

$$\dot{Q}_1 = \frac{T - T_0}{\dfrac{1}{k_0 2\pi r_0 H_1} + \dfrac{\ln(R/r_0)}{k_1 2\pi H_1} + \dfrac{1}{k_0 2\pi R H_1}} \tag{9.43}$$

式中,k_0 为油液的导热系数;k_1 为配流盘的导热系数;T 为油液温度;T_0 为壳体内腔油液温度;T_{w11} 为配流盘中心的壁面温度;T_{w12} 为配流盘外缘的壁面温度;H_1 为配流盘的厚度。

将缸体等效为平行圆盘结构,缸体的内侧和外侧壁面温度的关系为

$$\frac{T - T_{w21}}{\dfrac{1}{k_0 A_{s1}}} = \frac{T_{w21} - T_{w22}}{\dfrac{H_2}{k_2 A_{s1}}} = \frac{T_{w22} - T_0}{\dfrac{1}{k_0 A_{s2}}} \tag{9.44}$$

因此,缸体的传热速率为

$$\dot{Q}_2 = \frac{T - T_0}{\dfrac{1}{k_0 A_{s1}} + \dfrac{H_2}{k_2 A_{s1}} + \dfrac{1}{k_0 A_{s2}}} \tag{9.45}$$

式中,k_2 为缸体的导热系数;H_2 为缸体高度;A_{s1} 为缸体的内侧传热面积;A_{s2} 为缸体的外侧传热面积;T_{w21} 为缸体的内侧温度;T_{w22} 为斜盘的外侧温度。

配流副间隙中油液的热对流速率为

$$\dot{Q}_3 = k_0 2\pi R \delta (T - T_0) \tag{9.46}$$

因此,油膜控制体的对流换热速率为

$$\dot{Q} = \dot{Q}_1 + \dot{Q}_2 + \dot{Q}_3 \tag{9.47}$$

柱塞泵工作时柱塞腔内油液压力为 p,在配流过程中,经过腰形槽后产生 Δp 压降,在内外密封带油膜处泄漏为 ΔQ,具体计算如前所述。

油液黏度对温度变化十分敏感。假设选用的油液为不可压缩液体,表 9.2 所列为 12 号航空液压油黏度和温度的对应数值。

表 9.2　不同温度下液压油的黏度

油液温度(℃)	20	30	40	50	60
油液黏度($\times 10^{-2}$ Pa·s)	2.537	1.720	1.290	1.209	0.95

对不同温度下油液的黏度进行函数拟合,得到

$$\mu = 0.025 e^{-0.03 \Delta t} \tag{9.48}$$

式中,Δt 为温度的变化量。

泄漏流量损失的能量和黏性摩擦损失的能量进入配流副,油膜的能量变化为

$$\Delta E = E_1 + E_2 \tag{9.49}$$

油膜的热量变化量反映为油膜的温度变化

$$t = \frac{\Delta E}{\rho c q_v} + t_0 \tag{9.50}$$

忽略流体微元间的热量传递,则每一个流体微元的温度变化是相互独立的,将配流副油膜分割为有限多个流体微元,即可得出配流副油膜的温度场特性曲线。

9.3.2 配流副油膜温度场分布

1) 不同工作压力下油膜温度分布

设定柱塞泵流入油液的温度为40℃,分别在21 MPa、28 MPa和35 MPa工作压力下,考察配流副间隙油膜温度的变化。将三组压力值作为油膜温度计算的输入压力,分别解得内外密封带油膜温度的变化值。

在配流盘内密封带中,随着半径向内变小,油膜的温度越来越高。由图9.15a可知,在内密封带半径为22 mm处油膜温度最高,油膜温度越高,则该处配流盘和缸体越容易在材料表面发生热形变,可以预见内密封带该处的损坏最为严重。

在配流盘外密封带中,半径越大,油膜的温度越高。由图9.15b可知,在内密封带半径为44 mm处油膜温度最高,油膜温度越高,则该处配流盘和缸体越容易在材料表

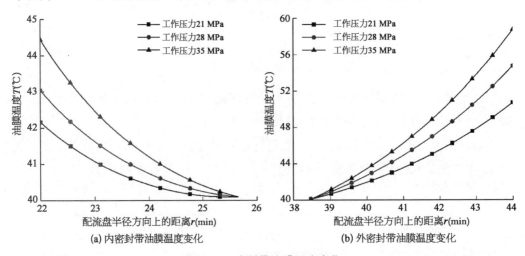

(a) 内密封带油膜温度变化   (b) 外密封带油膜温度变化

图 9.15　密封带油膜温度变化

面发生热形变,可以预见外密封带该处的损坏最为严重。

在 MATLAB 中求解得到配流盘的温度场,如图 9.16 所示。

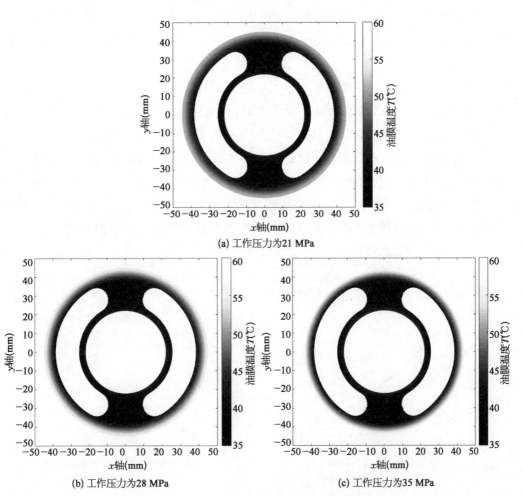

(a) 工作压力为21 MPa

(b) 工作压力为28 MPa

(c) 工作压力为35 MPa

图 9.16   不同工作压力下的配流盘温度分布场图

当柱塞泵的工作压力为 21 MPa 时,内密封带的内外侧温差为 1.5℃;当柱塞泵的工作压力为 28 MPa 时,内密封带的内外侧温差为 2℃;当柱塞泵的工作压力为 35 MPa 时,内密封带的内外侧温差为 3.5℃。由此可见,工作压力每增大 7 MPa,内密封带的最大温度仅上升 1.5～2℃,工作压力的变化对内密封带的温度影响并不是非常明显。

当柱塞泵的工作压力为 21 MPa 时,外密封带的温度上升 10℃;当柱塞泵的工作压力为 28 MPa 时,外密封带的温度上升 15℃;当柱塞泵的工作压力为 35 MPa 时,外密封带的温度上升 19℃。由此可见,工作压力每增大 7 MPa,外密封带的最大温度约上升 5℃。

由图 9.15 和图 9.16 可知,工作压力每增大 7 MPa,内密封带的最大温度上升 1.5～2℃,外密封带的最大温度上升约 4℃。其原因是泄漏流量随工作压力增大而增大,并且在油膜较厚的位置增大速度快。所以当供油压力增大时,泄漏流量引起的能量损失增大,油膜温度升高,并且在油膜越厚的位置温度变化越快。同时,当工作压力为 35 MPa 时在外密封带半径为 44 mm 处温度最大值达到 59℃,故油膜温度越高配流盘和缸体壁面在该处发生的热形变就越大,可预见在高压条件下配流盘与缸体壁面对应位置处容易发生磨损。

2)不同转速下油膜温度分布

设配流副流入油液的初始温度为 40℃,令柱塞泵主轴转速分别为 2 000 r/min、5 000 r/min、8 000 r/min,考察在这三种工况下配流副油膜的温度变化。

由图 9.17a 可知,在配流盘内密封带中,半径越小,油膜的温度越高。当柱塞泵的转速为 2 000 r/min 时,内密封带的温度上升 5℃;当柱塞泵的转速为 5 000 r/min 时,内密封带的温度上升 7℃;当柱塞泵的转速为 8 000 r/min 时,内密封带的温度上升 11℃。由上可知,随着工作转速的增大,内密封带的最大温度差的变化较为明显。

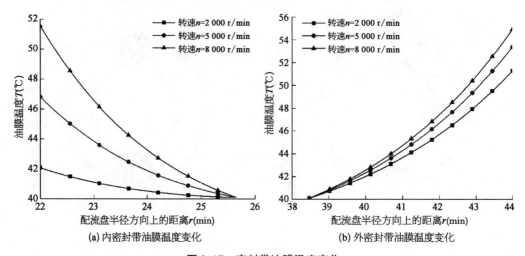

图 9.17 密封带油膜温度变化

由图 9.17b 可知,在配流盘外密封带中,半径越大,油膜的温度越高。当柱塞泵的转速为 2 000 r/min 时,外密封带的温度上升 15℃;当柱塞泵的转速为 5 000 r/min 时,外密封带的温度上升 17℃;当柱塞泵的转速为 8 000 r/min 时,外密封带的温度上升 18℃。由上可知,工作转速每增大 3 000 r/min 时,外密封带的最大温度仅上升 1~2℃。

在 MATLAB 中求解得到配流盘的温度场,如图 9.18 所示。

从配流副油膜温度场的变化可以发现,当轴向柱塞泵主轴速度发生变化时,随着主轴转速增加,配流副油膜的温度呈递增状态。从图 9.18 来看,主轴转速的上升对配流副油膜内密封带的影响更为强烈。

由图 9.17 和图 9.18 可知,工作转速每增大 3 000 r/min,内密封带的最大温度上升 4℃,外密封带的最大温度上升 2℃。其原因是黏性摩擦力随转速增大而增大,并且

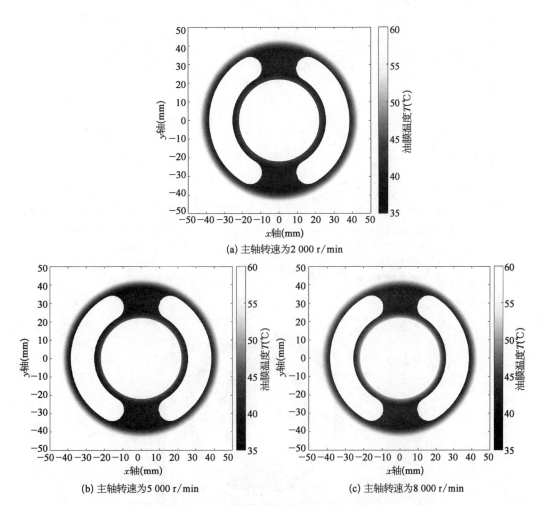

(a) 主轴转速为2 000 r/min

(b) 主轴转速为5 000 r/min

(c) 主轴转速为8 000 r/min

图 9.18　不同主轴转速时的配流盘温度场

在油膜越薄的位置其速度增大越快。所以当转速增大时,黏性摩擦能量损失增大,油膜温度升高,并且在油膜越薄的位置温度变化越快。同时,当转速达到 8 000 r/min 时,内外密封带中半径为 44 mm 以及 25.6 mm 处的温度分别达到 52℃ 和 56℃。油膜温度越高,配流盘和缸体壁面在该位置处发生的热形变就越大。可以预见,在高转速条件下配流盘与缸体壁面对应的位置处容易发生磨损。

3）不同油膜厚度时油膜温度分布

在配流副的工作工程中,配流盘和缸体之间的间隙油膜影响柱塞泵的工作效率和使用寿命。如果油膜厚度过大,配流副的泄漏流量增加,使得柱塞泵的容积效率下降;如果油膜厚度太小,会使得油膜最小的一端因为不易储存油液而出现缸体壁面和配流盘表面的干摩擦。不同油膜厚度下配流盘密封带油膜温度的变化如图 9.19 所示。

在配流盘内密封带中,半径越小,油膜的温度越高。图 9.19a 中,当柱塞泵的油膜厚度为 15 μm 时,内密封带的温度上升 5.3℃;当柱塞泵的油膜厚度为 18 μm 时,内密

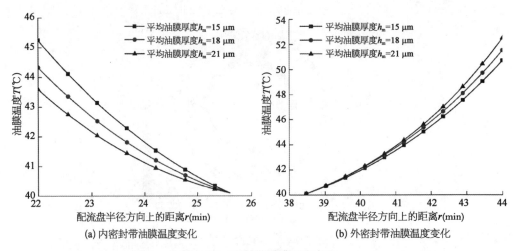

(a) 内密封带油膜温度变化 (b) 外密封带油膜温度变化

图 9.19 密封带油膜温度变化

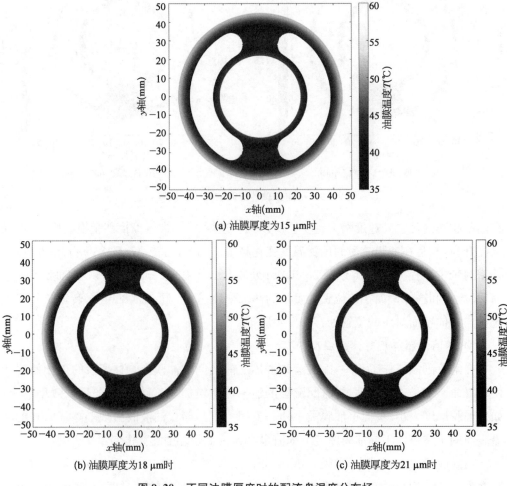

(a) 油膜厚度为15 μm时

(b) 油膜厚度为18 μm时 (c) 油膜厚度为21 μm时

图 9.20 不同油膜厚度时的配流盘温度分布场

封带的温度上升 4.5℃；当柱塞泵的油膜厚度为 21 μm 时，内密封带的温度上升 3.5℃。由上可知，配流副油膜厚度越大外密封带温升越慢。

在配流盘外密封带中，半径越大，油膜的温度越高。图 9.19b 中当柱塞泵的油膜厚度为 15 μm 时，外密封带的温度上升 11℃；当柱塞泵的油膜厚度为 18 μm 时，外密封带的温度上升 12.5℃；当柱塞泵的油膜厚度 21 μm 时，外密封带的温度上升 14℃。由上可知，配流副油膜厚度越大外密封带温升越快。

在 MATLAB 中求解得到配流盘的温度场，如图 9.19 所示。

由图 9.20 可知，配流副的油膜厚度越小，整个配流副的发热则越严重。内密封带中，平均油膜厚度每增加 3 μm 油膜最高温度下降 1℃；在外密封带中，平均油膜厚度每增加 3 μm 油膜最高温度上升 1.5℃；其原因是油膜越厚，泄漏流量引起的能量损失越大，黏性摩擦力越小，黏性摩擦能量损失越小。故在配流副中，油膜越薄，配流副外密封带温度越高。可以预见，在该处配流副与缸体壁面接触表面的形变越严重，配流盘与缸体壁面在内外密封带接触的表面更容易发生磨损。

第 10 章
轴向柱塞泵壳体热特性

　　液压泵是液压系统的主要发热来源之一。传统的液压系统温度控制通过对回油油液进行冷却,使油箱油温保持在合理范围内。这样,泵的入口油温基本保持恒定,泵能正常工作。但柱塞泵高压、高速、高可靠性和长寿命的发展趋势,使得泵的摩擦副工作条件更苛刻,尤其是在一些极端高温的工作环境中,如飞机发动机舱等。现代液压柱塞泵的设计需要考虑泵与环境的相容性。

　　本章采用控制体积法,考虑液压柱塞泵的三个重要摩擦副功率损失生热、泵内流体搅动损失生热和壳体散热,建立柱塞泵壳体热特性分析模型,得到柱塞泵壳体热特性的计算方法,可为液压柱塞泵温度控制设计提供参考。

10.1　轴向柱塞泵生热及散热机理分析

　　轴向柱塞泵的壳体热特性,是泵内部发热与壳体散热综合作用的结果。泵壳体内部的发热主要来自配流副、柱塞副、滑靴副这三大摩擦副的功率损失,以及缸体转动和柱塞转动时搅动油液的功率损失;而泵壳体油液与内部及与环境间的热交换主要有:① 壳体与油液以及外界环境之间的对流换热;② 壳体与外界环境的辐射换热;③ 壳体与转动部分之间的导热;④ 转动部分与油液之间的对流换热;⑤ 壳体回油的油液带走的热量。泵壳体的传热路径如图 10.1 所示,根据热力学第一定律,通过计算壳体油液

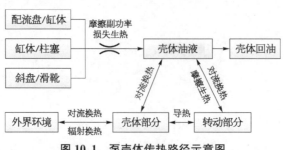

图 10.1　泵壳体传热路径示意图

的能量平衡,可得到稳态后的壳体及油液温度。

10.1.1 壳体内部功率损失生热

1) 配流副功率损失引起的油液温升

假设配流盘与缸体间的能量损失全部转换为热能,使密封带内油液内能增加,油液温度上升,泄漏到泵壳体内的存油容腔。若油液的初始温度为 T_0,变化后温度为 T_1。油液密度为 ρ,定压比热容为 c_p,且 ρ 和 c_p 为定常数,根据能量守恒定律有

$$\rho c_p q_1 (T_1 - T_0) = W_1 \Rightarrow T_1 = \frac{W_1}{\rho c_p q_1} + T_0 \tag{10.1}$$

式中,q_1 为配流盘与缸体间的总泄漏量;W_1 为配流盘与缸体间的总功率损失,包括泄漏损失 W_{1q} 和黏性摩擦功率损失 $W_{1\mu}$。

2) 滑靴副功率损失引起的温升

假设斜盘和滑靴间功率损失 W_2 全部转化为热能,使泄漏油液温度升高。设油液初始温度为 T_0,变化的温度后为 T_2,根据能量守恒定律有

$$\rho c_p q_2 (T_2 - T_0) = W_2 \Rightarrow T_2 = \frac{W_2}{\rho c_p q_2} + T_0 \tag{10.2}$$

式中,q_2 为斜盘和滑靴间的总泄漏量;W_2 为斜盘滑靴副的功率损失,包括泄漏损失 W_{2q} 和黏性摩擦功率损失 $W_{2\mu}$。

3) 柱塞副功率损失引起的温升

假设柱塞副的功率损失全部转化为热能,使油液温度上升,并泄漏到泵壳体的存油容腔中。设油液的初始温度为 T_0,变化后的油液温度为 T_3,根据能量守恒定律有

$$\rho c_p q_3 (T_3 - T_0) = W_3 \Rightarrow T_3 = \frac{W_3}{\rho c_p q_3} + T_0 \tag{10.3}$$

式中,q_3 为柱塞缸体副间的泄漏总能量;W_3 为柱塞缸体副的功率损失,包括泄漏损失 W_{3q} 和黏性摩擦功率损失 $W_{3\mu}$。

4) 搅动损失引起的温升

柱塞泵搅动功率损失主要包括两部分:一部分是缸体转动引起的功率损失;另一部分是柱塞和滑靴随缸体转动时引起的功率损失。为简化计算,将缸体等效为圆柱,泵壳体简化为与缸体同轴心的圆柱体;并假设流体在泵壳体与缸体之间的流动为纯剪切流。如图 10.2 所示。

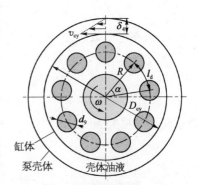

图 10.2 缸体与泵壳体之间的流体域示意图

缸体转动引起的功率损失为

$$W_{4cy} = \frac{\pi \mu l_{cy} D_{cy}^3 \omega^2}{4\delta_4}$$ (10.4)

式中，l_{cy} 为缸体的长度；D_{cy} 为缸体外径；l_{cy} 为缸体长度；μ 为流体的动力黏度；δ_4 为缸体与泵壳之间半径方向的间隙。

图中，D_{cy} 为缸体的直径；v_{cy} 为缸体外径处的线速度；δ_4 为缸体与泵壳体的间距；α 为柱塞间距角；ω 为缸体的角速度；l_d 为两柱塞轴线间的距离；R 为柱塞中轴线到转轴轴线的距离。

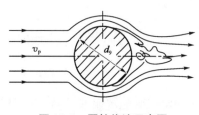

图 10.3　圆柱绕流示意图

柱塞和滑靴在运动过程中对流体有搅动作用，为简化计算，将滑靴部分等效为与柱塞一体的圆柱。柱塞在绕轴旋转运动的过程中，相当于柱塞横掠过流体，根据运动的相对性，可等效为图 10.3 的运动形式。则柱塞随缸体转动产生的搅动损失可近似为流体流过圆柱体时的绕流功率损失。

单个柱塞运动时产生的阻力为

$$F_i = \frac{1}{2} C_D \rho v_p^2 A_i$$ (10.5)

式中，C_D 为绕流阻力系数；A_i 为柱塞的迎流面积；$v_p = R\omega$ 为柱塞与流体运动的相对速度。

柱塞泵有多个柱塞，且两柱塞间的间隔较小，运动过程中前一个柱塞对后一个柱塞产生遮挡作用显著，因而多个柱塞一起运动的绕流阻力远小于每个柱塞绕流阻力的直接叠加。做如下假设：将柱塞在壳体油液中的旋转运动等效为流体流过串列圆柱时的运动，其绕流阻力系数可通过相关实验获得。故泵运转时，柱塞产生的绕流阻力为

$$F_d = \sum_{i=1}^{z} \frac{1}{2} C_{Di} \rho v_p^2 A_i$$ (10.6)

式中，z 为柱塞个数；C_{Di} 为相应柱塞的绕流阻力系数。

柱塞搅动功率损失为

$$W_{4p} = F_d v_p$$ (10.7)

总搅动功率损失为

$$W_4 = W_{4cy} + W_{4p}$$ (10.8)

同理，假设摩擦损失的能量全部转为油液的温升，油液的初始温度为 T_0，变化后的油液温度为 T_4，根据能量守恒定律得

液压柱塞泵热分析基础理论及应用

$$\rho c_{\mathrm{p}} q_4 (T_4 - T_0) = W_4 \Rightarrow T_4 = \frac{W_4}{\rho c_{\mathrm{p}} q_4} + T_0 \tag{10.9}$$

10.1.2 壳体热交换途径

1) 泵壳体与油液的对流换热

因泵内缸体的转动,壳体油液处于被搅动的状态,故壳体与泵内油液的换热为强迫对流换热,可表示为

$$\dot{Q}_{\mathrm{cf}} = \alpha_{\mathrm{cf}} (T_{\mathrm{cn}} - T_{\mathrm{f}}) A_{\mathrm{cf}} \tag{10.10}$$

式中,$\dot{Q}_{\mathrm{cf}}$ 为泵壳体同油液的对流换热速率;α_{cf} 为泵壳体同油液的对流换热系数;T_{cn} 为壳体内表面的温度;T_{f} 为壳体内油液的温度;A_{cf} 为壳体内部油液同壳体的换热面积。

$$\alpha_{\mathrm{cf}} = \frac{\lambda_{\mathrm{f}}}{d_{\mathrm{cf}}} Nu \tag{10.11}$$

式中,λ_{f} 为油液的导热系数;d_{cf} 为泵壳体内表面结构特征直径;Nu 为对流换热的努塞特数(Nusselt number)。强迫对流的努塞特数可表示为

层流时:$Nu = 1.86 \left(Re \cdot Pr \dfrac{d}{l} \right)^{0.33}$

紊流时:$Nu = 0.027 Re^{0.8} Pr^{0.33}$

式中,Re 为雷诺数;Pr 为普朗特数;d 为结构特征直径;l 为特征长度。

2) 泵壳体与环境的对流换热

泵壳体与环境的对流换热一般情况下为自然对流换热,可表示为

$$\dot{Q}_{\mathrm{ch1}} = \alpha_{\mathrm{ch}} (T_{\mathrm{cw}} - T_{\mathrm{h}}) A_{\mathrm{ch}} \tag{10.12}$$

式中,$\dot{Q}_{\mathrm{ch1}}$ 为泵壳体与外界环境的对流换热速率;α_{ch} 为泵壳体与外界环境的对流换热系数;T_{cw} 为壳体外表面的温度;T_{h} 为环境温度;A_{ch} 为壳体外部与环境间的换热面积。

自然对流换热的努塞特数可表示为

$$Nu = 0.6 + 0.387 \left\{ \frac{Gr \cdot Pr}{[1 + (0.559/Pr)]^{9/16}} \right\}^2 \tag{10.13}$$

式中,Gr 为格拉晓夫数。

3) 泵壳体与环境间的辐射换热

泵壳体与环境间的辐射换热 $\dot{Q}_{\mathrm{ch2}}$ 可表示为

$$\dot{Q}_{\mathrm{ch2}} = \varepsilon \sigma (T_{\mathrm{cn}}^4 - T_{\mathrm{h}}^4) A_{\mathrm{ch}} \tag{10.14}$$

式中,ε 为壳体材料的黑度;σ 为斯特藩-玻尔兹曼常量。

4）泵内转动部分与油液的对流换热

泵内转动部分与油液的换热为强迫对流换热，其换热率 $\dot{Q}_{sf}$ 可表示为

$$\dot{Q}_{sf} = \alpha_{sf}(T_s - T_f)A_{sf} \tag{10.15}$$

式中，α_{sf} 为转动部分同油液的对流换热系数；T_s 为转动部分的表面温度；A_{sf} 为转动部分同壳体油液的换热面积。

5）泵内转动部分与壳体的热传导

泵内转动部分与壳体间的热传导 $\dot{Q}_{cs}$ 可表示为

$$\dot{Q}_{cs} = \lambda_c \frac{(T_s - T_{cw})}{h_c} A_{cs} \tag{10.16}$$

式中，λ_c 为泵壳体的导热系数；h_c 为泵壳体的厚度；A_{cs} 为转动部分和壳体的接触面积。

10.2 泵壳体内热源的理论计算

泵壳体热特性分析时的内部发热按如下进行计算。

10.2.1 配流副泄漏油液的温升计算

如图 10.4 所示为配流盘的结构示意图，根据平板缝隙流的流量计算公式，可得配流盘和缸体之间的泄漏量为

$$q_1 = \frac{\varphi_0 \delta_1^3}{12\mu}\left(\frac{1}{\ln R_2 - \ln R_1} + \frac{1}{\ln R_4 - \ln R_3}\right)(p_s - p_0) \tag{10.17}$$

式中，φ_0 为配流盘的封油角度；δ_1 为缸体与配流盘的间隙；R_1、R_2、R_3、R_4 分别为配流盘内外封油带尺寸；p_s、p_0 分别为泵输出压力和泵壳内流体压力。

当柱塞个数为奇数时，每一时刻参与吸排油的柱塞个数不同，封油带包角也在变化，如图 10.5 所示。

当有 $\frac{z+1}{2}$ 个柱塞排油时，封油带的实际包角 φ_1 为

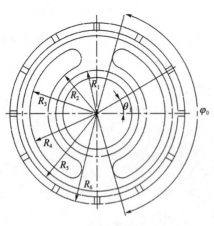

图 10.4　配流盘结构示意图

$$\varphi_1 = \frac{(z-1)\alpha}{2} + \alpha_0 \tag{10.18}$$

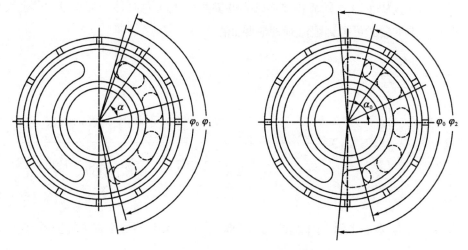

图 10.5 配流盘实际包角示意图

当有 $\dfrac{z-1}{2}$ 个柱塞排油时,封油带的实际包角 φ_2 为

$$\varphi_2 = \frac{(z-3)\alpha}{2} + \alpha_0 \tag{10.19}$$

为便于计算,取平均包角 $\overline{\varphi_0}$ 为配流盘的实际封油角度

$$\overline{\varphi_0} = \frac{\varphi_1 + \varphi_2}{2} = \frac{(z-2)\alpha}{2} + \alpha_0 \tag{10.20}$$

式中,z 为柱塞个数;α_0 为柱塞腔通油孔包角;α 为柱塞间间距角度。

因此,摩擦副的泄漏功率损失为

$$W_{1q} = q_1(p_s - p_0) = \frac{\overline{\varphi_0}\delta_1^3}{12\mu}\left(\frac{1}{\ln R_2 - \ln R_1} + \frac{1}{\ln R_4 - \ln R_3}\right)(p_s - p_0)^2 \tag{10.21}$$

除泄漏损失外,缸体与配流盘之间还有黏性摩擦损失。则配流盘与缸体之间的黏性摩擦功率损失为

$$
\begin{aligned}
W_{1\mu} &= M_1\omega = \omega\iint_s (\tau \cdot r)r\,\mathrm{d}r\,\mathrm{d}\varphi \\
&= \omega\iint_s \left(\frac{\mu\omega r}{\delta_1} \cdot r\right)r\,\mathrm{d}r\,\mathrm{d}\varphi \\
&= \frac{\mu\pi\omega^2}{2\delta_1}\left[\frac{z\theta_1}{2\pi}(R_6^4 - R_5^4) + (R_4^4 - R_1^4) - \frac{\varphi_0}{\pi}(R_3^4 - R_2^4)\right] \tag{10.22}
\end{aligned}
$$

式中，R_5、R_6、θ_1 为图 10.4 配流盘对应的结构参数尺寸；ω 为缸体与配流盘的角速度差。

根据上节的公式可得到配流副的泄漏油液温升

$$T_1 - T_0 = \frac{W_1}{\rho c_p q_1}$$

$$= \frac{1}{\rho c_p} \left[(p_s - p_0) + \frac{6\pi \mu^2 \omega^2}{\varphi_0 \delta_1^4} \frac{\frac{z\theta_1}{2\pi}(R_6^4 - R_5^4) - \frac{\varphi_0}{\pi}(R_3^4 - R_2^4) + (R_4^4 - R_1^4)}{\left(\dfrac{1}{\ln R_2 - \ln R_1} + \dfrac{1}{\ln R_4 - \ln R_3} \right)(p_s - p_0)} \right]$$

$$(10.23)$$

需注意的是，根据具体配流盘的几何结构的不同，其摩擦功率损失的公式有不同的形式。

若配流盘的结构尺寸参数为：$R_1 = 23.5\ \text{mm}$；$R_2 = 27.85\ \text{mm}$；$R_3 = 38.15\ \text{mm}$；$R_4 = 42.25\ \text{mm}$；$R_5 = 410.25\ \text{mm}$；$R_6 = 49.3\ \text{mm}$；$\alpha_0 = 30°$；$\alpha = 40°$；$\varphi_0 = 140°$；油膜厚度 $\delta_1 = 15\ \mu\text{m}$；缸体转速 $n = 1\,500\ \text{r/min}$，压油区压力为 21 MPa，壳体回油压力为 0.1 MPa；油液采用 12 号航空液压油，其定压比热容 $c_p = 1\,950\ \text{J/(kg·K)}$，密度 $\rho = 844.1\ \text{kg/m}^3$，动力黏度 $\mu = 0.021\,1\ \text{kg/(m·s)}$；计算得出配流盘与缸体间的泄漏流量为 $1.3 \times 10^{-5}\ \text{m}^3/\text{s}$，即 0.78 L/min。由此可得出泄漏功率损失为 270.96 W；摩擦功率为 190.87 W；油液温升为 21.64℃。

10.2.2　滑靴副泄漏油液的温升计算

图 10.6 所示为滑靴副简图，假设滑靴与斜盘表面未产生倾覆力矩，即滑靴与斜盘形成的油膜为等厚的油膜。由流量连续性方程及平行平板间的放射流动流量公式可知单个滑靴副的泄漏流量为

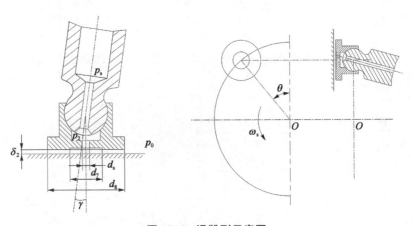

图 10.6　滑靴副示意图

$$\Delta q_2 = \frac{\pi \delta_2^3 (p_2 - p_0)}{6\mu \ln(d_8/d_7)} \tag{10.24}$$

式中，p_2 为滑靴油室内压力；d_7、d_8 为滑靴底面密封带的内径和外径；δ_2 为滑靴副的油膜厚度。

单个滑靴副的泄漏功率损失为

$$\Delta W_{2q} = \frac{\pi \delta_2^3 (p_2 - p_0)^2}{6\mu \ln(d_8/d_7)} \tag{10.25}$$

若假设滑靴副为静压支撑，忽略摩擦力、压盘作用力、柱塞的惯性力，则斜盘的受力平衡方程为

$$\frac{\pi d_9^2}{4} p_s = \frac{\pi p_2 (d_8^2 - d_7^2) \cos\gamma}{2\ln(d_8/d_7)} \tag{10.26}$$

式中，γ 为斜盘倾角；d_9 为柱塞直径。

将 p_2 用 p_s 表示，且忽略壳体回油压力，则流量公式可化为

$$\Delta q_2 = \frac{\pi \delta_2^3 d_9^2 p_s}{12\mu (d_8^2 - d_7^2) \cos\gamma} \tag{10.27}$$

单个滑靴副的泄漏功率损失可化为

$$\Delta W_{2q} = \frac{\pi \delta_2^3 \ln(d_8/d_7)}{24\mu} \left[\frac{d_9^2 p_s}{(d_8^2 - d_7^2) \cos\gamma} \right]^2 \tag{10.28}$$

斜盘与滑靴间的黏性摩擦功率损失，滑靴在斜盘内表面绕 O 点做椭圆运动。假设滑靴沿斜盘表面滑行的角速度为 ω_s，滑靴矢径为 ρ_s，则单个滑靴沿斜盘滑靴时的黏性摩擦功率为

$$\Delta W_{2\mu} = Fv_s = \mu \frac{\pi}{4} (d_8^2 - d_7^2) \frac{v_s}{\delta_2} v_s = \frac{\pi \mu (d_8^2 - d_7^2)}{4\delta_2} \omega_s^2 \rho_s^2 \tag{10.29}$$

事实上滑靴在斜盘平面上的运动轨迹是以 $\dfrac{R}{\cos\gamma}$ 为长半轴、R 为短半轴的椭圆，故对任意转角 φ 的矢径和滑靴绕 O 旋转的角速度为

$$\begin{cases} \rho_s = R\sqrt{1 + \tan^2\gamma \cos^2\varphi} \\ \omega_s = \dfrac{\omega \cos\gamma}{\cos^2\varphi + \sin^2\varphi \cos^2\gamma} \end{cases} \tag{10.30}$$

斜盘黏性摩擦功率损失公式最终为

$$\Delta W_{2\mu} = \frac{\mu \pi \omega^2 R^2 (d_8^2 - d_7^2)}{4\delta_2 \cos \gamma} \tag{10.31}$$

假设柱塞泵的柱塞个数为 z,若 z 为奇数时,处于压油区的滑靴个数可能为 $\frac{z+1}{2}$;

若 z 为偶数,则有 $\frac{z}{2}$ 个滑靴处于压油区。以奇数柱塞泵为例,由滑靴副的功率损失引

起的油液温升为

$$T_2 - T_0 = \frac{z \pm 1}{2\rho c_p q_2} \left\{ \frac{\pi \delta_2^3}{24\mu} \ln \left(\frac{d_8}{d_7} \right) \left[\frac{d_9^2 p_s}{(d_8^2 - d_7^2) \cos \gamma} \right]^2 + \frac{\mu \pi \omega^2 R^2 (d_8^2 - d_7^2)}{4\delta_2 \cos \gamma} \right\} \tag{10.32}$$

式中,q_2 为滑靴副压油区的总泄漏量。

若柱塞参数尺寸为 $d_7 = 16\,\mathrm{mm}$,$d_8 = 28\,\mathrm{mm}$,油膜厚度 $\delta_7 = 15\,\mu\mathrm{m}$;计算得单个滑靴副泄漏流量 $\Delta q_2 = 8.4 \times 10^{-7}\ \mathrm{m}^3/\mathrm{s}$,由此可得出泄漏功率损失为 $4.70\ \mathrm{W}$;摩擦功率损失为 $31.68\ \mathrm{W}$;故由功率损失引起的油液温升为 $26.34\,℃$。

10.2.3　柱塞副泄漏油液的温升计算

若柱塞在缸体内平行无偏斜放置(图 10.7),缸体腔室内压力为 p_s,柱塞与缸孔之间的油膜厚度为 δ_3 时,单个柱塞与缸体间的泄漏量为

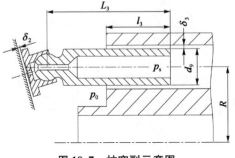

图 10.7　柱塞副示意图

$$\Delta q_3 = \frac{\pi d_9 \delta_3^3 (p_s - p_0)}{12\mu l_3} \tag{10.33}$$

式中,d_9 为柱塞直径;l_3 为摩擦副接触长度。

假设柱塞相对缸体的运动速度为 v_3,则根据牛顿黏性定律有

$$\Delta F_3 = \mu l_3 \pi d_9 \frac{v_3}{\delta_3} \tag{10.34}$$

由于柱塞随缸体一起转动,则处于压油区的柱塞因黏性摩擦力所损耗的平均功率为

$$\Delta W_{3\mu} = \frac{1}{\pi} \int_0^\pi \Delta F_3 v_3 \mathrm{d}\varphi = \frac{\pi \mu l_3 d_9 \omega^2 R^2 \tan^2 \gamma}{2\delta_3} \tag{10.35}$$

式中,γ 为斜盘倾角;φ 为缸体转动的角度;R 为柱塞中心到缸体中心的距离,即配流盘腰形槽中心的半径。

因此柱塞副总功率损失引起的温升为

$$T_3 - T_0 = \frac{\pi d_9 (z \pm 1)}{4 \rho c_p q_3} \left[\frac{\delta_3^3 (p_s - p_0)^2}{6 \mu l_3} + \frac{\mu l_3 \omega^2 R^2 \tan^2 \gamma}{\delta_3} \right] \quad (10.36)$$

若柱塞副的参数如下：$L_3 = 70$ mm；l_3 取 35 mm；柱塞直径 $d_9 = 22.2$ mm；$R = 46$ mm；$\alpha = 16°$；油膜厚度 $\delta_3 = 15$ μm；压油区压力 $p_3 = 21$ MPa；通过计算得到单个柱塞副泄漏流量 $\Delta q_3 = 10.55 \times 10^{-7}$ m³/s，泄漏功率损失为 11.60 W；黏性摩擦损失功率为 7.37 W；由此计算得出温升为 20.76℃。

10.2.4 搅动生热引起的温升计算

关于泵内部搅动生热的计算以下面的算例加以说明。取缸体的平均直径为 122 mm，缸体与壳体之间的油液厚度为 6 mm，缸体长度为 75 mm。设柱塞数 z 为 9，则 l_d / d_9 为 1.79；由泵转速为 1 500 r/min 可算出柱塞绕流的雷诺数为 6 413，由相关文献中圆柱阻力系数随雷诺数变化规律，可取 $C_d = 1$。由串列圆柱绕流遮挡效应，当两个物体纵向排列时，后面一个物体的迎面阻力系数总是大大地小于第一个物体的迎面阻力系数，查阅相关文献资料，可设各柱塞的阻力系数，见表 10.1。

表 10.1 阻力系数及柱塞有效面积

i	1	2	3	4	5	6	7	8	9
C_d	1	−0.4	0.5	−0.2	0	−0.2	0.5	−0.4	1
A(mm²)	599	531	357	160	31	160	357	531	599

由式(10.8)知搅动功率损失为

$$W_4 = \frac{\pi D_4^3 l_4 \mu \omega^2}{4 \delta_4} + \sum_{i=1}^{z} \frac{1}{2} C_{Di} \rho v_p^3 A_i = 9.28 + 11.51 = 20.79 (\text{W})$$

由摩擦引起的温升为

$$T_4 - T_0 = \frac{W_4}{\rho c_p q_4} = \frac{4 \times 20.79 \times 10^9}{844.1 \times 1\,950 \times 6 \times 75 \times 122 \times 157} = 0.005\,9 (\text{℃})$$

当泵的实际结构尺寸中缸体与壳体之间的间距较小或者转速很高时，需要考虑缸体与壳体之间油液引起的温升。

10.3 泵壳体稳态热分析

泵壳体稳态热分析是将内部生热作为恒定热源，考虑泵内部与壳体、壳体与外界环境之间存在热交换，最终达到热平衡状态时，求解得到泵壳体温度分布场。

可采用 ANSYS 软件的 WORKBENCH 模块进行计算。

10.3.1 泵壳体有限元分析模型

柱塞泵的壳体结构复杂，为了便于有限元单元网格的划分，减少计算时间，需要对壳体模型进行相应简化，忽略螺纹、倒角、小孔等微小特征。简化后的有限元模型如图 10.8 所示。

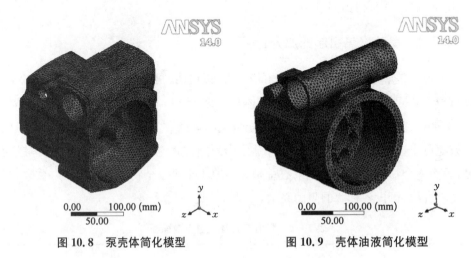

图 10.8　泵壳体简化模型　　　　　　图 10.9　壳体油液简化模型

建立壳体内部的油液模型作为内部温度热源加载，如图 10.9 所示。

柱塞泵摩擦副的油膜模型如图 10.10 所示。需要指出的是，由于油膜很薄，可以采用壳单元划分网格，用抽取中面的方式提高网格的划分质量。温度源加载在油膜与壳体油液的交界处设置温度值，包括作为热源的油膜温度和环境温度，如图 10.11 所示。

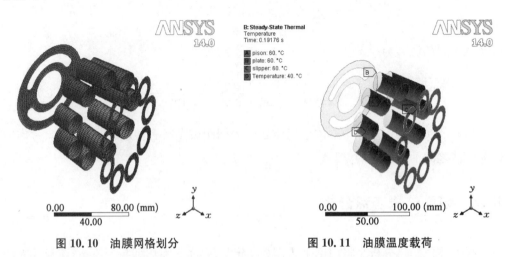

图 10.10　油膜网格划分　　　　　　图 10.11　油膜温度载荷

10.3.2 壳体稳态热分析算例

设壳体材料为灰铸铁,密度为 $7\,200\ \text{kg/m}^3$;定压比热容为 $460\ \text{J/(kg·K)}$;导热系数为 $80\ \text{W/(m·K)}$;壳体同油液的强迫对流换热系数为 $516\ \text{W/(m}^2\text{·K)}$,壳体同空气的自由对流换热系数为 $10\ \text{W/(m}^2\text{·K)}$。

壳体同油液的对流换热系数计算如下:假设泵的转速为 $1\,500\ \text{r/min}$,取缸体外径为 $120\ \text{mm}$,则可计算出缸体侧面流体流速,由于壳体不动,以壳体和缸体之间的中间层油液速度为壳体内的油液流速。则中间层油液的雷诺数为

$$Re = \frac{\rho v d}{\mu} = \frac{844.1 \times 4.7 \times 0.12}{0.021\,1} = 22\,562$$

普朗特系数为

$$Pr = \frac{\mu c_{\text{p}}}{\lambda_{\text{f}}} = \frac{0.021\,1 \times 1\,950}{0.125} = 329$$

则强迫对流的努塞特系数为

$$Nu = 0.027 Re^{0.8} Pr^{0.33} = 556$$

故壳体与壳内油液的对流换热系数为

$$\alpha_{\text{cf}} = \frac{\lambda_{\text{f}}}{d_{\text{cf}}} Nu = \frac{0.125 \times 556}{128 \times 10^{-3}} = 543\,[\text{W/(m}^2\text{·K)}]$$

泵壳体稳态热分析温度载荷设置和仿真结果如图 10.12 和图 10.13 所示。泵壳体表面温度并不均匀,存在温度差,但差值不大。

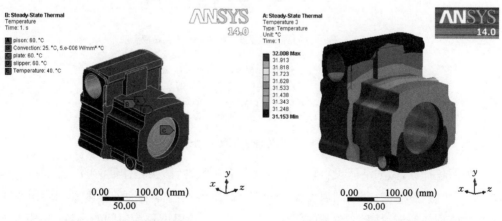

图 10.12 温度载荷设置　　　　图 10.13 泵壳体温度分布云图

当环境温度依次设置为 0℃、10℃、20℃、30℃和 40℃时,计算结果见表 10.2。环

境温度越低泵壳体温度也越低,且壳体温度差越大。

表 10.2 不同环境温度下的壳体温度(℃)

环 境 温 度	0	10	20	30	40
泵壳体最低温度	10.948	19.031	27.112	31.196	43.287
泵壳体最高温度	12.467	20.285	28.1	31.918	43.745
温 差	1.519	1.254	0.988	0.722	0.458

本模型中假设壳体油液静止,且作为热交换充分的稳态传热,导致计算结果有一定误差,但是可以看出大致的壳体温度场分布状态及变化趋势。

10.4 控制体积法壳体热分析

根据柱塞泵三大摩擦副分布位置将泵壳体内部体积划分为三个控制体(图 10.14),利用控制体能量守恒求解控制体内油液温度瞬时变化规律,进而求出各控制体的最终平衡温度,并在 ANSYS 分析中将泵壳体油液也划分为三部分,将计算出的控制体平衡温度代入,通过稳态热分析求解泵壳体的温度分布。这种方法的模型更接近真实工作状态,模型精度更高。

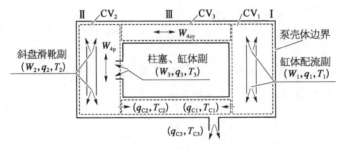

W_1, q_1, T_1——配流副的功率损失,泄漏流量,泄漏油液温度
W_2, q_2, T_2——滑靴副的功率损失,泄漏流量,泄漏油液温度
W_3, q_3, T_3——柱塞副的功率损失,泄漏流量,泄漏油液温度
q_{C1}, q_{C2}, q_{C3}——流出控制体 CV_1,CV_2,CV_3 的流量
T_{C1}, T_{C2}, T_{C3}——控制体 CV_1,CV_2,CV_3 的温度
W_{4cy},W_{4p}——缸体与柱塞旋转引起的摩擦功率损失

图 10.14 泵壳体油液控制体划分示意图

为简化计算,做如下假设:① 工作介质具有常数性,即泵壳体油液的密度、黏度、压力、定压比热容不随时间空间温度变化而变化;② 各控制体内油液温度采用均值来表征控制体积的油液温度,忽略其内部温度梯度;③ 油液温度仅为时间的函数;④ 模型中只考虑能量在摩擦副、壳内油液、壳体、外界环境之间的传递,忽略辐射散热及其他原因产生的能量损失。

泵壳体油液的传热过程用控制体热分析模型表示,如图 10.15 所示。

10.4.1　控制体 CV_1 油温变化规律

流入控制体 CV_1 的能量有:① 流入控制体 CV_1 的缸体与配流盘之间泄漏油液所携带的能量;② 配流盘和控制体 CV_1 中油液的对流换热。

流出控制体 CV_1 的能量有:① 流出控制体 CV_1 的油液携带的能量;② 控制体

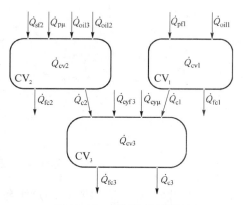

图 10.15　控制体能量框图

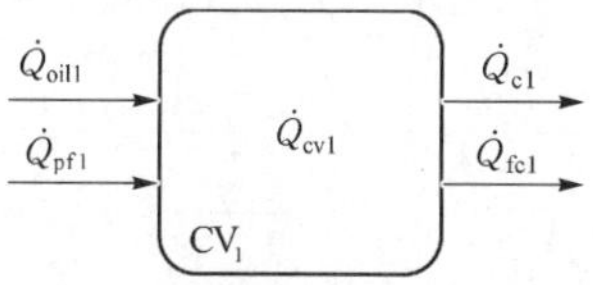

CV_1 中油液与壳体之间的对流换热。其能量传递框图如图 10.16 所示。

$\dot{Q}_{oil1}$—流入控制体 CV_1 的配流副泄漏油液所具有的能量速率;

$\dot{Q}_{c1}$—流出控制体 CV_1 的油液所具有的能量速率;

$\dot{Q}_{fc1}$—控制体 CV_1 的油液与泵壳体对流换热而流出能量速率;

$\dot{Q}_{cv1}$—控制体 CV_1 的内能增加速率;

$\dot{Q}_{pf1}$—流入控制体 CV_1 的油液与配流副对流换热而进入 CV_1 传热速率

图 10.16　控制体 CV_1 的能量框图

根据控制体 CV_1 的能量流图可得

$$\dot{Q}_{oil1} + \dot{Q}_{pf1} - \dot{Q}_{fc1} - \dot{Q}_{c1} = \dot{Q}_{cv1} \tag{10.37}$$

1)液压油携带能量项 $\dot{Q}_{oil1}$、$\dot{Q}_{c1}$ 求解

若配流副泄漏损失的油液温度为 T_1,泄漏流量为 q_1 即流入控制体的流量为 q_1,流出控制体的流量为 q_{C1},则有

$$\begin{cases} \dot{Q}_{oil1} = \rho c_p q_1 T_1 \\ \dot{Q}_{c1} = \rho c_p q_{C1} T_{C1} \end{cases} \tag{10.38}$$

2)对流换热项 $\dot{Q}_{pf1}$、$\dot{Q}_{fc1}$ 的计算

(1)求解 $\dot{Q}_{pf1}$。根据配流副的结构特征,配流盘温度传递过程为:配流副的泄漏高温油传递给配流盘一侧,配流盘内部热传导,配流盘另一侧传递给壳体油液,如图 10.17 所示。

图中,T_{1in}、T_{1out} 分别为配流盘两表面的温度;α_{fp} 为油液与配流盘之间的对流换热系数;λ_{pl} 为配流盘的导热系数;A_{pl} 为配流盘的传热面积。

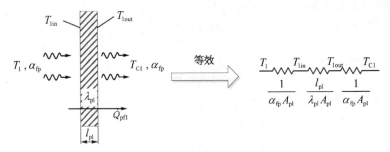

图 10.17　配流盘传热流图

由傅里叶传热定律和牛顿冷却定律有

$$
\begin{cases}
\dot{Q}_{\mathrm{pf1}} = \dfrac{T_1 - T_{\mathrm{C1}}}{\dfrac{1}{\alpha_{\mathrm{fp}} A_{\mathrm{pl}}} + \dfrac{l_{\mathrm{pl}}}{\lambda_{\mathrm{pl}} A_{\mathrm{pl}}} + \dfrac{1}{\alpha_{\mathrm{fp}} A_{\mathrm{pl}}}} \\[6mm]
\dot{Q}_{\mathrm{pf1}} = \dfrac{T_1 - T_{\mathrm{1in}}}{\dfrac{1}{\alpha_{\mathrm{fp}} A_{\mathrm{pl}}}} = \dfrac{T_{\mathrm{1in}} - T_{\mathrm{1out}}}{\dfrac{l_{\mathrm{pl}}}{\lambda_{\mathrm{pl}} A_{\mathrm{pl}}}} = \dfrac{T_{\mathrm{1out}} - T_{\mathrm{C1}}}{\dfrac{1}{\alpha_{\mathrm{fp}} A_{\mathrm{pl}}}}
\end{cases}
\tag{10.39}
$$

令 $\overline{\lambda_1} = \dfrac{l_{\mathrm{pl}} \alpha_{\mathrm{fp}}}{\lambda_{\mathrm{pl}}}$，$R_{\mathrm{pc1}} = \dfrac{1}{\alpha_{\mathrm{fp}} A_{\mathrm{pl}}} + \dfrac{l_{\mathrm{pl}}}{\lambda_{\mathrm{pl}} A_{\mathrm{pl}}} + \dfrac{1}{\alpha_{\mathrm{fp}} A_{\mathrm{pl}}}$，并整理上式可得

$$
\begin{bmatrix} T_{\mathrm{1in}} \\[2mm] T_{\mathrm{1out}} \end{bmatrix} =
\begin{bmatrix} \dfrac{1}{\overline{\lambda_1} + 2} & \dfrac{\overline{\lambda_1} + 1}{\overline{\lambda_1} + 2} \\[4mm] \dfrac{\overline{\lambda_1} + 1}{\overline{\lambda_1} + 2} & \dfrac{1}{\overline{\lambda_1} + 2} \end{bmatrix}
\begin{bmatrix} T_{\mathrm{C1}} \\[2mm] T_1 \end{bmatrix}
\tag{10.40}
$$

（2）求解 $\dot{Q}_{\mathrm{fc1}}$。将泵壳体外形等效为圆柱，根据空心圆柱体的传热公式，可得壳体油液同壳体的对流换热公式，泵壳体 Ⅰ 段的传热流图如 10.18 所示。

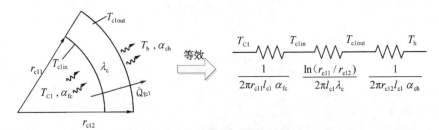

图 10.18　泵壳体 Ⅰ 段的传热流图

图中，T_{c1in}、T_{c1out}、T_{h} 分别为泵壳体的内表面温度、外表面温度以及环境温度；α_{fc} 为泵壳体内油液与壳体内表面的对流换热系数，α_{ch} 为外界环境与壳体的对流换热系数；r_{c11}、r_{c12} 分别为泵壳体的内外半径；l_{c1} 为泵壳体 Ⅰ 段的长度。

由传热流图可求出对流换热速率为

$$\begin{cases} \dot{Q}_{\mathrm{fc1}} = \dfrac{T_{\mathrm{C1}} - T_{\mathrm{h}}}{\dfrac{1}{2\pi r_{\mathrm{c11}} l_{\mathrm{c1}} \alpha_{\mathrm{fc}}} + \dfrac{\ln(r_{\mathrm{c11}}/r_{\mathrm{c12}})}{2\pi l_{\mathrm{c1}} \lambda_{\mathrm{c}}} + \dfrac{1}{2\pi r_{\mathrm{c12}} l_{\mathrm{c1}} \alpha_{\mathrm{ch}}}} \\[3mm] \dot{Q}_{\mathrm{fc1}} = \dfrac{T_{\mathrm{C1}} - T_{\mathrm{c1in}}}{\dfrac{1}{2\pi r_{\mathrm{c11}} l_{\mathrm{c1}} \alpha_{\mathrm{fc}}}} = \dfrac{T_{\mathrm{c1in}} - T_{\mathrm{c1out}}}{\dfrac{\ln(r_{\mathrm{c11}}/r_{\mathrm{c12}})}{2\pi l_{\mathrm{c1}} \lambda_{\mathrm{c}}}} = \dfrac{T_{\mathrm{c1in}} - T_{\mathrm{h}}}{\dfrac{1}{2\pi r_{\mathrm{c12}} l_{\mathrm{c1}} \alpha_{\mathrm{ch}}}} \end{cases} \tag{10.41}$$

令 $R_{\mathrm{conv11}} = \dfrac{1}{2\pi r_{\mathrm{c11}} l_{\mathrm{c1}} \alpha_{\mathrm{fc}}}$, $R_{\mathrm{cond1}} = \dfrac{\ln(r_{\mathrm{c11}}/r_{\mathrm{c12}})}{2\pi l_{\mathrm{c1}} \lambda_{\mathrm{c}}}$, $R_{\mathrm{conv12}} = \dfrac{1}{2\pi r_{\mathrm{c12}} l_{\mathrm{c1}} \alpha_{\mathrm{ch}}}$, $R_{\mathrm{cc1}} = R_{\mathrm{conv11}} + R_{\mathrm{cond1}} + R_{\mathrm{conv12}}$，则上式简化为

$$\begin{bmatrix} T_{\mathrm{c1in}} \\ T_{\mathrm{c1out}} \end{bmatrix} = \begin{bmatrix} \dfrac{R_{\mathrm{conv11}}}{R_{\mathrm{cc1}}} & \dfrac{R_{\mathrm{cond1}} + R_{\mathrm{conv12}}}{R_{\mathrm{cc1}}} \\[3mm] \dfrac{R_{\mathrm{cond1}} + R_{\mathrm{conv11}}}{R_{\mathrm{cc1}}} & \dfrac{R_{\mathrm{conv12}}}{R_{\mathrm{cc1}}} \end{bmatrix} \begin{bmatrix} T_{\mathrm{h}} \\ T_{\mathrm{C1}} \end{bmatrix} \tag{10.42}$$

3）控制体 CV_1 油液内能增加速率

$$\dot{Q}_{\mathrm{cv1}} = \rho c_{\mathrm{p}} V_1 \frac{\mathrm{d} T_{\mathrm{C1}}}{\mathrm{d} t} \tag{10.43}$$

式中，V_1 为控制体 CV_1 的体积；t 为时间变量。

4）求解控制体 CV_1 油液温度微分方程

根据控制体 CV_1 能量流图及能量守恒定律，有下列微分方程成立

$$\rho c_{\mathrm{p}} q_1 T_1 + \frac{T_1 - T_{\mathrm{C1}}}{R_{\mathrm{pc1}}} - \rho c_{\mathrm{p}} q_{\mathrm{C1}} T_{\mathrm{C1}} - \frac{T_{\mathrm{C1}} - T_{\mathrm{h}}}{R_{\mathrm{cc1}}} = \rho c_{\mathrm{p}} V_1 \frac{\mathrm{d} T_{\mathrm{C1}}}{\mathrm{d} t} \tag{10.44}$$

整理为标准微分方程形式

$$\frac{\mathrm{d} T_{\mathrm{C1}}}{\mathrm{d} t} + \frac{1}{\rho c_{\mathrm{p}} V_1} \left(\rho c_{\mathrm{p}} q_{\mathrm{C1}} + \frac{1}{R_{\mathrm{pc1}}} + \frac{1}{R_{\mathrm{cc1}}} \right) T_{\mathrm{C1}} = \frac{1}{\rho c_{\mathrm{p}} V_1} \left(\rho c_{\mathrm{p}} q_1 T_1 + \frac{T_1}{R_{\mathrm{pc1}}} + \frac{T_{\mathrm{h}}}{R_{\mathrm{cc1}}} \right) \tag{10.45}$$

令 $p_1 = \dfrac{1}{\rho c_{\mathrm{p}} V_1} \left(\rho c_{\mathrm{p}} q_{\mathrm{C1}} + \dfrac{1}{R_{\mathrm{pc1}}} + \dfrac{1}{R_{\mathrm{cc1}}} \right)$, $\dot{Q}_1 = \dfrac{1}{\rho c_{\mathrm{p}} V_1} \left(\rho c_{\mathrm{p}} q_1 T_1 + \dfrac{T_1}{R_{\mathrm{pc1}}} + \dfrac{T_{\mathrm{h}}}{R_{\mathrm{cc1}}} \right)$,

并代入初始条件，$t = 0$ 时控制体 CV_1 内油液温度 $T_{\mathrm{C1}}(t) \mid_{t=0} = T_0$，解得

$$T_{\mathrm{C1}}(t) = \left(T_0 - \frac{\dot{Q}_1}{p_1} \right) \mathrm{e}^{-p_1 t} + \frac{\dot{Q}_1}{p_1} \tag{10.46}$$

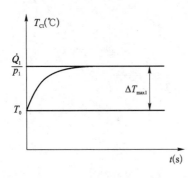

图 10.19　控制体 CV$_1$ 油液温度变化图

由解的形式可知,控制体 CV$_1$ 油液温度变化规律形式如图 10.19 所示,$T_{C1}(t)$ 随时间增加呈指数增长,最终将达到平衡 $T_{C1}(t)\,|_{t\to\infty} = \dfrac{\dot{Q}_1}{p_1}$。

最大温升

$$\Delta T_{\text{max}1} = \frac{\dot{Q}_1}{p_1} - T_0 = \frac{\rho c_{\text{p}} q_1 T_1 + \dfrac{T_1}{R_{\text{pc}1}} + \dfrac{T_{\text{h}}}{R_{\text{cc}1}}}{\rho c_{\text{p}} q_{C1} + \dfrac{1}{R_{\text{pc}1}} + \dfrac{1}{R_{\text{cc}1}}} - T_0 \tag{10.47}$$

若忽略壳体散热及配流盘传热的影响,且由流量连续性方程可知 $q_1 = q_{C1}$,则上式可简化为

$$\Delta T_{\text{max}1} = \frac{\rho c_{\text{p}} q_1 T_1 - \rho c_{\text{p}} q_1 T_0}{\rho c_{\text{p}} q_1} = \frac{W_1}{\rho c_{\text{p}} q_1} \tag{10.48}$$

从上式可知,最大温升为泄漏功率损失引起的泄漏油液温升;适当地增大泄漏流量 q_1,可以有效地降低控制体 CV$_1$ 油液温升幅度。

由控制体内油液温度变化规律可求出泵壳体和配流盘的内外表面温度变化规律。

$$\begin{bmatrix} T_{\text{p1in}} \\ T_{\text{p1out}} \end{bmatrix} = \begin{bmatrix} \dfrac{1}{\overline{\lambda_1}+2} & \dfrac{\overline{\lambda_1}+1}{\overline{\lambda_1}+2} \\ \dfrac{\overline{\lambda_1}+1}{\overline{\lambda_1}+2} & \dfrac{1}{\overline{\lambda_1}+2} \end{bmatrix} \begin{bmatrix} \left(T_0 - \dfrac{\dot{Q}_1}{p_1}\right)\mathrm{e}^{-p_1 t} + \dfrac{\dot{Q}_1}{p_1} \\ T_1 \end{bmatrix} \tag{10.49}$$

$$\begin{bmatrix} T_{\text{c1in}} \\ T_{\text{c1out}} \end{bmatrix} = \begin{bmatrix} \dfrac{R_{\text{conv}11}}{R_{\text{cc}1}} & \dfrac{R_{\text{cond}1}+R_{\text{conv}12}}{R_{\text{cc}1}} \\ \dfrac{R_{\text{cond}1}+R_{\text{conv}11}}{R_{\text{cc}1}} & \dfrac{R_{\text{conv}12}}{R_{\text{cc}1}} \end{bmatrix} \begin{bmatrix} T_{\text{h}} \\ \left(T_0 - \dfrac{\dot{Q}_1}{p_1}\right)\mathrm{e}^{-p_1 t} + \dfrac{\dot{Q}_1}{p_1} \end{bmatrix} \tag{10.50}$$

同理,对于控制体 CV$_2$、CV$_3$ 也可求解出相应的微分方程。

10.4.2　控制体 CV$_2$ 油温变化规律

流入控制体 CV$_2$ 内的能量有:滑靴副的泄漏高温油携带的能量;柱塞副的泄漏高温油携带的能量;通过滑靴和斜盘的对流换热进入控制体 CV$_2$ 的能量。流出控制体的能量有:流出控制体 CV$_2$ 的油液自身携带的能量;控制体 CV$_2$ 与壳体 II 段之间的对流换热。简化为能量框图的形式如图 10.20 所示。

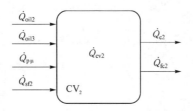

$\dot{Q}_{\mathrm{oil2}}$—流入控制体 CV_2 的滑靴副泄漏油液所具有的能量速率；

$\dot{Q}_{\mathrm{oil3}}$—流入控制体 CV_2 的柱塞副泄漏油液所具有的能量速率；

$\dot{Q}_{\mathrm{p}\mu}$—流入控制体 CV_2 的柱塞搅动生热速率；

$\dot{Q}_{\mathrm{sf1}}$—流入控制体 CV_2 油液与滑靴副对流换热而进入 CV_2 传热速率；

$\dot{Q}_{\mathrm{fc2}}$—控制体 CV_2 的油液与泵壳体之间的对流换热而流出的传热速率；

$\dot{Q}_{\mathrm{c2}}$—流出控制体 CV_2 的油液所具有的能量速率；

$\dot{Q}_{\mathrm{cv2}}$—控制体 CV_2 的内能增加速率

图 10.20　控制体 CV_2 能量框图

根据能量守恒有

$$\dot{Q}_{\mathrm{oil2}}+\dot{Q}_{\mathrm{oil3}}+\dot{Q}_{\mathrm{p}\mu}+\dot{Q}_{\mathrm{sf2}}-\dot{Q}_{\mathrm{c2}}-\dot{Q}_{\mathrm{fc2}}=\dot{Q}_{\mathrm{cv2}} \tag{10.51}$$

1）液压油携带能量项 $\dot{Q}_{\mathrm{oil2}}$、$\dot{Q}_{\mathrm{oil3}}$、$\dot{Q}_{\mathrm{c2}}$ 的求解

$$\begin{cases} \dot{Q}_{\mathrm{oil2}}=\rho c_{\mathrm{p}}q_2 T_2 \\ \dot{Q}_{\mathrm{oil3}}=\rho c_{\mathrm{p}}q_3 T_3 \\ \dot{Q}_{\mathrm{c2}}=\rho c_{\mathrm{p}}q_{\mathrm{C2}} T_{\mathrm{C2}} \end{cases} \tag{10.52}$$

式中，q_2、q_3、q_{C2} 分别为滑靴副的泄漏流量、柱塞副的泄漏流量、流出控制体 CV_2 的流量；T_2、T_3、T_{C2} 分别为滑靴副泄漏油液温度、柱塞副泄漏油液温度、控制体 CV_2 的油液温度。根据连续性方程有 $q_2+q_3=q_{\mathrm{C2}}$。

2）对流换热项 $\dot{Q}_{\mathrm{p}\mu}$、$\dot{Q}_{\mathrm{sf2}}$、$\dot{Q}_{\mathrm{fc2}}$ 的求解

由前文可知，柱塞搅动生热速率为 $\dot{Q}_{\mathrm{p}\mu}=W_{\mathrm{4p}}$。

（1）滑靴副对流换热项 $\dot{Q}_{\mathrm{sf2}}$。滑靴副与壳体油液的对流换热包括斜盘与油液的对流换热 $\dot{Q}_{\mathrm{slf2}}$ 和滑靴与油液的对流换热 $\dot{Q}_{\mathrm{s2f2}}$。图 10.21 所示为斜盘和滑靴的传热流图。

图中，T 代表温度，A 代表传热面积，l 为厚度，λ 为导热系数，α 为对流换热系数；下角标 s1 和 s2 分别表示斜盘、滑靴；下角标 in 和 out 分别表示固体表面的内侧和外侧；其余未说明符号同前。

根据传热流图可得出斜盘和滑靴的传热速率为

$$\begin{cases} \dot{Q}_{\mathrm{s1f2}}=\dfrac{T_2-T_{\mathrm{C2}}}{\dfrac{1}{\alpha_{\mathrm{fs1}}A_{\mathrm{s1}}}+\dfrac{l_{\mathrm{s1}}}{\lambda_{\mathrm{s1}}A_{\mathrm{s1}}}+\dfrac{1}{\alpha_{\mathrm{fs1}}A_{\mathrm{s1}}}} \\[4mm] \dot{Q}_{\mathrm{s2f2}}=\dfrac{T_2-T_{\mathrm{C2}}}{\dfrac{1}{\alpha_{\mathrm{fs2}}A_{\mathrm{s2}}}+\dfrac{l_{\mathrm{s2}}}{\lambda_{\mathrm{s2}}A_{\mathrm{s2}}}+\dfrac{1}{\alpha_{\mathrm{fs2}}A_{\mathrm{s2}}}} \end{cases} \tag{10.53}$$

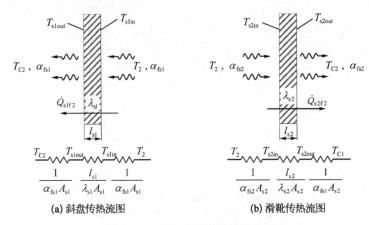

图 10.21　斜盘和滑靴的传热流图

令 $R_{s1} = \dfrac{1}{\alpha_{fs1}A_{s1}} + \dfrac{l_{s1}}{\lambda_{s1}A_{s1}} + \dfrac{1}{\alpha_{fs1}A_{s1}}$, $R_{s2} = \dfrac{1}{\alpha_{fs2}A_{s2}} + \dfrac{l_{s2}}{\lambda_{s2}A_{s2}} + \dfrac{1}{\alpha_{fs2}A_{s2}}$, 则滑靴副的总传热速率为

$$\dot{Q}_{sf2} = \dot{Q}_{s1f2} + \dot{Q}_{s2f2} = (T_2 - T_{C2})\left(\frac{1}{R_{s1}} + \frac{1}{R_{s2}}\right) \tag{10.54}$$

（2）泵壳体Ⅱ段对流换热项 $\dot{Q}_{fc2}$ 的求解。将泵壳体外形等效为空心圆柱，根据空心圆柱体的传热公式，可得壳体油液同壳体的对流换热公式，泵壳体Ⅱ段的传热流如图 10.22 所示。

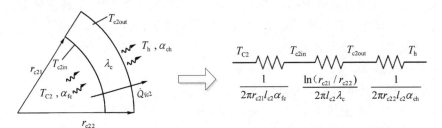

图 10.22　泵壳体Ⅱ段的传热流图

图中，T_{c2in}、T_{c2out} 分别为泵壳体Ⅱ段的内表面温度，外表面温度；r_{c21}、r_{c22} 分别为泵壳体Ⅱ段的内外半径；l_{c2} 为泵壳体Ⅱ段的长度。

由泵壳体Ⅱ段的传热流图，根据傅里叶传热定律和牛顿冷却定律有

$$\begin{cases} \dot{Q}_{fc2} = \dfrac{T_{C2} - T_h}{\dfrac{1}{2\pi r_{c21}l_{c2}\alpha_{fc}} + \dfrac{\ln(r_{c21}/r_{c22})}{2\pi l_{c2}\lambda_c} + \dfrac{1}{2\pi r_{c22}l_{c2}\alpha_{ch}}} \\[4mm] \dot{Q}_{fc2} = \dfrac{T_{C2} - T_{c2in}}{\dfrac{1}{2\pi r_{c21}l_{c2}\alpha_{fc}}} = \dfrac{T_{c2in} - T_{c2out}}{\dfrac{\ln(r_{c21}/r_{c22})}{2\pi l_{c2}\lambda_c}} = \dfrac{T_{c2out} - T_h}{\dfrac{1}{2\pi r_{c22}l_{c2}\alpha_{ch}}} \end{cases} \tag{10.55}$$

令 $R_{\text{conv21}} = \dfrac{1}{2\pi r_{c21} l_{c2} \alpha_{\text{fc}}}$，$R_{\text{conv22}} = \dfrac{1}{2\pi r_{c22} l_{c2} \alpha_{\text{ch}}}$，$R_{\text{cond2}} = \dfrac{\ln(r_{c21}/r_{c22})}{2\pi l_{c2} \lambda_c}$，$R_{\text{cc2}} =$

$R_{\text{conv21}} + R_{\text{cond2}} + R_{\text{conv22}}$；解出泵壳体 II 段内外表面的温度变化规律为

$$
\begin{bmatrix} T_{\text{c2in}} \\ T_{\text{c2out}} \end{bmatrix} = \begin{bmatrix} \dfrac{R_{\text{conv21}}}{R_{\text{cc2}}} & \dfrac{R_{\text{cond2}} + R_{\text{conv22}}}{R_{\text{cc2}}} \\ \dfrac{R_{\text{cond2}} + R_{\text{conv21}}}{R_{\text{cc2}}} & \dfrac{R_{\text{conv22}}}{R_{\text{cc2}}} \end{bmatrix} \begin{bmatrix} T_{\text{h}} \\ T_{\text{C2}} \end{bmatrix}
\tag{10.56}
$$

3) 控制体 CV_2 内油液内能增加速率为

$$
\dot{Q}_{\text{cv2}} = \rho c_{\text{p}} V_2 \frac{\mathrm{d} T_{\text{C2}}}{\mathrm{d} t}
\tag{10.57}
$$

式中，V_2 为控制体 CV_2 的体积；t 为时间变量。

4) 求解控制体 CV_2 油液温度微分方程

根据控制体 CV_2 能量流图及能量守恒定律，有下列微分方程成立

$$
\rho c_{\text{p}} q_2 T_2 + \rho c_{\text{p}} q_3 T_3 + W_{4\text{p}} + (T_2 - T_{\text{C2}})\left(\frac{1}{R_{\text{s1}}} + \frac{1}{R_{\text{s2}}}\right) - \rho c_{\text{p}} q_{\text{C2}} T_{\text{C2}} - \frac{T_{\text{C2}} - T_{\text{h}}}{R_{\text{cc2}}}
$$

$$
= \rho c_{\text{p}} V_2 \frac{\mathrm{d} T_{\text{C2}}}{\mathrm{d} t}
\tag{10.58}
$$

令

$$
p_2 = \frac{1}{\rho c_{\text{p}} V_2}\left(\rho c_{\text{p}} q_{\text{C2}} + \frac{1}{R_{\text{s1}}} + \frac{1}{R_{\text{s2}}} + \frac{1}{R_{\text{cc2}}}\right)
$$

$$
\dot{Q}_2 = \frac{1}{\rho c_{\text{p}} V_2}\left[\left(\rho c_{\text{p}} q_2 + \frac{1}{R_{\text{s1}}} + \frac{1}{R_{\text{s2}}}\right) T_2 + \rho c_{\text{p}} q_3 T_3 + W_{4\text{p}} + \frac{T_{\text{h}}}{R_{\text{cc2}}}\right]
$$

则微分方程简化为

$$
\frac{\mathrm{d} T_{\text{C2}}}{\mathrm{d} t} + p_2 T_{\text{C2}} = \dot{Q}_2
\tag{10.59}
$$

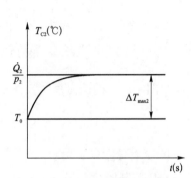

代入初始条件，$t = 0$ 时控制体 CV_2 内油液温度 $T_{\text{C2}}(t)\,|_{t=0} = T_0$，解得

$$
T_{\text{C2}}(t) = \left(T_0 - \frac{\dot{Q}_2}{p_2}\right) \mathrm{e}^{-p_2 t} + \frac{\dot{Q}_2}{p_2}
\tag{10.60}
$$

由解的形式可知，控制体 CV_2 油液温度变化规律形式如图 10.23 所示，$T_{\text{C2}}(t)$ 随时间增加呈指数

图 10.23　控制体 CV_2 油液温度变化图

增长,最终将达到平衡 $T_{\mathrm{C2}}(t)\,|_{t\to\infty}=\dfrac{\dot{Q}_2}{p_2}$。

从图 10.23 可知,最高温升 $\Delta T_{\mathrm{max2}}=\dfrac{\dot{Q}_2}{p_2}-T_0$,表示控制体积 CV_2 油液温升上升

的程度;$\dfrac{\mathrm{d}T_{\mathrm{C2}}(t)}{\mathrm{d}t}$ 代表了控制体积 CV_2 中油液温度的变化快慢。

将 $T_{\mathrm{C2}}(t)$ 代入泵壳体 II 段对流换热公式中,可得其内外表面的温度变化规律为

$$
\begin{bmatrix} T_{c2in} \\ T_{c2out} \end{bmatrix} = \begin{bmatrix} \dfrac{R_{conv21}}{R_{c2}} & \dfrac{R_{cond2}+R_{conv22}}{R_{c2}} \\ \dfrac{R_{cond2}+R_{conv21}}{R_{c2}} & \dfrac{R_{conv22}}{R_{c2}} \end{bmatrix} \begin{bmatrix} T_h \\ \left(T_0-\dfrac{\dot{Q}_2}{p_2}\right)\mathrm{e}^{-p_2 t}+\dfrac{\dot{Q}_2}{p_2} \end{bmatrix}
$$

$$(10.61)$$

10.4.3 控制体 CV_3 油温变化规律

流入控制体 CV_3 的能量有:① 控制体 CV_1 流入 CV_3 的油液所携带的能量;② 控制体 CV_2 流入 CV_3 的油液所携带的能量;③ 缸体旋转与油液产生的黏性摩擦生热;④ 柱塞副产生的热能经缸体传到控制 CV_3 的能量。

流出控制体 CV_3 的能量有:① 流出控制体 CV_3 的油液所具有的能量;② 控制体 CV_3 中油液与壳体 III 段之间的对流换热。其能量框图如图 10.24 所示。

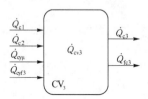

$\dot{Q}_{\mathrm{cy\mu}}$—流入控制体 CV_3 油液与缸体摩擦产生的热能的能量速率;
$\dot{Q}_{\mathrm{fc3}}$—控制体 CV_3 的油液与泵壳体之间的对流换热而流出的传热速率;
$\dot{Q}_{\mathrm{c3}}$—流出控制体 CV_3 的油液所具有的能量速率;
$\dot{Q}_{\mathrm{cv3}}$—控制体 CV_3 的内能增加速率

图 10.24　控制体 CV_3 的能量框图

由图 10.24 的能量框图及能量守恒定律可得

$$\dot{Q}_{c1}+\dot{Q}_{c2}+\dot{Q}_{cy\mu}+\dot{Q}_{cyf3}-\dot{Q}_{c3}-\dot{Q}_{fc3}=\dot{Q}_{cv3} \qquad (10.62)$$

1) 求解 $\dot{Q}_{c1}$、$\dot{Q}_{c2}$、$\dot{Q}_{c3}$

若从控制体 CV_1 流入 CV_3 的油液流量为 q_{C1},油液温度为 T_{C1};从控制体 CV_2 流入 CV_3 的油液流量为 q_{C2},油液温度为 T_{C2};控制体 CV_3 流出的流量为 q_{C3},温度为 T_{C3}。

则有

$$\begin{cases} \dot{Q}_{c1} = \rho c_p q_{C1} T_{C1} \\ \dot{Q}_{c2} = \rho c_p q_{C2} T_{C2} \\ \dot{Q}_{c3} = \rho c_p q_{C3} T_{C3} \\ q_{C1} + q_{C2} = q_{C3} \end{cases} \tag{10.63}$$

2）泵壳体Ⅲ段对流换热项$\dot{Q}_{fc3}$的求解

泵壳体Ⅲ段的传热流如图 10.25 所示。

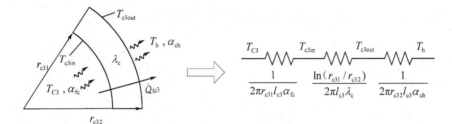

图 10.25　泵壳体Ⅲ段的传热流图

图中，T_{c3in}、T_{c3out}分别为泵壳体Ⅲ段的内表面温度、外表面温度；r_{c31}、r_{c32}分别为泵壳体Ⅲ段的内外半径；l_{c3}为泵壳体Ⅲ段的长度。

由泵壳体Ⅲ段的传热流图，根据傅里叶传热定律和牛顿冷却定律有

$$\dot{Q}_{fc3} = \frac{T_{C3} - T_h}{\dfrac{1}{2\pi r_{c31} l_{c3} \alpha_{fc}} + \dfrac{\ln(r_{c31}/r_{c32})}{2\pi l_{c3} \lambda_c} + \dfrac{1}{2\pi r_{c32} l_{c3} \alpha_{ch}}}$$

$$\dot{Q}_{fc3} = \frac{T_{C3} - T_{c3in}}{\dfrac{1}{2\pi r_{c31} l_{c3} \alpha_{fc}}} = \frac{T_{c3in} - T_{c3out}}{\dfrac{\ln(r_{c31}/r_{c32})}{2\pi l_{c3} \lambda_c}} = \frac{T_{c3out} - T_h}{\dfrac{1}{2\pi r_{c32} l_{c3} \alpha_{ch}}} \tag{10.64}$$

令

$$R_{conv31} = \frac{1}{2\pi r_{c31} l_{c3} \alpha_{fc}}; R_{cond3} = \frac{\ln(r_{c31}/r_{c32})}{2\pi l_{c3} \lambda_c};$$

$$R_{conv32} = \frac{1}{2\pi r_{c32} l_{c3} \alpha_{ch}}; R_{cc3} = R_{conv31} + R_{cond3} + R_{conv32} \tag{10.65}$$

则泵壳体Ⅲ段内外表面的温度变化规律可化为

$$\begin{bmatrix} T_{c3in} \\ T_{c3out} \end{bmatrix} = \begin{bmatrix} \dfrac{R_{conv31}}{R_{cc3}} & \dfrac{R_{cond3} + R_{conv32}}{R_{cc3}} \\ \dfrac{R_{cond3} + R_{conv31}}{R_{cc3}} & \dfrac{R_{conv32}}{R_{cc3}} \end{bmatrix} \begin{bmatrix} T_h \\ T_{C3} \end{bmatrix} \tag{10.66}$$

3）求解 $\dot{Q}_{cy\mu}$、$\dot{Q}_{cyf3}$

缸体高速转动与油液黏性摩擦产生的能量 $\dot{Q}_{cy\mu}=W_{4cy}$；缸体与柱塞副产生的热能 $\dot{Q}_{cyf3}$ 传到控制体积 CV_3 的速率相对于其他的能量项很小，可忽略不计。

4）控制体 CV_3 内油液内能增加速率

$$\dot{Q}_{cv3} = \rho c_p V_3 \frac{\mathrm{d}T_{C3}}{\mathrm{d}t} \tag{10.67}$$

式中，V_3 为控制体 CV_3 的体积；t 为时间变量。

5）求解控制体 CV_3 油液温度微分方程

根据控制体 CV_3 能量流图及能量守恒定律，有下列微分方程成立

$$\rho c_p q_{C1} T_{C1} + \rho c_p q_{C2} T_{C2} + W_{4cy} - \rho c_p q_{C3} T_{C3} - \frac{T_{C3} - T_h}{R_{cc3}} = \rho c_p V_3 \frac{\mathrm{d}T_{C3}}{\mathrm{d}t} \tag{10.68}$$

令

$$p_3 = \frac{1}{\rho c_p V_3}\left(\rho c_p q_{C3} + \frac{1}{R_{cc3}}\right) \tag{10.69}$$

$$\dot{Q}_3 = \frac{1}{\rho c_p V_3}\left(\rho c_p q_{C1} T_{C1} + \rho c_p q_{C2} T_{C2} + W_4 - \frac{T_h}{R_{cc3}}\right) \tag{10.70}$$

$\dot{Q}_3$ 中包含 T_{C1} 和 T_{C2} 项，而 T_{C1} 和 T_{C2} 是时间的函数，故 $\dot{Q}_3$ 也为时间的函数。

$$\begin{aligned}
\dot{Q}_3(t) = \frac{1}{\rho c_p V_3}\Bigg\{ & \rho c_p q_{C1}\left[\left(T_0 - \frac{\dot{Q}_1}{p_1}\right)\mathrm{e}^{-p_1 t} + \frac{\dot{Q}_1}{p_1}\right] \\
& + \rho c_p q_{C2}\left[\left(T_0 - \frac{\dot{Q}_2}{p_2}\right)\mathrm{e}^{-p_2 t} + \frac{\dot{Q}_2}{p_2}\right] + W_4 + \frac{T_h}{R_{cc3}}\Bigg\} \\
= & A\mathrm{e}^{-p_1 t} + B\mathrm{e}^{-p_2 t} + C
\end{aligned} \tag{10.71}$$

其中

$$A = \frac{q_{C1}}{V_3}\left(T_0 - \frac{\dot{Q}_1}{p_1}\right); \quad B = \frac{q_{C2}}{V_3}\left(T_0 - \frac{\dot{Q}_2}{p_2}\right)$$

$$C = \frac{1}{\rho c_p V_3}\left(\rho c_p q_{C1}\frac{\dot{Q}_1}{p_1} + \rho c_p q_{C2}\frac{\dot{Q}_2}{p_2} + W_{4cy} + \frac{T_h}{R_{cc3}}\right)$$

则控制体 CV_3 的标准微分方程形式变为

$$\frac{\mathrm{d}T_{C3}}{\mathrm{d}t} + p_3 T_{C3} = A\mathrm{e}^{-p_1 t} + B\mathrm{e}^{-p_2 t} + C \tag{10.72}$$

可得

$$T_{C3}(t) = \left(T_0 - \frac{A}{p_3 - p_1} - \frac{B}{p_3 - p_2} - \frac{C}{p_3} \right) e^{-p_3 t}$$
$$+ \frac{A}{p_3 - p_1} e^{-p_1 t} + \frac{B}{p_3 - p_2} e^{-p_2 t} + \frac{C}{p_3} \tag{10.73}$$

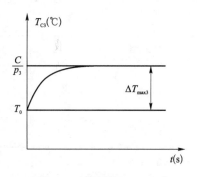

图 10.26 控制体 CV_3 油液温度变化图

由解的形式可知，控制体 CV_3 内的油液温升规律如图 10.26 所示。

控制体 CV_3 的极限温度为 $T_{C3}(t) |_{t \to \infty} = \dfrac{C}{p_3}$，

最大温升为 $T_{max3} = \dfrac{C}{p_3} - T_0$。将 $T_{C3}(t)$ 带入壳体传热公式，可得出泵壳体Ⅲ的内外表面温度。

10.5 算例分析

设泵的转速为 1 500 r/min，斜盘倾角为 16°，柱塞数为 9，压油区压力为 21 MPa，壳体回油压力为 0.1 MPa；油液的初始温度和环境温度为 20℃。各控制体和壳体的参数设置见表 10.3。

表 10.3 参数设置明细表

参数符号	取 值	参数符号	取 值	参数符号	取 值
R(mm)	46	A_{s2}(m²)	0.002 7	l_4(mm)	75
R_1(mm)	23.5	r_{c11}(mm)	67	l_{pl}(mm)	10
R_2(mm)	27.85	r_{c12}(mm)	75	L_3(mm)	70
R_3(mm)	38.15	r_{c21}(mm)	83	δ_1(μm)	15
R_4(mm)	42.25	r_{c22}(mm)	92	δ_2(μm)	15
R_5(mm)	410.25	r_{c31}(mm)	67	δ_3(μm)	15
R_6(mm)	49.3	r_{c32}(mm)	75	α(rad)	$\dfrac{2\pi}{9}$
d_7(mm)	16	l_{c1}(mm)	12		
d_8(mm)	28	l_{c2}(mm)	80	α_0(rad)	$\dfrac{\pi}{6}$
d_9(mm)	22.2	l_{c3}(mm)	90		
D_4(mm)	122	l_{s1}(mm)	20	φ_0(rad)	$\dfrac{7\pi}{9}$
A_{pl}(m²)	0.003 7	l_{s2}(mm)	5		
A_{s1}(m²)	0.002 7	l_3(mm)	35	$\overline{\varphi_0}$(rad)	$\dfrac{17\pi}{18}$

参数符号	取 值	参数符号	取 值	参数符号	取 值
$\gamma(\mathrm{rad})$	$\dfrac{2\pi}{45}$	$V_1(\mathrm{m}^3)$	10.93×10^{-5}	$\lambda_{cy}[\mathrm{W}/(\mathrm{m}\cdot\mathrm{k})]$	48.15
		$V_2(\mathrm{m}^3)$	10.69×10^{-4}	$\lambda_{s1}[\mathrm{W}/(\mathrm{m}\cdot\mathrm{k})]$	35
$\mu(\mathrm{Pa}\cdot\mathrm{s})$	0.0211	$V_3(\mathrm{m}^3)$	2.17×10^{-4}	$\lambda_{s2}[\mathrm{W}/(\mathrm{m}\cdot\mathrm{k})]$	83.7
$\rho(\mathrm{kg}/\mathrm{m}^3)$	844.1	$\lambda_f[\mathrm{W}/(\mathrm{m}\cdot\mathrm{k})]$	0.125	$T_h(℃)$	20
$p_s(\mathrm{MPa})$	21	$\lambda_h[\mathrm{W}/(\mathrm{m}\cdot\mathrm{k})]$	0.025	$T_0(℃)$	20
$p_0(\mathrm{MPa})$	0.1	$\lambda_c[\mathrm{W}/(\mathrm{m}\cdot\mathrm{k})]$	80	$n(\mathrm{rad}/\mathrm{s})$	157
z	9	$\lambda_{pl}[\mathrm{W}/(\mathrm{m}\cdot\mathrm{k})]$	83.7		

将三类摩擦副的油膜厚度均设置为 15 μm,各控制体的油液温度计算结果如图 10.27 所示。

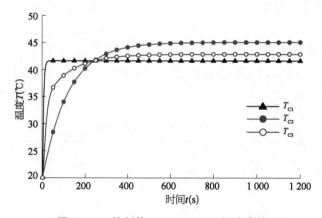

图 10.27 控制体 CV_1、CV_2、CV_3 温度曲线

从图中可以看出,各控制体在 600 s 时都基本达到平衡温度。控制体 CV_1 达到平衡的速度最快,因其体积最小,故温度上升快;控制体 CV_2、CV_3 内油液体积较多,因而温升相对较慢。控制体 CV_2 包括滑靴副和柱塞副的泄漏油液温升,故温度最高。控制体 CV_3 的液压油来自控制体 CV_1、CV_2,因而温度曲线 T_{c3} 在 T_{c1} 和 T_{c2} 之间。

图 10.28 所示为各控制体对应的壳体温度曲线,T_{c1out}、T_{c2out}、T_{c3out} 分别为泵壳体的 Ⅰ、Ⅱ、Ⅲ 段的外表面温度,均达到各自平衡温度。壳体 Ⅰ、Ⅱ、Ⅲ 段外表面与对应控制体内油液均具有一定的温度梯度。

根据各控制体油液温度微分方程可求其温升速率。由温升速率的定义可知

$$K_T = \frac{\mathrm{d}T}{\mathrm{d}t} \tag{10.74}$$

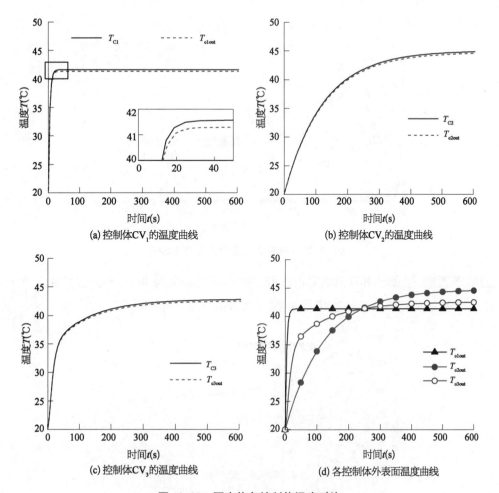

图 10.28　泵壳体各控制体温度对比

则控制体 CV_1、CV_2、CV_3 的温升速率为

$$K_{Tc1} = (\dot{Q}_1 - p_1 T_0)e^{-p_1 t} ; \; K_{Tc2} = (\dot{Q}_2 - p_2 T_0)e^{-p_2 t}$$

$$K_{Tc3} = \left(\frac{A}{p_3 - p_1} + \frac{B}{p_3 - p_2} + \frac{C}{p_3} - T_0\right)p_3 e^{-p_3 t} - \frac{p_1 A}{p_3 - p_1}e^{-p_1 t} - \frac{p_2 B}{p_3 - p_2}e^{-p_2 t}$$

$$(10.75)$$

代入具体的数值可知各控制体的温升变化速率分别为 $K_{Tc1} = 4.78e^{-0.22t}$，$K_{Tc2} = 0.21e^{-0.008\,2t}$，$K_{Tc3} = 2.12e^{-0.089\,4t} - 2.17e^{-0.22t} - 0.07e^{-0.008\,2t}$，如图 10.29 所示。

通过编程计算，可得各摩擦副在不同转速下的功率损失如图 10.30 所示，随着泵转速的提高，配流副和柱塞副的功率损失略有下降，滑靴副功率损失略有上升，而搅动功率损失呈持续上升趋势。当转速为 4 500 r/min 时，配流副、滑靴副、柱塞副和搅动功率损失所占的百分比依次为 50%、33%、9% 和 8%；而当泵的转速达到 9 000 r/min 时，配

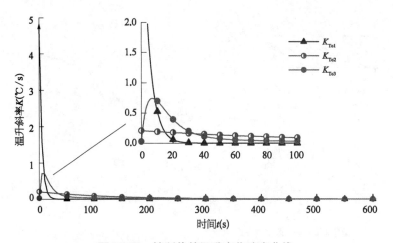

图 10.29　控制体的温升变化速率曲线

流副、滑靴副、柱塞副和搅动功率损失所占的百分比依次为 46％、33％、7％ 和 14％；因而，对于高速运转的航空柱塞泵而言，搅动功率损失是不容忽视的。

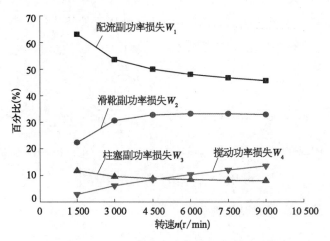

图 10.30　功率损失百分比随泵转速变化关系

第 11 章

柱塞液压泵热分析模型系统应用实例

11.1 液压系统中柱塞泵的热分析模型

11.1.1 液压泵热传递模型的建立

在对液压系统进行热分析时,往往用到的是液压元件的热传递模型。该模型的建立是根据液压元件的结构及其发热和传热特点,将各部分以结点的形式表示出来,一般分为流体结点和壁结点。列出各结点的热量汇流平衡方程,即当前结点吸收热量等于外部向当前结点传递的热量(正或负)与内部生热的代数和。

对于流体结点热平衡方程表示为:油液温升所含热量等于损失所产生的热量、油液传递的热量以及向壁结点对流热量的代数和。

对于壁结点热平衡方程表示为:结构温升所含的热量等于上一元件传来的热量、油液传来的热量、向下一元件传走的热量、向大气对流传递的热量和向周围辐射传递的热量的代数和。

由于元件功能与特性不同,各个元件有着不同的热平衡方程组。一般有一个结点就有一个热平衡方程。这些方程既包含了传导、对流换热和热辐射三种基本热传递方式,也包括了由于油液质量传递而产生的热传递以及由于系统的温升等,其中油液质量转移引起的热传递,压降生热对系统温度计算影响最大。

柱塞泵有三个接口:输入口、输出口和壳体回油口,分别与入口导管 L_1、出口导管 L_2 和壳体回油管 L_3 相连接。

柱塞泵的热传递模型可分成七个结点:入口壁结点 W_1、入口流体结点 F_1、出口壁结点 W_2、出口流体结点 F_2、壳体回油壁结点 W_3、壳体回油流体结点 F_3 以及内部质量结点 M。

为简化计算,可以对柱塞泵的结点做一些合并处理。根据轴向变量柱塞泵的结构和材料以及传热学的分析,柱塞泵的入口壁结点 W_1 和出口壁结点 W_2 与内部质量结点

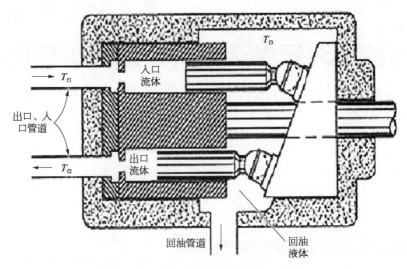

图 11.1 柱塞泵结点模型实体示意图

M 嵌套在一起。当液压油经管路进入柱塞泵入口处时,入口温度与油液温度基本相等,且入口壁结点相当于配流盘吸油区和处于吸油状态的液压缸的质量总和。液压缸相当于内嵌在内部质量结点上,壁结点和内部质量结点之间的热传导均属于导热,液压缸均匀分布于容腔内,故将出口、入口壁结点与内部质量结点作为一个结点来处理。壳体回油壁结点 W_3,即柱塞泵的泄油部分质量,与入口、出口壁结点具有相同的情况,也可以归并到内部质量结点中。在热量的传递过程中,回油壁结点因为具有较好的导热系数,其温度变化和内部质量结点基本相同。综上,将入口壁、出口壁、回油壁、内部质量这四部分统一归结为一个柱塞泵质量结点,设该结点的温度为 T_M。但是这并不意味着整个柱塞泵的内部各个部分的温度相同。例如入口壁的温度接近初始温度,通过泄漏损失,液压油流到出口会产生较高的热量。因此,出口壁的温度一定比入口处高。为了将传热学中一些很难计算的参数进行简化处理,将柱塞泵各部分质量结点归结为一个结点,方便了传热学的计算,同时,重点考虑油液的温度变化。T_M 是柱塞泵各个部分质量温度的平均值,是一个模糊的概括描述。

分析后得到传热学简化模型为:入口流体结点 F_1、出口流体结点 F_2、壳体回油流体结点 F_3 以及泵质量结点 M_M。各个结点之间的传热学模型如图 11.2 所示。

11.1.2 模型计算原理

将上述柱塞泵热传递结点模型用于液压系统动态温度计算时,其计算原理描述如下:

1) 泵发热量 E_0 按比例分配给下列结点

(1) 泵的出口流体结点(k_1)。

(2) 壳体回油流体结点(k_2)。

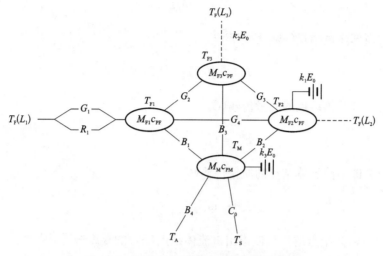

图 11.2 简化的柱塞泵传热学模型关系图

图中：T_F 为流体结点温度；T_{F0} 为流体结点初始温度；$T_F(L)$ 为上游流体结点温度；T_M 为质量结点温度；M_F 为流体结点质量；M_M 为泵质量结点质量；c_{PF} 为流体比热容；c_{PM} 为泵体质量结点比热容；R_1 为热传导系数；B_1、B_2、B_3、B_4 为对流换热系数；C_0 为辐射换热系数；G_1、G_2、G_3、G_4 为质量传递换热系数；$G = \rho Q c_{PF}$；ρ 为流体密度；Q 为流体体积流量；T_A 为周围大气温度；T_s 为周围结构温度；E 为传递的热量(功率)；Δt 为时间步长。

（3）泵的质量结点（k_3）。

2）对入口流体结点应考虑下列热交换

（1）与上游流体结点的热交换（G_1 和 R_1）。由于入口流体沿着流动方向的热传导很小，因此可以忽略，即

$$E_1 = G_1[T_F(L_1) - T_{F1}] \tag{11.1}$$

（2）与内部质量结点的热交换（B_1）

$$E_2 = B_1[T_M - T_{F1}] \tag{11.2}$$

（3）与出口流体结点的热量传输（G_4）

$$E_3 = G_4(T_{F2} - T_{F1}) \tag{11.3}$$

（4）从壳体到泵入口的质量传输（G_2）

$$E_4 = G_2(T_{F3} - T_{F1}) \tag{11.4}$$

传入入口流体结点的热量使得入口流体结点（F_1）的温度升高，因此

$$M_{F1}c_{PF}(T_{F1} - T_{F10}) = \Delta t(E_1 + E_2 + E_3 + E_4) \tag{11.5}$$

3）对出口流体结点应考虑下流热交换

（1）部分泵发热量（k_1）

$$E_5 = k_1 E_0 \tag{11.6}$$

(2) 与内部质量结点的热交换(B_2)

$$E_6 = B_2(T_M - T_{F2}) \tag{11.7}$$

(3) 与入口流体结点的质量传输(G_4)

$$E_7 = G_4(T_{F1} - T_{F2}) \tag{11.8}$$

(4) 与壳体回油流体结点的质量传输(G_3)

$$E_8 = G_3[T_{F3} - T_{F2}] \tag{11.9}$$

传入出口流体结点的热量使得出口流体结点(F_2)的温度升高,因此

$$M_{F2} c_{PF}(T_{F2} - T_{F20}) = \Delta t(E_5 + E_6 + E_7 + E_8) \tag{11.10}$$

4) 对泵壳体回油流体结点应考虑下列热交换

(1) 部分泵发热量(k_2)

$$E_9 = k_2 E_0 \tag{11.11}$$

(2) 与泵出口流体结点的质量传输(G_3)

$$E_{10} = G_3(T_{F2} - T_{F3}) \tag{11.12}$$

(3) 与内部质量结点的热交换(B_3)

$$E_{11} = B_3(T_M - T_{F3}) \tag{11.13}$$

(4) 与泵入口流体结点的质量传输(G_2)

$$E_{12} = G_2(T_{F1} - T_{F3}) \tag{11.14}$$

传入泵壳体回油流体结点的热量使得壳体回油流体结点(F_3)的温度升高,因此

$$M_{F3} c_{PF}(T_{F3} - T_{F30}) = \Delta t(E_{11} + E_{12} + E_{13} + E_{14}) \tag{11.15}$$

5) 对泵体质量结点应考虑下列热交换

(1) 部分泵发热量(k_3)

$$E_{13} = k_3 E_0 \tag{11.16}$$

(2) 与出口流体结点的热交换(B_2)

$$E_{14} = B_2(T_{F2} - T_M) \tag{11.17}$$

（3）与入口流体结点的热交换（B_1）

$$E_{15} = B_1(T_{F1} - T_M) \tag{11.18}$$

（4）与壳体回油流体结点的热交换（B_3）

$$E_{16} = B_3(T_{F3} - T_M) \tag{11.19}$$

（5）与周围大气的热交换（B_4）

$$E_{17} = B_4(T_A - T_M) \tag{11.20}$$

（6）与周围结构的热交换（C_0）

$$E_{18} = A_0 C_0(T_S^4 - T_M^4) \tag{11.21}$$

传入泵的质量结点的热量使得泵的质量结点（M）的温度升高，所以

$$M_M c_{PM}(T_M - T_{M0}) = \Delta t(E_{13} + E_{14} + E_{15} + E_{16} + E_{17} + E_{18}) \tag{11.22}$$

整理计算：

将式（11.1）～式（11.4）代入式（11.5），并展开整理可得入口流体结点方程

$$\left(\frac{M_{F1} c_{PF}}{\Delta t} + G_1 + B_1 + G_4 + G_2\right) T_{F1} - B_1 T_M - G_4 T_{F2} - G_2 T_{F3}$$

$$= \frac{M_{F1} c_{PF}}{\Delta t} T_{F10} + G_1 T_F(L_1) \tag{11.23}$$

将式（11.6）～式（11.9）代入式（11.10），并展开整理可得出口流体结点方程

$$\left(\frac{M_{F2} c_{PF}}{\Delta t} + G_3 + B_2 + G_4\right) T_{F1} - B_2 T_M - G_4 T_{F1} - G_3 T_{F3} = \frac{M_{F2} c_{PF}}{\Delta t} T_{F20} + k_1 E_0 \tag{11.24}$$

将式（11.11）～式（11.14）代入式（11.15），并展开整理可得壳体回油流体结点方程

$$\left(\frac{M_{F3} c_{PF}}{\Delta t} + G_3 + B_3 + G_2\right) T_{F3} - B_3 T_M - G_2 T_{F1} - G_3 T_{F2} = \frac{M_{F3} c_{PF}}{\Delta t} T_{F30} + k_2 E_0 \tag{11.25}$$

将式（11.16）～式（11.21）代入式（11.22），并展开整理可得质量结点方程

$$\left(\frac{M_M c_{PM}}{\Delta t} + B_1 + B_2 + B_3 + B_2\right) T_M + A_0 C_0 T_M^4 - B_3 T_{F3} - B_1 T_{F1} - B_2 T_{F2}$$

$$= \frac{M_M c_{PM}}{\Delta t} T_{M0} + k_3 E_0 \tag{11.26}$$

11.2 飞机液压系统热分析计算

11.2.1 飞机液压系统热分析计算原理

现代飞机的操纵系统,如副翼、升降舵、方向舵、起落架收放、舱门开闭、刹车、襟翼、缝翼和扰流板操纵、减速板收放及前轮转弯操纵等都采用液压操纵。液压能源系统为飞机的各液压用户提供液压能源。

飞机液压系统用来满足各种飞行操纵的需要,从能量传递和转换的角度而言,是一个机械能—液压能—机械能的传递过程。工作时,液体的压力、流速和流动方向都根据需要被施以控制。在这个能量传递和转换的过程中,不可避免伴随着能量的损失,这些损失的能量最终转换为热量,造成工作介质——液压油的温度上升。同时,液压系统与外界环境之间还存在热交换过程。

飞机液压系统动态热分析的理论基础是热力学第一定律。对于飞机液压系统进行动态温度计算时,将系统内流体的流动视为一维非稳定流动。根据热力学第一定律建立的一维非稳定流动的能量方程是飞机液压系统动态温度计算的理论依据。对于一维非稳定流动的流体,选取控制体,不考虑控制体内部动能和势能的变化,依据热力学第一定律,可推导出控制体的能量方程,详见 3.2.1 章节内容。

11.2.2 飞机液压系统动态温度计算实例

以某型飞机液压系统为例说明动态温度计算过程。该飞机液压能源系统主要用户包括:① 主飞行操纵系统,如升降舵、方向舵、副翼等;② 副飞行操纵系统,如飞行扰流板及地面扰流板、缝翼、襟翼等;③ 起落架控制系统,如起落架收放、前轮转弯等;④ 刹车系统,如主刹车、备用刹车;⑤ 反推力装置,如左、右发动机反推。

该型飞机液压系统分左、中、右三个独立的系统,其中,左系统主要液压用户为升降舵、方向舵、副翼、襟翼、缝翼、多功能扰流板、地面扰流板、起落架系统、主刹车、左发动机反推等;右系统主要液压用户为升降舵、方向舵、副翼、襟翼、多功能扰流板、舱门、备用刹车、右发动机反推等;中系统主要液压用户为升降舵、方向舵、副翼、缝翼、多功能扰流板等。表 11.1 所列为各系统液压用户配置。

表 11.1　某型飞机各系统液压用户配置

序号	左 系 统	中 系 统	右 系 统
1	方向舵	方向舵	方向舵
2	左升降舵	左、右升降舵	右升降舵

液压柱塞泵热分析基础理论及应用

序号	左　系　统	中　系　统	右　系　统
3	左副翼	左、右副翼	右副翼
4	多功能扰流板	多功能扰流板	多功能扰流板
5	地面扰流板	前缘缝翼	地面扰流板
6	左发动机反推装置		右发动机反推装置
7	主刹车		备用刹车
8	后缘襟翼		舱门
9	前缘缝翼		后缘襟翼
10	前轮转弯		
11	主起落架		
12	前起落架		

该型飞机液压能源左、中、右系统功率配置如图 11.3 所示。

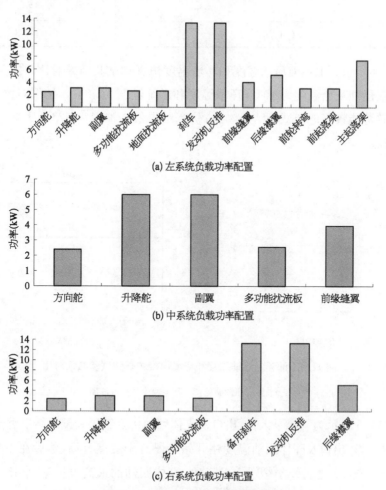

(a) 左系统负载功率配置

(b) 中系统负载功率配置

(c) 右系统负载功率配置

图 11.3　左、中、右系统功率配置图

以左系统为研究对象,进行动态温度仿真和试验分析,飞行状态划分见表11.2。

表11.2　仿真试验飞行剖面

飞 行 剖 面	名　称	时　间(s)
1	启动	75
2	起飞滑跑	46
3	起飞爬升	102
4	巡航	202
5	降低高度	452
6	进场(起落架)	177+10
7	着陆(地面扰流板)	10+19
8	滑入	15
9	停车	30
总时间		1 138

图11.4所示为油箱液压油温度和环境温度仿真和试验结果对比。按照试验条件设置油箱液压油初始温度为40℃,环境温度和系统油温为30℃。结果对比表明,仿真温度变化趋势能较好地和试验结果吻合;仿真结果最高油温为52℃,比试验温度结果高3℃左右。

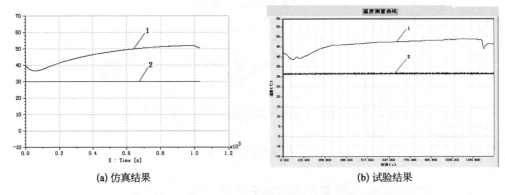

(a) 仿真结果　　　　　　　　　　　　　(b) 试验结果

图11.4　油箱液压油温度和环境温度仿真和试验结果对比

1—油箱液压油温度;2—环境温度和系统油温

如图11.5所示为系统泵入口、出口及壳体回油仿真结果和试验结果对比。仿真结果显示,泵入口、出口及壳体回油温度在开始阶段有个突然升高,然后在100 s时趋于平稳,200~1 000 s之间处于缓慢上升阶段,壳体回油的最高温度达到63℃左右。在1 000 s以后温度出现下降趋势。该仿真结果能与试验结果较好地吻合。

液压柱塞泵热分析基础理论及应用

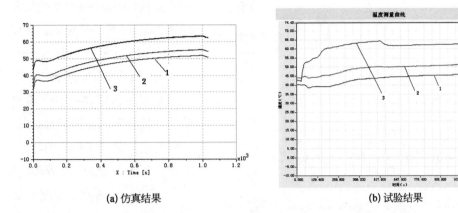

(a) 仿真结果　　　　　　　　　　　　　(b) 试验结果

图 11.5　泵入口、出口及壳体回油仿真和试验结果对比

1—泵入口温度;2—泵出口温度;3—壳体回油温度

　　图 11.6 所示为升降舵入口和出口温度仿真和试验结果对比。仿真结果显示,升降舵出口和入口温度的变化趋势和试验结果基本接近;升降舵出口温度比入口温度高 8℃左右,和试验结果一致;升降舵出口最高温度达到 57℃,比试验结果略高。

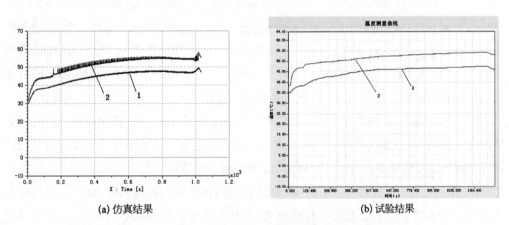

(a) 仿真结果　　　　　　　　　　　　　(b) 试验结果

图 11.6　升降舵入口和出口温度仿真和试验结果对比

1—升降舵入口;2—升降舵出口

11.3　船舶调距桨液压系统热分析计算

11.3.1　船舶调距桨液压系统工作原理

　　某船舶调距桨液压传动与控制系统仿真原理如图 11.7 所示。系统实现如下功能:三联齿轮泵转速由 PTO 控制,各泵出口配有卸荷阀组 V1.1、V1.2、V1.3,当各泵本地两位二通电磁换向阀导通时,对应的卸荷阀打开,其控制的泵卸荷,流量不进入主系统。主系统压力由

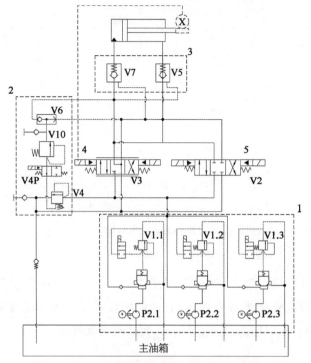

图 11.7　调距桨液压系统仿真简化原理图

1—定量泵组；2—负载敏感压力阀组；3—双向锁止阀；
4—比例方向控制阀；5—电磁换向阀

阀 V4、V4P、V10、V6 组成的负载敏感阀组控制。其中，溢流阀 V4 调定压力为 10 MPa，做安全阀用；阀 V4P、V10 和 V6 组成负载敏感回路，顺序阀 V10 串联在负载敏感回路中用以保证比例阀两端的最低工作压力，故其进出口压差调定为 1.5 MPa，可以保证负载敏感控制油路的最低压力不低于此设定值，梭阀 V6 用于实现液压缸双向运动都能实现负载敏感功能。系统快速调距时电液换向阀 V2 和比例方向阀 V3 同时工作，精确调距时电液换向阀 V2 关闭，仅比例阀 V3 工作。系统进入精确调距时，二位二通电磁换向阀 V4P 导通，负载敏感控制油路起作用。双向锁止阀 V5、V7 的作用是在稳距时保证液压缸保持在锁定位置。

闭环调距控制：调距桨液压系统通过驱动调距油缸（桨毂油缸），操纵桨毂中的机构推动螺旋桨桨叶绕各自轴线转动，实现调距功能。液压系统调距采用闭环控制。液压缸的活塞杆上装有位移传感器，动态反馈驱动油缸活塞的瞬时位移。当需要调节螺距比至某位置时，电控系统发出电流指令，通过控制器给比例阀比例放大器输入电压信号，经过比例放大后，转换成电流信号直接驱动比例电磁铁，从而改变比例阀阀芯的动作，位移传感器将反馈的电流值传递给控制器，通过在各种参数状态下采用 PID 控制器进行精确控制。

11.3.2　调距桨液压系统热分析计算

调距桨液压系统热分析计算结果见表 11.3～表 11.5。

表 11.3　船舶航行调距

阶　段	阶段名称	持续时间
1	快速调距	40 s
2	精确调距	5 s
3	稳　距	12 h

表 11.4　调距桨液压系统各元件发热功率

阶段	持续时间	泵发热功率（kW）	阀的发热功率（kW）	管道发热功率（kW）	执行机构总发热功率(kW)	系统总发热功率(kW)
1	40 s	3.575	7.000	2.221	1.350	14.146
2	5 s	6.052	46.630	0.758	0.450	53.890
3	12 h	1.696	14.480	0.192	0	16.368

表 11.5　不同液压油流量及海水流量下换热器的散热功率

项目	液压油流量(L/min)	海水流量(L/min)	散热系数[W/(m²·℃)]	散热功率(kW)
1	450	117	786.83	28.64
2	300	117	662.79	24.13
3	150	117	468	17
4	150	45	440.21	16
5	100	117	397.06	14.45

1) PTO 转速 1 800 r/min 时定量泵系统动态温度仿真分析

由三联定量泵组成的泵源系统流量输出如图 11.8 所示。

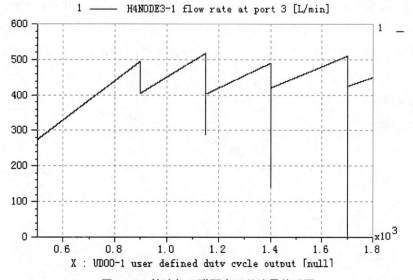

图 11.8　转速与三联泵出口总流量关系图

设定散热器海水端流量为 117 L/min，调距桨调距工作时间按 10% 运行。仿真时间 19 000 s(约 5.3 h)，系统油箱温度仿真结果如图 11.9 所示。由图中可知，油箱油液温度在 19 000 s 大致稳定在 80℃左右，而在 4 000 s(约 1.1 h)左右就超过了 55℃。

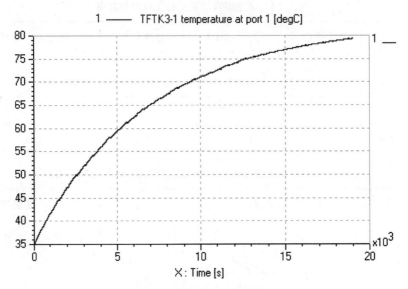

图 11.9　定量泵油箱温度曲线

2) PTO 转速 1 800 r/min 时变量泵系统动态温度仿真分析

　　将系统泵源改为变量泵,比例变量泵的排量调节可以根据系统调距状态的不同与 PTO 转速状态综合考虑进行调整。系统大流量快速调距阶段,当 PTO 转速在 500～900 r/min 区间内时,变量泵排量设定处于最大值 500 ml/r,此时变量泵输出流量与 PTO 转速成正比;当 PTO 转速在 900～1 800 r/min 区间内时,比例泵排量受控变化,保持泵输出流量稳定在 450 L/min。系统小流量精确调距阶段,在不同的 PTO 转速下,比例泵的排量可以根据精确调距阶段的流量需求选择不同的变化规律进行控制,以满足系统调距精度。

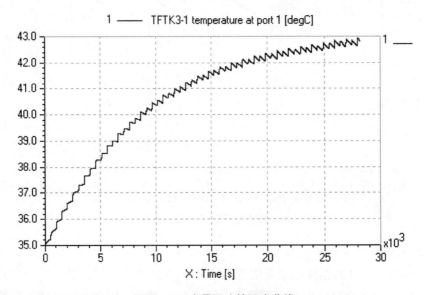

图 11.10　变量泵油箱温度曲线

海水散热流量仍为 117 L/min,调距桨系统按照调距时间 10％运行,仿真时间为 28 000 s,油箱温度如图 11.10 所示。图中在仿真 28 000 s(约 7.7 h)后,油箱温度为 43℃左右,达到了热平衡,未超过 50℃。

图 11.11 所示为定量泵系统油箱油温与变量泵系统油箱油温的对比(截取 15 000 s 时的数据)。曲线 1 为变量泵系统油箱温度,最高温度约为 43℃,曲线 2 为定量泵系统油箱温度,最高温度约为 57℃,显然变量泵系统较定量泵系统发热小。

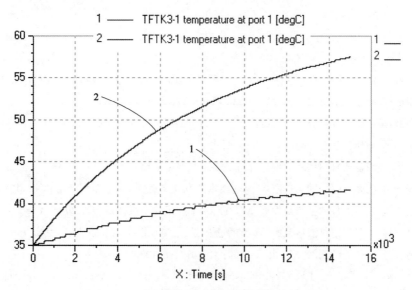

图 11.11　定量泵系统与变量泵系统油箱油温对比

参考文献

［1］ 路甬祥. 流体传动与控制技术的历史进展与展望［J］. 机械工程学报，2001，37（10）：1-9.

［2］ 路甬祥. 液压气动技术手册［M］. 北京：机械工业出版社，2002.

［3］ 谢群，崔广臣，王健. 液压与气压传动［M］. 北京：国防工业出版社，2015.

［4］ 张利平. 液压传动与控制［M］. 西安：西北工业大学出版社，2005.

［5］ 翟培祥. 斜盘式轴向柱塞泵设计［M］. 北京：煤炭工业出版社，1978.

［6］ 杨华勇，张斌，徐兵. 轴向柱塞泵/马达技术的发展演变［J］. 机械工程学报，2008，10：1-8.

［7］ 闻德生. 液压元件的创新与发展［M］. 北京：航空工业出版社，2009：204-205.

［8］ 许耀铭. 油膜理论与液压泵和马达的摩擦副设计［M］. 北京：机械工业出版社，1987.

［9］ 池长青. 流体力学润滑［M］. 北京：国防工业出版社，1998.

［10］ Dowson D, Hudson J D. Thermohydrodynamic analysis of the infinite slider bearing, Part I ： the plane inclined slider bearing［J］. Proceedings of the Institution of Mechanical Engineers. Part J：Journal of Engineering Tribology, 1963, 4：31-41.

［11］ Dowson D, Hudson J D. Thermohydrodynamic analysis of the infinite slider bearing, Part II ： the parallel surface bearing［J］. Proceedings of the Institution of Mechanical Engineers. Part J：Journal of Engineering Tribology, 1963, 4：42-46.

［12］ Khonsari M M. A review of thermal effects in hydrodynamic bearings，Part I：slider and thrust bearings［J］. ASLE Transactions，1986，30(1)：19-25.

［13］ Khonsari M M. A review of thermal effects in hydrodynamic bearings，Part II：journal bearings［J］. ASLE Transactions，1986，30(1)：26-33.

［14］ Manring N D, Johnson R E, Cherukuri H P. The impact of linear deformations on stationary hydrostatic thrust bearings［J］. Journal of Tribology，2002，124(4)：874-877.

［15］ Murrenhoff H. Efficiency improvement of fluid power components focusing on tribological systems［C］. Proceedings of the 7th International Fluid Power Conference, Germany, Aachen，2010：1-33.

［16］ 陶文铨. 数值传热学［M］. 2版. 西安：西安交通大学出版社，2001：375-380.

［17］ 曾丹苓，敖越，张新铭，等. 工程热力学［M］. 3版. 北京：高等教育出版社，2002.

［18］ 刘宝兴. 工程热力学［M］. 北京：机械工业出版社，2006.

［19］ 韩丹夫,吴庆标. 数值计算方法［M］. 杭州：浙江大学出版社,2006.

［20］ 张森. 锥形缸体柱塞泵的结构分析与特性研究［D］. 山西：太原理工大学,2012.

［21］ 陈昊. 轴向柱塞泵柱塞副油膜温度特性研究［D］. 上海：同济大学,2016.

［22］ 汤何胜,訚耀保,李晶. 轴向柱塞泵滑靴副间隙泄漏及摩擦转矩特性［J］. 华南理工大学学报（自然科学报）,2014,42(7)：74－79.

［23］ 汤何胜,李晶,訚耀保. 轴向柱塞泵滑靴副热平衡间隙及影响因素分析［J］. 同济大学学报（自然科学报）,2015,43(11)：1743－1748.

［24］ 汤何胜,李晶,訚耀保. 轴向柱塞泵滑靴副间隙油膜热力学特征［J］. 华南理工大学学报（自然科学报）,2015,43(7)：136－141.

［25］ 訚耀保,陈昊,李晶. 轴向柱塞泵柱塞副温度特性分析［J］. 中国机械工程 2015,5：1073－1084.

［26］ Xu B, Zhang J H, Yang H Y. Investigation on structural of anti-overturning slipper of axial piston pump［J］. Science China (Technological Sciences), 2012, 55(11)：3010－3018.

［27］ Ivantysyn J, Ivantysynova M. Hydrostatic pumps and motors［M］. New Dehli：Academic Books International, 2001.

［28］ Ivantysynova M, Huang C C. Investigation of the gap flow in displacement machines considering elastohydrodynamic effect［C］. Proceedings of 3th JHPS International Symposium on Fluid Power. Tokyo, Japan, 2002：219－229.

［29］ Ivantysynova M, Baker J. Power loss in the lubricating gap between cylinder block and valve plate of swash plate type axial piston machines［J］. International Journal of Fluid Power, 2009, 10(2)：29－43.

［30］ Ivantysyn R. Computational design of swash plate type axial piston pumps-a framework for computational design［D］. West Lafayette：Purdue University, 2011.

［31］ 汤何胜,訚耀保,李晶. 轴向柱塞泵滑靴副传热特征［J］. 北京航空航天大学学报,2016,42(3)：489－496.

［32］ 汤何胜,訚耀保,李晶. 弹性形变对轴向柱塞泵滑靴副功率损失的影响［J］. 煤炭学报,2016,41(4)：1038－1044.

［33］ Tang H S, Yin Y B, Zhang Y, et al. Parametric analysis of thermal effect on hydrostatic slipper bearing capacity of axial piston pump［J］. Journal of Central South University, 2016, 23(2)：333－343.

［34］ Tang H S, Yin Y B, Li J. Lubrication characteristics analysis of slipper bearing in axial piston pump considering thermal effect［J］. Lubrication Science, 2016, 28(2)：107－124.

［35］ 汤何胜,李晶,訚耀保,等. 轴向柱塞泵滑靴副热流体润滑特性的研究进展［J］. 机床与液压,2016,44(411)：153－160.

［36］ 汤何胜. 轴向柱塞泵滑靴副热流体润滑机理及摩擦磨损性能研究［D］. 上海：同济大学,2016.

［37］ Wieczoreka U, Ivantysynova M. Computer aided optimization of bearing and sealing gaps in hydrostatic machines — the simulation tool caspar［J］. International Journal of Fluid Power,

参考文献

2002，3(1)：7-20.

［38］ Ivantysynova M，Huang C C. Thermal analysis in axial piston machines using CASPAR[C]. Proceeding of the 6th International Symposium on Fluid Power Transmission and Control，Hangzhou，China，2005：1-6.

［39］ Schenk T. Predicting lubrication performance between the slipper and swash plate in axial piston hydraulic machines[D]. West Lafayette：Purdue University，2014.

［40］ Kazama T. Comparison of temperature measurements and thermal characteristics of hydraulic piston，vane，and gear pumps[J]. Mechanical Engineering Journal，2015，3(2)：1-12.

［41］ Kazama T，Suzuki M，Narita Y，et al. Simultaneous measurement of sliding-part temperature and clearance shape of a slipper used in swashplate type axial piston motors[J]. Transactions of the Japan Society of Mechanical Engineers，2014，42(2)：22-28.

［42］ 刘洪,苑士华,荆崇波,等.磨损轮廓与弹性变形对滑靴动态特性的影响[J].机械工程学报,2013,49(5)：75-82.

［43］ Lin S，Hu J B. Research on the Tribo-dynamic model of slipper bearings[J]. Applied Mathematical Modelling，2015，39(2)：548-558.

［44］ 马纪明,李齐林,任春宇,等.轴向柱塞泵滑靴副润滑磨损的影响因素分析[J].北京航空航天大学学报,2015,41(6)：1-6.

［45］ 黄健萌,高诚辉.弹塑性粗糙实体-刚体平面摩擦过程热力耦合分析[J].机械工程学报,2011,47(11)：87-92.

［46］ 陈明祥.弹塑性力学[M].北京：科学出版社,2007：123-125.

［47］ 杨华勇,王彬,周华.圆盘缝隙的平面配流副压力分布模型与解析[J].浙江大学学报(工学版),2010(05)：976-981.

［48］ 胡志栋.端面油膜密封缝隙变粘度流体流动特性及其应用研究[D].哈尔滨：哈尔滨工业大学,2009.

［49］ Baker J E. Power losses in the lubricating gap between cylinder block and valve plate of swash plate type axial piston machines：[D]. West Lafayette：Purdue University，2008.

［50］ 李晶,阎耀保,汤何胜,等.一种柱塞式液压泵用间隙补偿式环形油槽滑靴[P].发明专利：CN103939329A.

［51］ 李晶,阎耀保,王智勇,等.一种柱塞液压泵用减震降噪配流盘[P].发明专利：CN103939330B.

［52］ 曹骏飞.轴向柱塞泵流量脉动及配流副能量耗散机理研究[D].上海：同济大学,2016.

［53］ 李晶,汤贵春,曹骏飞,等.飞机液压系统伺服舵机热力学分析与计算[J].中国机械工程,2015,15：15.

［54］ 李晶,王康景,阎耀保,等.周期性脉动流体对飞机液压振动特性的影响[J].机床与液压,2014,42(6)：5-8.

［55］ 华绍曾,杨学宁.实用流体阻力手册[M].北京：国防工业出版社,1985.

［56］ 汤贵春.飞机液压管路热流固耦合振动特性及柱塞泵壳体回油热特性研究[D].上海：同济大学,2016.

［57］ Ouyang X P，Gao F，Yang H Y，et al. Modal analysis of the aircraft hydraulic system pipeline［J］. Journal of Aircraft，2012.

［58］ 张文超，王少萍，赵四军.柱塞泵三对摩擦副对回油流量的影响分析［C］.第五届全国流体传动与控制学术会议，北京，2008：965－970.

［59］ 葛薇，王少萍.航空液压泵磨损状况预测［J］.北京航空航天大学学报，2011，37(11)：1410－1414.

［60］ SAE AIR 5005—2000，Aerospace-commercial aircraft hydraulic systems［S］. SAE，2000.

［61］ 李晶，闫耀保.大客液压能源系统方案论证报告［R］.内部专题报告 No：CJ－05JB00413，中国商用飞机有限公司.

［62］ 李晶，闫耀保.大型客机液压系统温度控制理论研究报告［R］. TJME－09－231，同济大学，2009.12.

［63］ 李晶，闫耀保.大型客机液压系统温度分布状态及分析报告［R］. TJME－09－271，同济大学，2009.12.

［64］ 李晶，闫耀保. A320 客机液压系统温度控制性能分析报告［R］. TJME－09－201，同济大学，2009.12.

［65］ 张建波，朴学奎.空客 A320 液压系统研究［J］.民用飞机设计与研究，2010(2)：53－55.

［66］ 李壮云.液压元件与系统［M］.北京：机械工业出版社，2011：81－82.

［67］ 曹克强，李永林，任博，等.现代飞机液压系统热特性建模仿真与热设计［M］.北京：国防工业出版社，2013：135－140.

［68］ Grönberg D. Prediction of case temperature of axial piston pumps［J］. Chalmers University of Technology，2011.

［69］ 《飞机设计手册》总编委会.飞机设计手册(第 12 册)飞行控制系统和液压系统设计［M］.北京：航空工业出版社，2003.